JN301870

地図からの発想

中村和郎 編

古今書院

地図を考える
――図・地図（map／carte）・海図（chart）・アトラス――

堀　信行

　地図は地理学を志す者には欠かせないものだ。地理屋にとって、地図は地理的情報を駆使して考察をする下敷きであり、それを表現するキャンバスであり、成果を収納する倉庫であり、活きた地理情報の生け簀（す）である。

　一方、地図は決して地理屋の独占物ではない。今日われわれは、日常生活の中で生まれては消えてゆく膨大な情報の渦の中に否応なく巻き込まれている。本来情報には、時間と空間が内包されている。それゆえ情報のもっている立体的で構造的な把握には地図的表現が望まれる。地図の表現方法やそれに対応するメディアの変革は著しい。しかし，いかなる変革が生じようとも、広い意味の地図というものがこの世から消え去ることはないと思う。

　当然のことかもしれない。人間の身体に激変が起きない限り、一人の例外もなく帰属する社会の中で、時間と空間の軌跡を描き続ける。いや人間だけではない、森羅万象あらゆるものが、それぞれ固有の時間と空間の軌跡を描き続けている。いつのことだったかアステカ文化の地図を見たとき、左右の足跡がペタペタと幾筋も描かれていた。そのユーモラスな表現が道路を意味しているのだと気づいた途端、私は当時のひとが素足で土道を歩いた感触とその息遣いに思いを馳せた。森羅万象が、スケールと物性の制約を受けつつ時間と空間のはざ間を潜り抜けるかぎり、地図は永遠のものだ。

　ところで地図の「図」という字は、元来囲いを意味する□（い）の中に「鄙」の字の左部分、すなわち「農耕地とその穀倉」を意味する字が入ったものであった。したがって漢字「図」の原義は、農耕地とその穀倉が広がる農村の所在を図面にしるしたものであった（白川、1994；p.483）。日本では古代から近世まで図面を一般に、「図」（ヅ、または、ズ）といってきた。1603〜4年に刊行された『日葡辞書』（土井ほか、1980）にも、図（Zzu）は、「図面または絵」とあり、コメントにXecaino zzu (世界の図)「世界地図」と書かれている。今日、「図書」といえば、ほとんどの人は書籍のみを想起する、しかし、本来は文字通り「地図」と「書籍」の両方を意味するものであった。図は文字と同等の機能と固有の力を有していることを再認識すべきであろう。

　一方、地図のことを英語でmapという。オックスフォードの英語辞書をはじめ、いくつかの英辞典を見るかぎり、mapの初見は1527年で、ラテン語ではmappa mundi、すなわち「世界を描いた布」といわれていた。しかし、その後ナプキンと同根の布（mappa）の部分だけが残ったものだという。英語のmapに対して、地図をフランス語でcarte、ドイツ語でKarteという。両語とも原義はパピルスに由来する紙の意味である。さらに英語の初見が1571年の海図を意味するchartもまったく同じ原義をもつ。こうしてみてくると西洋ではいずれも地図にかかわる言葉は、地図を描いた素材に由来していることがわかる。

　ただ興味深いことにmapが英語に入ってから約半世紀後の1586年に、「地図化する」「地図作成」を意味する動名詞 mappingが初見で登場することである。地図化することは、布や紙という身体感覚の物質に空間を圧縮する過程を自明

のように包含した言葉である。すなわち地図とは、「一対一」対応する空間である「地」を、布や紙に正村(2000)の表現を借りれば「多対一」で圧縮した「図」ということになる。mappingとは、この「地」から「図」になる過程で介在する物的なものに制約を受けている。

この言葉は数学では「関数」または「写像」を意味する。したがって、洒落るわけではないがまさに「マップ」は空間を意味する「間」の「布」、「間布」なのである。

こうして地図にかかわる言葉の世界を散策しているうちに、紙幅も限られてきた。以上のようなことを述べるのも、中村和郎先生と35年以上にわたる長いお付き合いのなかで、自然に身についた「何々談義」の感触があってのことである。先生と交わす知的な会話は楽しい。絶妙な相槌が何よりもありがたく、勇気づけられる。新知見に出会うと、率直な喜びを感嘆詞とともに表現され、「それで」とさらに議論の深みへと畳み掛けてきてくださる。大変な聞き上手なのである。ご迷惑を顧みず、先生にしゃべり続けた記憶が蘇える。今は故人となられた地理学史の野間三郎先生を中心に「地域のシステム」を考えたころ、気候現象が一つの地理的なシステムをもって固有の時間と空間の中で生起することを地図に表現したいという強い意思がほとばしっている中村先生を感じた日があった。先生にとって地図は地理的思考を展開するキャンバスであり、倉庫であり、再生する「生けす」であった。アトラスとは、一枚一枚のマップを綴じた地図帳をいうならば、先生は人生の年輪を重ねながら、地図の魅力に惹かれて、一枚一枚の地図を綴ってこられたのであるから、先生ご自身がアトラスなのだと思う。

先生を囲んで、駒澤大学の一廓で8年以上にわたって夏春の休業期間を除いて月一回の割合で開催されてきた「地理学サロン」は、先生の幅広い知的関心とお人柄と、この本の編集委員の方々を中心に支えられてきた研究会だ。サロンという言葉の響きにふさわしい雰囲気が保たれてきた。この場を借りて中村和郎先生への感謝と「地理学サロン」に集った人々に心からの謝意を表したい。

中村和郎先生が今春駒澤大学をご退職される。これを記念して、「地理学サロン」のメンバーを核に『地図からの発想』という魅力的な表題の出版が企画された。執筆者陣は数多く、多彩である。それゆえに掲載されている地図も多種多様である。執筆者がそれぞれ思い入れのある地図を持参し、それを綴った本であるから、この本は一種のアトラスである。ただ紙幅には制約があったもののためどの頁を見ても執筆者が地図に託したメッセージで溢れているが、余韻を残している。その意味でこの本は未完の書である。もし読者がこの本の混沌とした未完さを魅力として受け止めていただけるならば、この本は幸せであろう。

われわれの手を離れてこの本が世に出れば、本は固有の性格を帯びる。願わくば、執筆者たちが地図に込めた熱いメッセージが読者に受け入れられ、この本が「地図の魅力」、「地図の力」を発揮し続ける一冊の「図・書」として存在し続けることを願ってやまない。

文献
白川　静 (1994):『字統』（普及版）平凡社
土井忠生・森田　武・長南　実編訳 (1980):『邦訳　日葡辞書』岩波書店
正村俊之 (2000):『情報空間論』勁草書房

『地図からの発想』 案内図

- ●地図を考える ─図・地図(map/carte)・海図(chart)・アトラス─ 堀 信行──2

- ●地図からの発想──三島の水はなぜ涸れた？── 中村和郎──6

地図をよむ

地図で楽しむ
- ●冒険心をくすぐる旅に出たくなる地図──────22
- ●地図で始めるエチオピアぶらり旅──────24
- ●佐渡は「朱鷺の島」？──────26
- ●鉄道路線図の悩み──────28
- ●絵図で歩く青梅宿──────30

地図で伝える
- ●戦場における日本軍の地図作製──────32
- ●外邦図「トロキナ附近要圖」を読む──────34
- ●野生動物の歩道橋──────36
- ●多摩川環境学習マップ──────38
- ●水害地形分類図は予見した──────40
- ●国際電話料金の不思議を地図で解く──────42
- ●ジェンダーを地図からながめる──────44

地図で教える
- ●地図帳は見ればわかる？ いや、こんな生徒もいます！──────46
- ●授業実践「アメリカ合衆国の開拓と先住民」──────48
- ●さとうきびの島？ いえ、天水田の島！──────50
- ●ハザードマップで地形を学ぼう──────52
- ●修学旅行「ヒロシマ」あるく・みる・かんがえる──────54
- ●学校周辺を歩いてみる──────56

地図で考える
- ●山古志村のコイの地形図──────58
- ●三番瀬の生い立ちを考える──────60
- ●房総半島沖、地図を切ってずらすと谷がつながる！──────62
- ●川のほとりに立地した高松の農村の墓地──────64
- ●明治期地方都市の商店街を探る─今市と鳩ヶ谷───────66
- ●シンガポール植民地経営は「都市計画」から──────68

地図をつくる

- 紫式部の見た京都 ——————————————— 70
- 変化した平安京の北西部のかたち ————————— 72
- 大文字山の眺望：四条大橋からの送り火鑑賞 ————— 74
- 小説を読んで、地図を描く ———————————— 76
- 100年前は散在していた日本の人口 ————————— 78
- 富士山はなぜ美しいか ————————————— 80
- 立山カルデラの地図を描いて ——————————— 82

地図で楽しむ

- 地形図の生命線：等高線 ————————————— 84
- 世界地図の歪みを小さくするための工夫 ——————— 86
- 地図に現れた「台風街道」————————————— 88
- 住民とつくるハザードマップ ——————————— 90
- 地図を楽しく見せる工夫 ————————————— 92
- 口コミ探訪　より道マップ ———————————— 94

地図で伝える

- 写真と地図にたどる山村の変化 —————————— 96
- 地理教育者・釜瀬新平の地図からの発想 ——————— 98
- この境界は何の境界？—————————————— 100

地図で教える

- 標高150mで高山帯の植生 ———————————— 102
- 津軽平野の冬の風 ——————————————— 104
- 地下鉄で吹いている風はどんな風？————————— 106
- 小笠原諸島父島の松枯れ拡大図 —————————— 108
- 空港建設地をかえた地図 ————————————— 110
- 地図が語る疾病の流行 ————————————— 112
- 信濃川とテムズ川を比べたら何が見える？—————— 114

地図で考える

地図をおもう

- 地図って何か、考えてごらん ——————————— 116
- 他者理解と対話のための社会地図 ————————— 118
- 地図は宝島行きのパスポート ——————————— 120
- サンゴ礁の分布図 135年 ————————————— 122

地図を考える

- もうひとつの案内図＆キーワード索引 ——————— 124
- 『地図からの発想』を創る—あとがきにかえて ———— 126
- 執筆者リスト ————————————————— 128

地図からの発想 ―三島の水はなぜ涸れた？―

中村和郎

初めから地図好きではなかった

「三島の水はなぜ涸れた？」という副題は、大学の最後の3年間に、現地で学生諸君と一緒に地図を使って議論をしてきたテーマである。フィールドに出て観察することと、それを地図に表現して問題を発見したり、それを地図を使って解いてみようとしたりすることが地理学では何よりも大事であると考えたからである。私は地下水の専門家ではないので、専門の立場からすれば不十分な点が多いことを承知している。しかし、「地理学の道具である」と教えられる地図の利用の仕方については地理学で体系的に教えられることが少なかった。地図の本質は、気候学や都市地理学などと専門分化した地理学ではなくて、本来の地理学の本質と密接な関係がある。「地図を中心に据えた地理教育」（A.Hettner, 1927）の試みとして、学生諸君の作品も紹介したい。三島の水の本題に入る前に、私自身の地図とのかかわりを述べることから始めよう。

自分では子供の頃から地図に興味を抱いていたという意識はなかった。しかし、つい最近になって、すっかり忘れていたことを二つ三つ思い出した。

「国民学校」の生徒だった戦時中に、初めて自分の小遣いで買って面白いと思って読んだのが『少国民の測量』という本だった。戦後、ラジオで気象通報が始まると無性に天気図を書きたくなり、測候所に飛び込んで教えてもらった。新制中学校に入って、自由研究で全校生徒に「今年初めて蚊帳を吊った日はいつですか」と質問票を配り、その結果を長野市の白地図の上に等値線で表した。どうやら無意識のうちに測量や地図を楽しむ子どもだったらしい。

気候学を専攻しようとしたときには、雲や風の現象に関心があった。矢澤大二先生のもとで、天気図の分析などを中心にする、当時としては新しい「近代気候学」を教えていただいた。同じ頃に高橋浩一郎先生が書かれた『動気候学』にも惹かれた。

1982年に、その高橋先生ほかの錚々たる気象学者とともに『衛星でみる日本の気象』（岩波書店）を分担執筆する機会に恵まれた。図1はその本のカバーになった「ひまわり」の画像を使ったものである。物理学では対流が起こっている薄い流体が動くときにこのような縞模様ができると知っていたが、日本海全体にこのようにみごとな雲の筋が配列していることは、非常に高い所を飛ぶ人工衛星から地球を見て初めて確認することができたことである。言い換えれば、縮尺を小さくしたときに、それまでは誰にも見えていなかったことが初めて見えるようになったのである。

冬に典型的に現れる筋状雲は、海の上にだけできて陸上では消えてしまうものが多い。同じような条件になれば北大西洋や五大湖の上にも筋状雲が発生する。筋状雲がのびる方向は、上空の風向と平行であるか直交するかのいずれかである。図1から日本付近の冬の季節風が北西風であることがわかる（赤い矢印）。

アジア大陸の海岸線と筋状雲の間には雲のないところがある。シベリア気団は海の上に出てしばらくしてから雲が発生し始めるのである。この雲のないところが狭ければ狭いほどシベリア気団が冷たくて、広くなれば寒気が弱いのだといわれる。1枚の写真を見るだけで、シベリア気団の温度の情報までも読み取ることができると知ったときには正直に言って驚きだった。気象衛星画像では、雲の頂部が水滴からなる積雲であるのか、氷晶からなる積乱雲であるのかを識別することさえもできる。

この本を作ることで、写真や地図のもつ情報量がどれほど多いかを知るようになった。われわれは「地図の言葉」をどれだけ理解できるのだろうか。

図2は縮尺を大きくして中部地方を中心にする地域を示して、冬にいちばん頻繁に吹く風の風向を矢印で示した。すると、小縮尺の画像では見えなかったことが見えるようになる。北西季節風を真っ先に受けるはずの北陸地方各地で、季節風とは反対の南よりの風が多いのである（赤い矢印）。これはなぜだろう。

北西季節風が山地にぶつかって反射する風だとする説明もあったが本当だろうか。

地図でわかる通り、中部地方は本州の中でも陸地がもっとも広いところである。冬には高山付近を中心にして冷却が進み、小さな高気圧ができる。北陸地方の南よりの風はこの高山高気圧から吹き出す風だと考えられないだろうか。地図を見ながら現象の説明を考えるのは楽しみである。

地図は地理学の言語であり、道具である

地図は、小さなスペースに膨大な量の情報を蓄えることができる。

地図は、文章と違って、どこからどういう順序で読んでもかまわない。

地図は、望遠鏡と違って対象物を縮小する。縮尺を自在に変えることができ、縮尺を変えるとそれまで見えていなかったことが見えるようになることがある。

地図をみているだけで、「なぜ、ここにこんなものがあるのだろう？」、「なぜ、ここは他所と違っているのだろう？」という種類の疑問が湧いてくる。

図1 「筋状雲」は海の上にできる典型的な冬の雲である。筋状雲ができるのは海面が暖かく、その上を冷たい空気が流れるときである。
（高橋浩一郎・土屋清・山下洋・中村和郎 『衛星でみる日本の気象』岩波書店 1982 の表紙から）

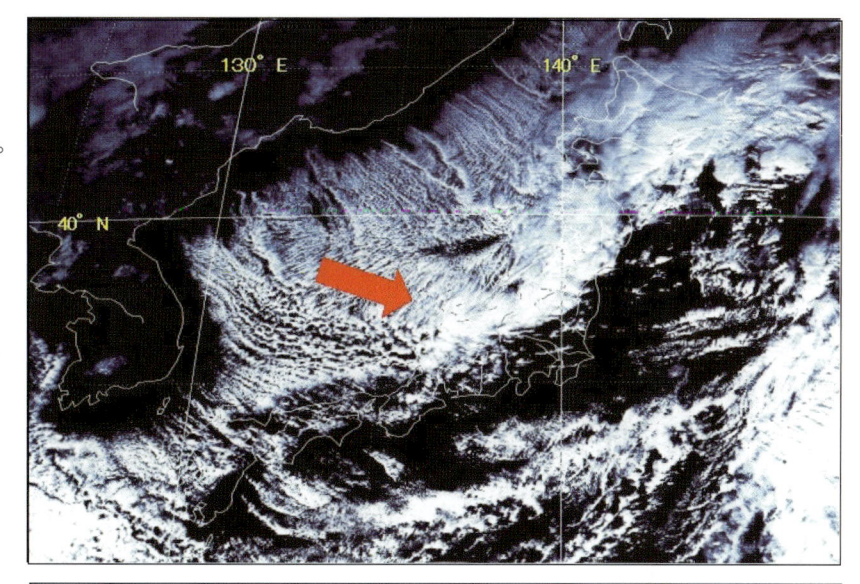

図2 1月の最多風向
気象衛星画像よりも大縮尺の地図で、冬の卓越風向を示すと、北陸地方の各地で南よりの風であるという意外な事実がわかってくる。とくに富山平野や上越では南よりの風の出現率が20％を越える。なぜなのだろうか。
　この地図を見ているだけで、ほかにどんな疑問がわいてくるだろうか。

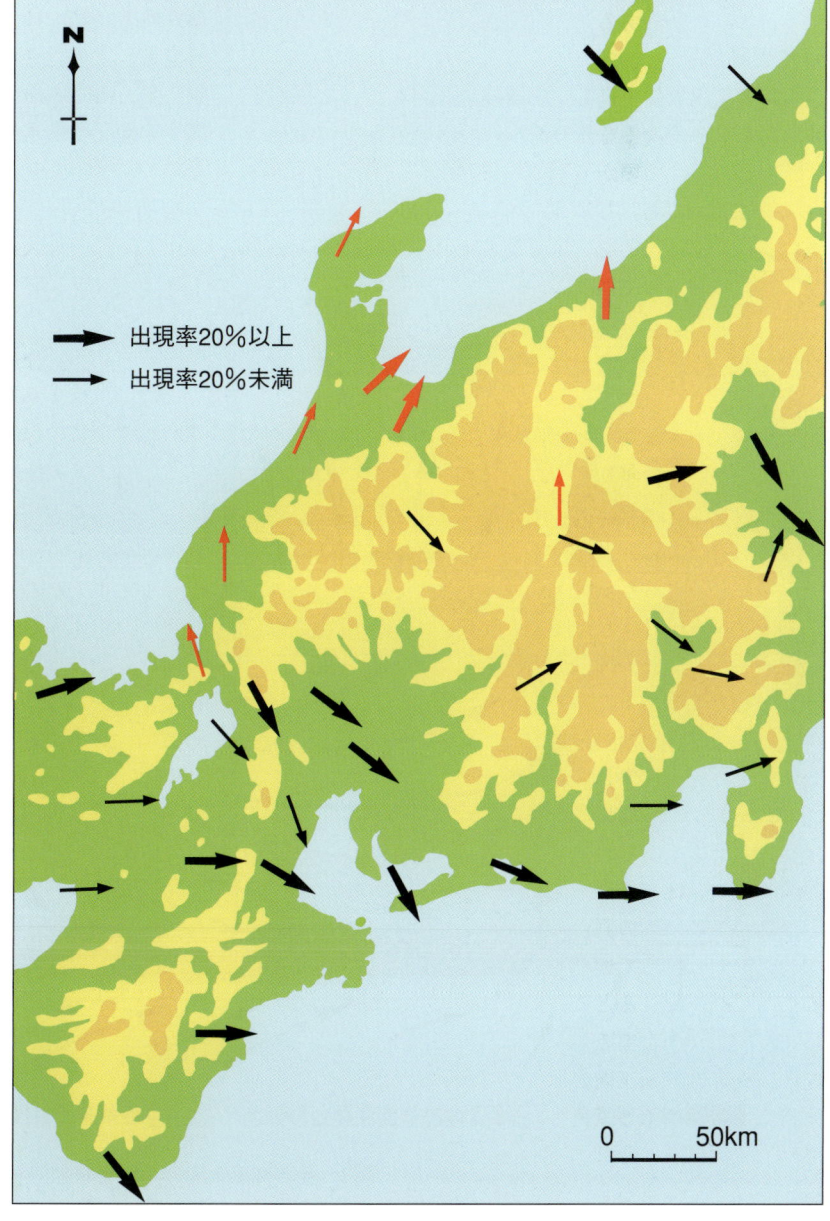

大気循環の中に探る「地域のシステム」

　東京都立大学で教壇に立つようになった頃、野間三郎先生の研究会で世界の地理学には「革命」が起こったこと、「地域のシステム」が地理学の課題であることなどを教えていただいた。

　「地域のシステム」とは、当時の私はすぐには理解できなかった。やがて「島弧海溝系」が「地域のシステム」（実は空間的システム）の一つだと気づいた。東北日本弧についての知識があれば、大津波が起こったスマトラ島からジャワ島にかけて伸びる弧状列島も同じように理解できる。これはすぐれて地理学的な理論ではないか。このような理論があれば、地理学は「脈絡のない暗記科目」だという長い間の汚名を晴らすことができるようになる。

亜熱帯高気圧

　私は大気現象の中にも「地域のシステム」（ここでは空間的システムの意味で使う）が認められないかと考えるようになった。そして夏に北太平洋上に発達する優勢な亜熱帯高気圧に思い当たった。高気圧の南東部は安定して定常的に発達する貿易風がある（図3の長い矢印の部分）。赤道よりには熱帯収束帯があって雲ができやすい。日本付近はちょうど亜熱帯高気圧の西縁にあたっており、高気圧の南西方で発生する台風が高気圧の縁をまわるようにして日本付近を通っていく。高気圧の北半分は偏西風帯に属し、前線が通過して変化に富んだ気候になる。

　年によって亜熱帯高気圧が発達したり、しなかったりしても、これらの諸部分の相対的な位置関係は変わらないから、気候の変動をダイナミックに理解できる。

　このような「構造」は南太平洋や大西洋上に発達する亜熱帯高気圧にも共通してみられる。南米で気候の研究をしていたロランド・ペニャさんは私の考えに共鳴して、南太平洋における亜熱帯高気圧の地域構造に関する論文を発表した。

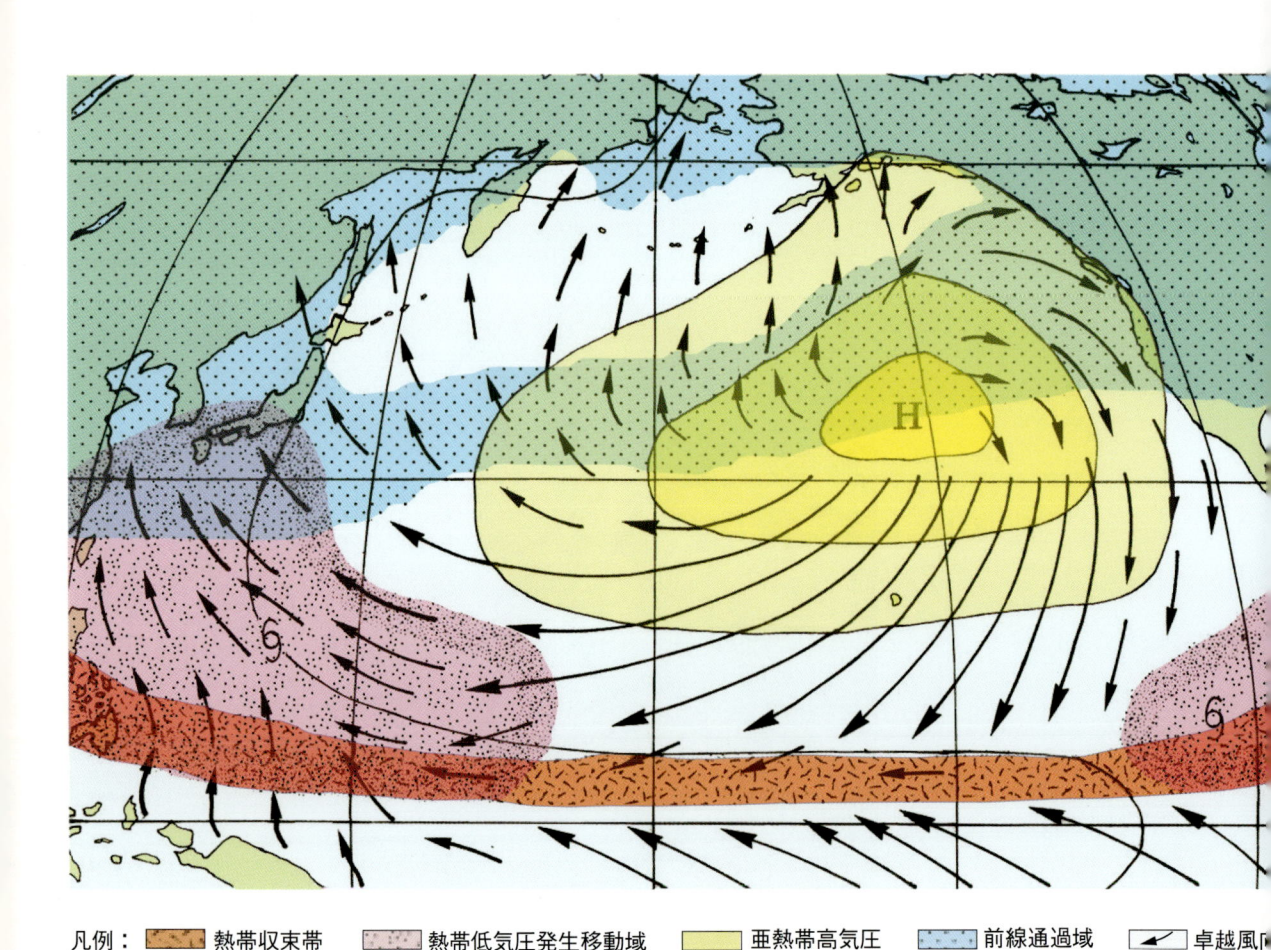

凡例：　熱帯収束帯　　熱帯低気圧発生移動域　　亜熱帯高気圧　　前線通過域　　卓越風

図3　亜熱帯高気圧の「地域構造」（7月）

熱帯循環系と寒帯循環系

　図4は私の考える大気大循環である。地球上の大気はどこにも目にみえる壁がないから、世界中がつながっている。にもかかわらず、南北両半球のそれぞれに熱帯循環系と寒帯循環系とでもよべる、かなり異質な二つの循環系が認められる。

　図に示したように、熱帯循環系は赤道付近で上昇した気流が緯度30度付近で下降する鉛直循環である。水平方向にもいくつかの輪を作るような循環で、輪の西側では上昇気流、東側では下降気流が発達する（図では帯の表と裏でそれを示した）。輪の南西側で熱帯低気圧が発生しやすい。熱帯循環系の中では前線がなく温帯低気圧もないから、晴の日と雨の日とが周期的に交替することはなくて、毎日同じような天候が繰り返される。季節変化よりも日変化が顕著である。

　これに対して寒帯循環系は大きく蛇行しながら、地球を取り巻くように循環するいわば水平循環である。気圧の尾根と気圧の谷とは、おおよそ同じ位置にできやすく、それらを境にして上昇気流が発達しやすいところと下降気流が発達しやすいところとに分けられる。寒帯循環系の中では前線と、その上に発生する温帯低気圧が東進していく。

　このようなグローバルな視点からみると、亜熱帯高気圧は、実は熱帯循環系と寒帯循環系の境界にまたがる現象と考えるほうがよい。

　日本の夏は、熱帯循環系の輪の西端に当たり、日変化が顕著な熱帯的な天候になりがちな上に、上昇気流や台風の影響を受けやすい。冬には寒帯循環系の中の気圧の谷か谷の東側に当たり、低気圧が南西から北東へと進むことが多く、三寒四温などといわれるように天候は周期的に変化する傾向がある。

> **位置・広がり・地域・空間的構造**
>
> 　地図は、どこに何があるかを示すものであることはいうまでもない。それだけでなく、山地や草原や工業地帯などがどこからどこまでなのか、その空間的広がりを示す。川の流域というのは1本の川によって結びつけられた空間的なまとまり（地域）である。
>
> 　弧状列島と海溝のような異質な空間が、沈み込むプレートの境界にできる一連の現象であることは、地図があると誰にでも理解される。
>
> 　地図は、地表の諸部分が相互にどのように関連しあうのか、その配列には規則性があるのか、などを示すことにも使われる。現象や事象の空間的構造を示すのには、地図は言語に勝っている。

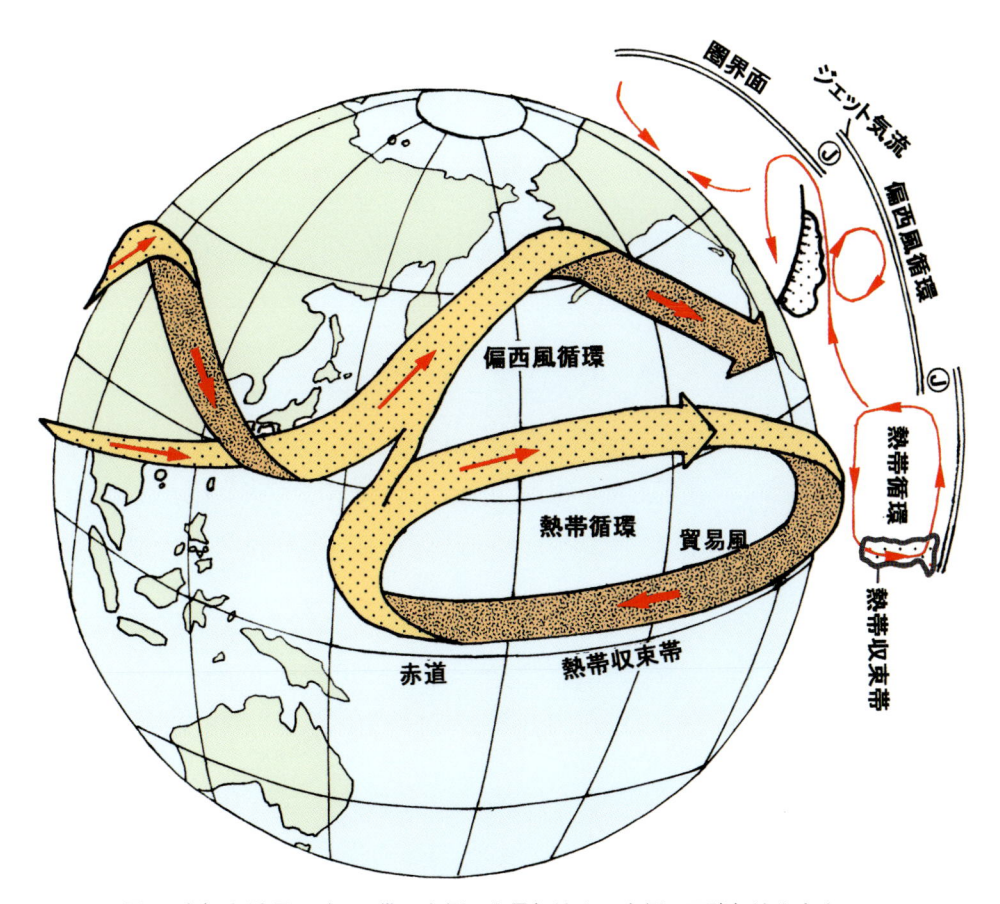

図4　大気大循環モデル　帯の表側は上昇気流を、裏側は下降気流を表す。

地図に開眼

ジョン・スノウが作ったコレラの地図

地図に目覚めるきっかけの一つは、古今書院の編集者からイギリスの著名な地理学者スタンプの『生と死の地理学』という本の翻訳を依頼されたことであった。

この本の内容はいわば病気と健康の地理学であったから、気候学を自分の専門と決め込んでいた私は気が進まなくて編集者を困らせてしまった。その人が私の義父になるとは思ってもいないときのことであった。

その本の中に図5が紹介されていた。1848年にイギリスで原因不明の病気（コレラ）が大流行した。ロンドンの開業医だったジョン・スノウは、この病気による死亡者を市街地図の上に記入して、死亡者は市民が使っていたある共同ポンプのまわりにとくに集中していることに気がついた。このポンプの腐っていた柄を付け替えさせたら、たちまち発生が激減したという。

スノウには図6のような地図もある。テムズ川の右岸にあった二つの水道会社が水を供給する範囲を示している。一つの会社はテムズ川を水源とし、他の会社は川から離れたところに水源をもつ。この二つの会社の給水地域ごとにコレラの死亡者を比較すると、疑いもなくテムズ川を水源とする会社のほうに多かった。

このようにしてスノウは、コレラは飲用水と関係があると唱えた。

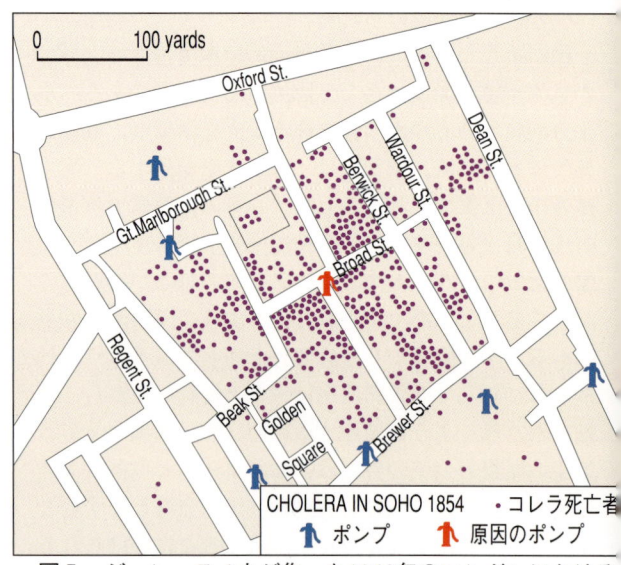

図5　ジョン・スノウが作った1848年のロンドンにおけるコレラによる死亡者の分布
（『生と死の地理学』の図を改変。なお、本書に中谷友樹氏がGISを用いてこの図を表現している。）

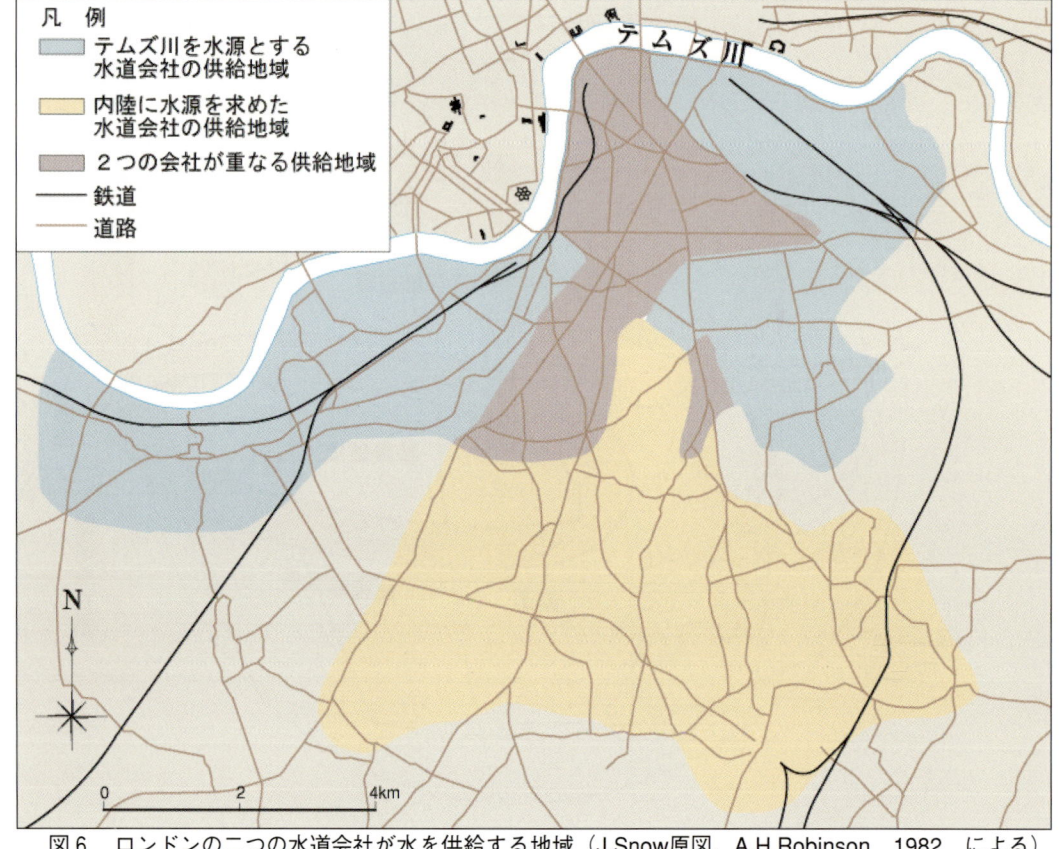

図6　ロンドンの二つの水道会社が水を供給する地域（J.Snow原図、A.H.Robinson　1982　による）

肺がんの原因は大都市の中にある？

　この本の著者スタンプは、図7の左のようにイングランドにおける肺がんによる死亡者の割合が国の平均以上のところを黒く示した。この黒い部分は右の人口密度分布図とほとんど一致するように見える。

　著者は次のように書いている。「肺がんの地図で何よりもはっきりしているのは、これが都会の病気であるという議論の余地のない証拠を示していることである。イギリスのほとんどすべての都市で、周辺の郊外より悪いという結果が現れている。近年、肺がんと喫煙、とくに紙巻タバコとの関係が数々の証拠によって明らかになりつつあるようである。しかし、都市の人間が、地方の人間よりも余計にタバコをすうのだろうか。そうと考える理由はどこにもなさそうに思える。したがって、何かほかに都市の生活と結びついたものがあるに違いない。都市の空気中には何か造がん物質か、がんを好む刺激物が含まれているのだろうか。・・・」

　がん研究所の先生に尋ねてみると、大都市説は否定されているということであったが、地図に現れたこのような顕著な地域差は頭から離れない。死亡統計の取り方などの問題なのであろうか。それとも未知の原因が都市の中にあるのだろうか。

> **地図の重ね合わせ**
>
> 　地図には一般図と主題図とがある。地形図のようなのは、いろいろな目的に利用される一般図である。気候図やコレラによる死亡者の分布などは、あるテーマの分布を示す主題図である。一般図がきわめて長い歴史をもつのに対して、主題図の始まりはせいぜい17世であるといわれている。
>
> 　ジョン・スノウが地理学のみならず、医学の分野でも語り継がれているのは、未知の病気の原因を探そうとして地図を用いたことにある。スノウは死亡者の分布をドットマップにして、死亡者はある地区を中心にして、そこから周辺に向かって粗になると読んだ。そして最も集中している地区に、原因となりそうな共同井戸と腐った柄を見出したのである。
>
> 　スノウはさらに水道供給地域と死亡者の比率の分布図を作成して、汚染された水に原因があるという考えに確信をもった。
>
> 　地図で病原菌を発見できるわけではないから、地図は無用だという人もあるが、2種類以上の地図を重ね合わせて見て、相互に関係があるかないかを考えるのは無意味ではない。ただし、分布が一致するからといって因果関係があるとは限らないので、注意深く読む必要がある。

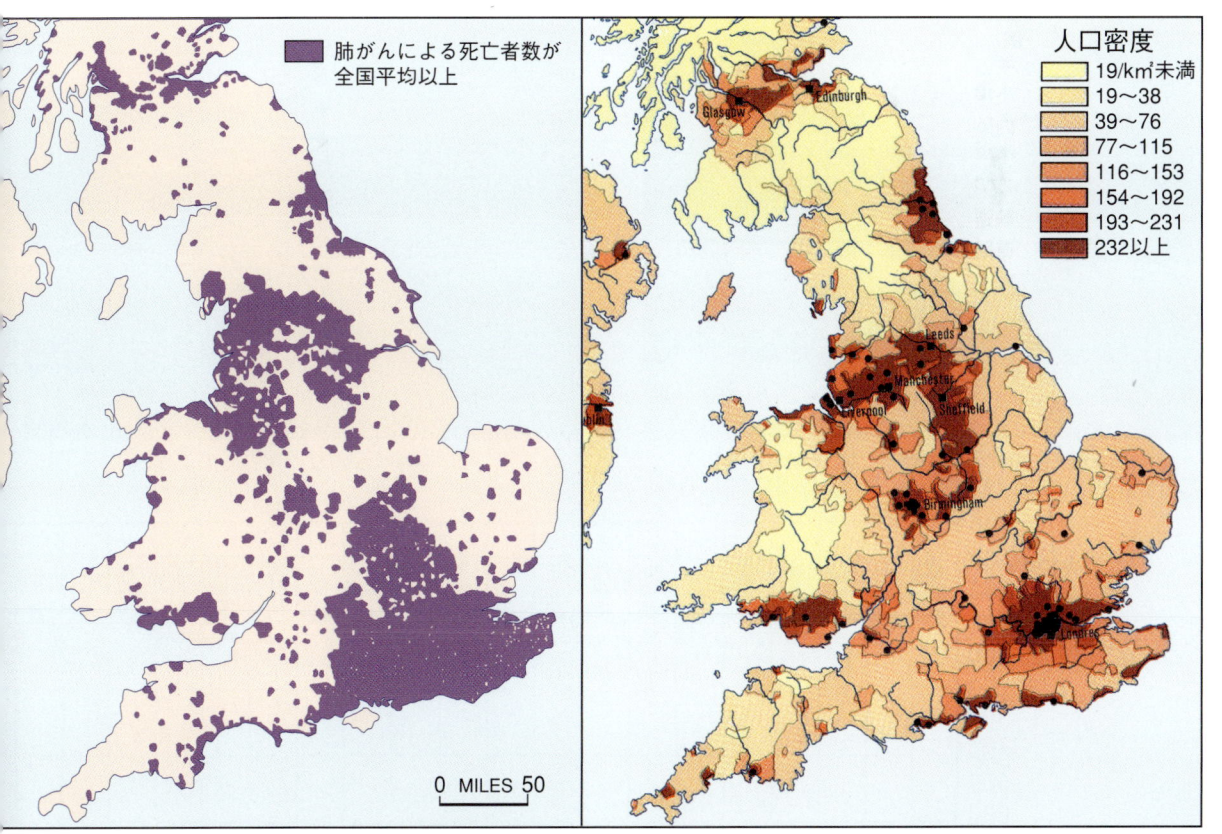

（『生と死の地理学』より）　　　　　　　　　　　（Grand Atlas Bordas による）
図7　イングランドにおける　肺がんによる死亡者率の分布　と　人口密度分布

天然記念物の小浜池が涸れた！

　静岡県三島市に楽寿園という市営公園がある。こんもりとした森に囲まれた小浜池は、明治時代に建てられた小松宮別邸を水面に映して誠に美しく、昭和9年に国の天然記念物及び名勝に指定された。

　ところが今、行ってみると、池にはまったく水がなくなっていて、黒々とした溶岩がむき出しになり、干上がった池の底には草が生えている（図8、図9）。なぜこのようになってしまったのだろうか。

　三島の水に関する文献を調べると、もう調べ尽くされているようにも思われたが、大学の地理学専攻の学生たちに、現地で観察して調べたことを地図の形で記述したり、地図を使って考察したりする地理学の研究方法にこだわってみようと提案した。

　小浜池の水位が減り始めたと気づいたのは、駅の北側に水を使う工場が進出した1958年からで、楽寿園ではその年から継続的に水位の観測を実施している。楽寿園のご厚意でそのデータを提供していただき、図10に毎月15日の水位を示した。

　1958年頃には水深は規則正しい季節変化をしていて、雪解け水が流れ出る夏には水深が2m、富士山頂に雪が積もる冬に水位が低下しても1m弱の深さが保たれていた。それが年とともに次第に2mを越えることが稀になり、1963年にはついに干上がる月が現れた。そして1980年代後半になると水位が地下3mにまで低下して1年の大半の期間で湖底をさらす事態になり、1995年後半にはなんと5mにも低下した。

　1985年頃と1995年頃に新しい工場の進出があったという事実はなかった。人為的な原因による水位の低下だとすれば、なぜ数年後に一時的にせよ回復することがあるのだろうか。

　ここでは省略するが、われわれは三島市の上流に当たる数地点における水位変化グラフを同様にして作成した。1980年代後半以降の変化パターンは、広い範囲でよく似ており、この地域の降水量の変化と合っているので、降水量の多少によるものに違いないと判断した。しかし、小浜池のように1980年代以降に極端に低下するのは市街地の中か、近いところに限られているようで、市街地化と関係がありそうに思われた。

> 1地点の情報がどれだけあっても地図にはならない。地図を描こうとするときには、位置が異なる複数地点の情報を集めなければならない。

図8　2003年に一時的に水が戻った

図9　水がなくなった小浜池

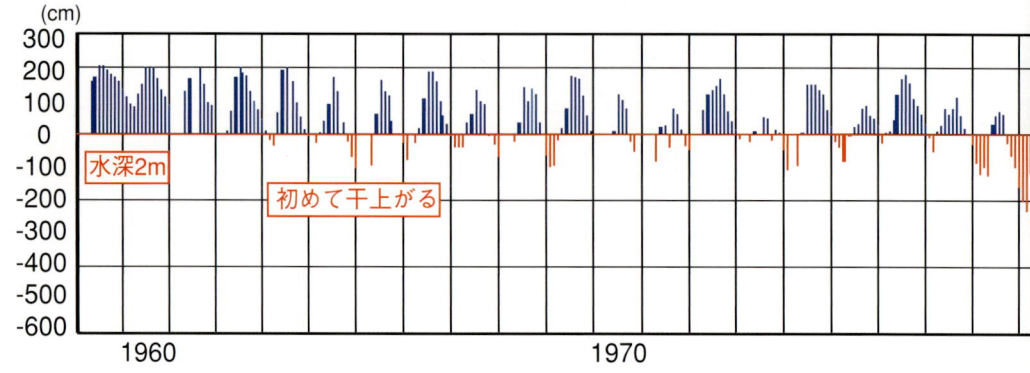

図10　毎月15日の水位の経年変化　（1959〜2004年）

三島市内の湧水も涸れた

　三島市は水の豊かな都市である。小浜池のほかにも、市内にはたくさんの湧泉がある。小浜池の水は源兵衛川などに流れ出て、市内の家々にも導かれ、下流の水田も潤していた。人々は常に清らかな水と生活していて、可憐なミシマバイカモやカワセミを見ることもでき、「水郷三島」という市街図も作られていた。

　小浜池の水位が低下し始めた頃、井戸が涸れた家が続出した。高島徹(1985，1993)や後藤恵(2004)の研究によると、その頃井戸が涸れた家は小浜池の周辺に集中しており、後に市内全域に拡大した。

　進士五十八(1979)が調査した結果によると、1960年には湧水がいたるところで面的に広がっていたのが、1978年には縮小している（図11）。

　1970年前後には市内の川も水が流れなくなり、悪臭を放つドブ川と化した。

　その川がふたたび市民の憩いの場になるまでには、グラウンドワーク三島の方々を初め、行政と企業の並々ならぬ努力があった。しかし小浜池は「天然記念物」であるが故にまだ水が戻らない。今、川を流れる水は自然のままではないということでもある。

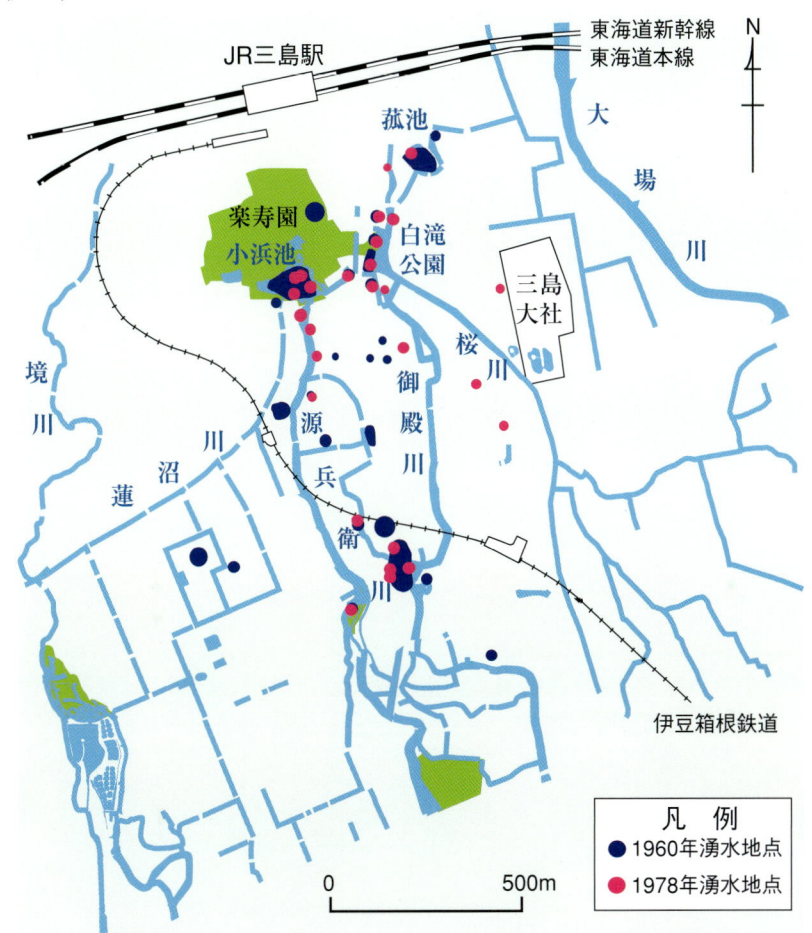

図11　三島市内の水系網と湧水分布の変化　（進士五十八，1979 などによる）

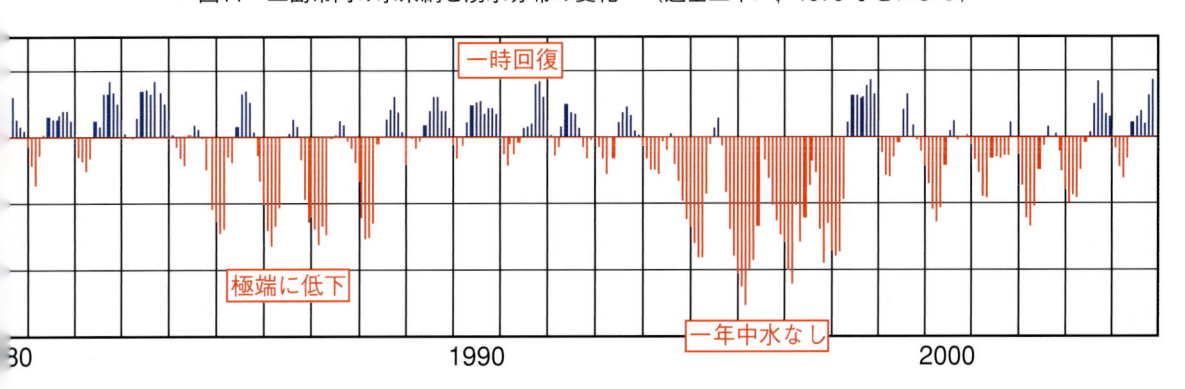

三島市の水が豊富なわけを地図で探る

三島市の位置

三島市がどこにあるかを下の地図で確かめてみよう。

富士山が四方になだらかな裾野を広げている。南東側には愛鷹山があり、その東隣には箱根火山がある。富士・愛鷹山と箱根の間に黄瀬川の狭い谷がある。三島市はその谷が沼津平野に出るあたりにある。

古くから三島神社は有名であった。江戸時代には箱根八里を越えた旅人たちが骨を休める東海道の宿場町であり、甲州と下田に通じる街道もここを通っていた。人々は「富士の白雪」が融けた水がここに湧き出ることを知っていた。有名な柿田川はすぐ近くである。

鉄道は箱根山を越えることができなかったから、丹那トンネルができるまでは今の御殿場線のルートを通り、三島駅は町の中心を外れていて町がさびれた。

富士山は、愛鷹山や箱根火山と違って、その斜面に水が流れる谷が刻まれていない。新しい火山であるからというほかに、富士山に降った雨が地中にしみ込んでしまうからである。

図12 三島市とその周辺 （水谷一彦原図）

三島溶岩の末端から湧き出る水

　図13は人工衛星ランドサットの画像である。図12のような一般図では表されないことが多いが、空中写真や衛星画像ではっきりわかるのは、植生の有無やその種類、ゴルフ場や都市などの土地利用の状態である。季節（や場合によっては時刻）が読み取れるのも空中写真や衛星画像が地図と大きく違うところである。

　図14はその画像の上に地質の概略を重ね合わせ、『静岡県のわき水』その他の資料から湧水地点を書き加えたものである。

　黄瀬川の谷を埋めている黄色は、三島溶岩とよばれている富士山の古期溶岩である。1万数千年前に噴出した溶岩はこの谷を流れ下り、三島のところで止まった。小浜池のまわりの黒い溶岩はこの末端である。

　三島に豊富な水があるのは、富士山に降った雨や雪解け水が地下に浸透して、何枚もの層をなして重なっている溶岩の間を流れてきて溶岩の末端から湧き出しているからである。

> ### 地図は「どこ」と「どんなところ」を記述する
>
> 　「三島市はどこにあるか」を言語で表すとどうなるだろうか。「沼津市の北東およそ6km」というように、よく知られた基点からの方位と距離で表すこともできる。「東海道新幹線で小田原・熱海の次の駅で下車」のようにそこに到達する経路で表すこともできる。「愛鷹山と箱根山の間の黄瀬川の谷の末端」や、「北緯35度、東経139度」など、幾通りかの表現方法がある。
>
> 　それを地図で見れば平野であることや海からの距離なども含めて、「どんなところ」であるのかまでも読み取ることができる。
>
> 　これに加えて図14の例のように、地質の概略と湧水地点とを重ねたりすると、三島市がなぜ水の豊富な都市であるのかを理解しやすくなる。つまり、地図はなぜそこがそのようなところかを説明することがある。

図13　ランドサット画像

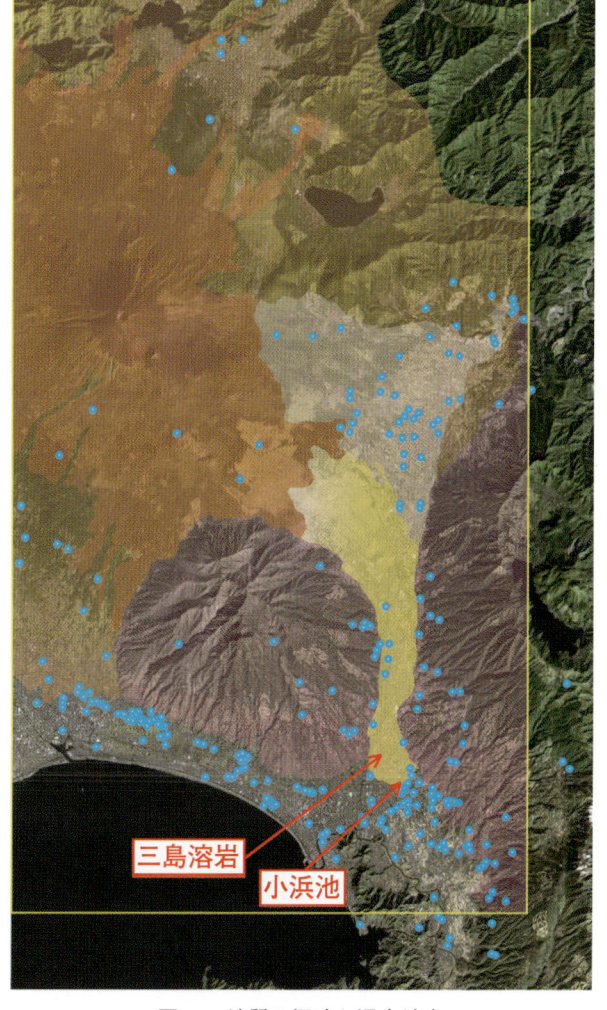

図14　地質の概略と湧水地点

流域の土地利用と水質の変化

旧版地形図から読む工場とゴルフ場の分布

　地下水の増減を調べるには水収支の検討が欠かせないが、それを念頭に置きつつ、地図にこだわった。

　地形図は何年かごとに内容が更新される。地形図のユーザーは、新しい情報を求めるから古くなった地形図を廃棄処分してしまうことが多い。しかし、旧版地形図ほど正確な過去の資料がほかにあるだろうか。とくにどこに何があったのか、どこがどんな状態であったのかについての信頼のおける情報は、旧版地形図をおいてほかにないと言ってよい。

　われわれは、三島市で地下水位が低下した原因が、黄瀬川流域の土地利用の変化にあるかも知れないと予想して、旧版地形図を使って土地利用の変化を調べた。

　ここには最新版地形図の中の工場とゴルフ場の分布を示した（図15）。

　三島には紙や和傘などの伝統的工業があったが、大正時代には水力と蒸気力を利用する製糸業に従事する人が多く、一番の工業生産額をあげていたといわれる。富士山東麓は日清戦争以来演習場として使われていたが、三島でも昭和初期に駅の北側に重砲兵連隊が進出し、軍関係の工場などができた。

　しかし、何といっても大きな変化は戦後である。岳南地域の工業化が進むのを見て、三島の「無尽蔵な水」を利用する工場を誘致しようと考えたとしても無理からぬことであった。

　1956年に柿田川谷頭の北側に大東紡工場（現ソニー工場）が、1958年には重砲兵連隊の跡地に東洋レーヨン（現東レ三島工場）ができた。水が目立って減ったのはその頃であった。

　ゴルフ場の開発は愛鷹山南東斜面などで著しい。ただこれらの土地利用の変化が地下水位の変化とどのように関係しているのかは、簡単には結論できない。

> **地図からは時間を読むこともできる**
>
> 　地図は、新旧の地図を比較するなどの方法で時間的変化を記述したり、分析したりするためにも用いられる。
>
> 　1枚の地図からでさえ、等高線に着目して地形の年齢を推定することがある。屈曲の少ない同心円状の等高線で描かれる富士山は、屈曲の多い愛鷹山に比べて新しい山であるとわかる。地名や鉄道線路の曲率などでも時間の前後関係を知ることができる。

図15　平成13（2001）年の2.5万分の1地形図から読み取った工場とゴルフ場の分布（吉岡孝志，2005）

水質の変化は局所的？

　山本荘毅(1992)は、1979年7月に富士山東麓の94ヵ所の湧泉で湧出量、水温、pH、電気伝導度の調査を行った結果を表の形でまとめている。吉岡孝志らは、2003年7月と2004年8月に、山本が調査した湧泉を探して、ほぼ同じと考えられる26地点で同様の調査を行った。pHについての結果を地図にしたものが図16である。

　1979年には、最上流部から下流部まで7.0前後で中性であったが、今回は場所によって特徴的な変化を示した。すなわち、御殿場周辺ではおしなべてアルカリ化が進み、長泉町のいくつかの湧水は著しい酸性化を示している。

　このような水質の変化は局所的な原因によるものであろうか。

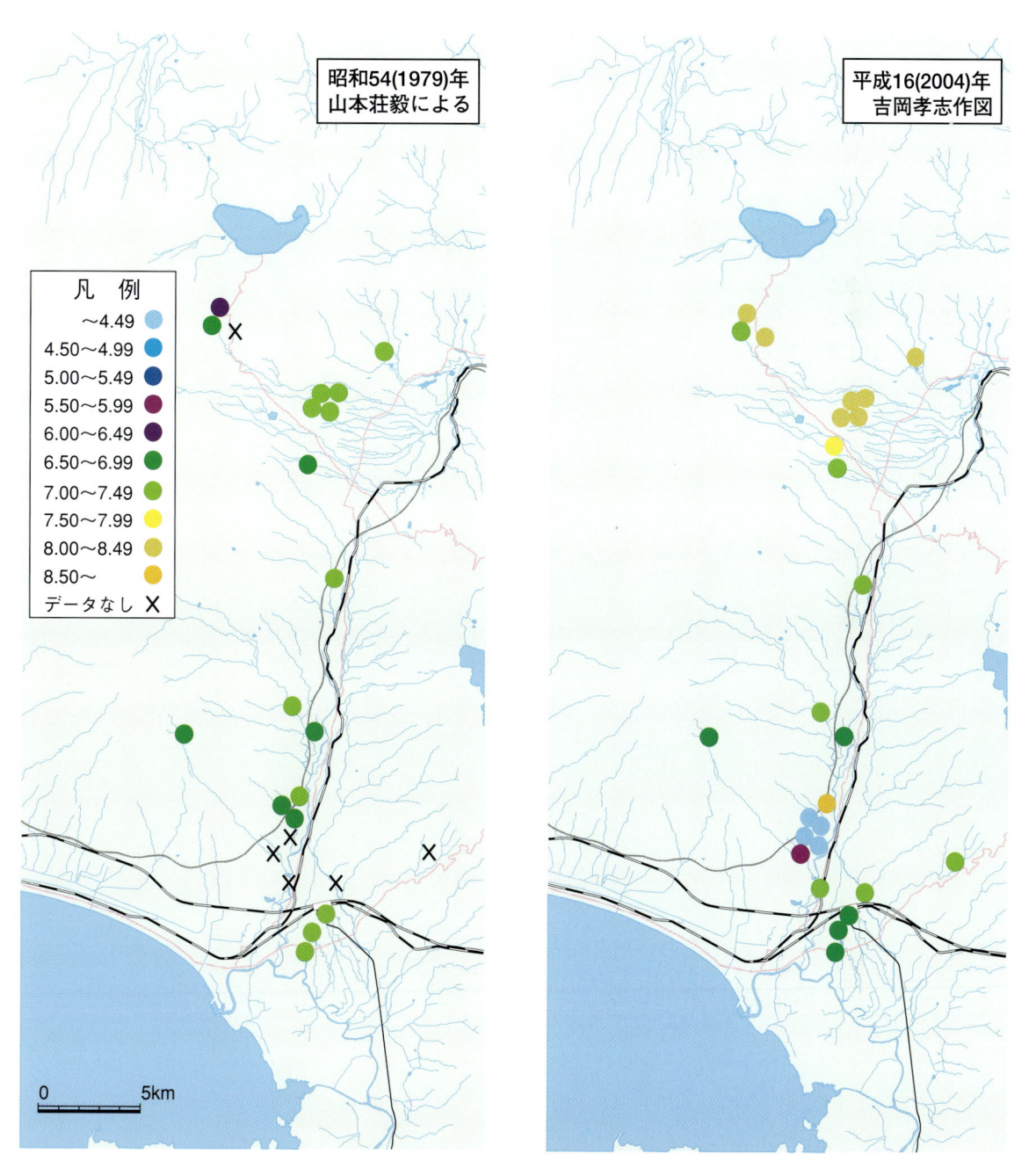

図16　1979年と2004年におけるpHの分布（吉岡孝志，2005）

水田の消滅と都市化

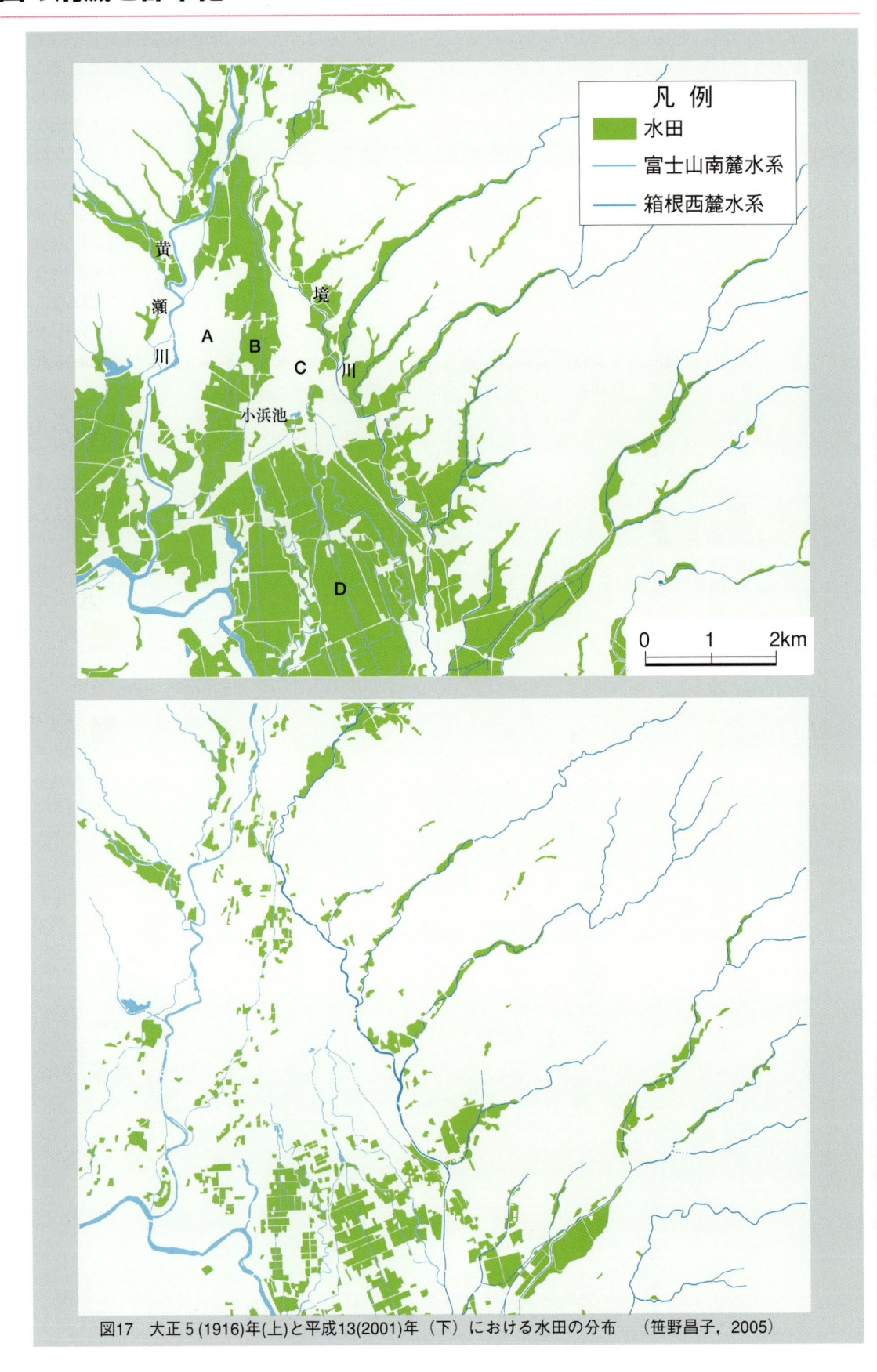

図17 大正5(1916)年(上)と平成13(2001)年(下)における水田の分布　（笹野昌子，2005）

水が涸れる前後の地形図を比較して読み取れる最も顕著な変化は水田である。1916年と2001年の水田の分布の変化を前ページの図17に示した。

　1916年の当時は、おそらく水田にできる条件の土地は隈なく水田になっていたと考えられる。愛鷹山と箱根山では斜面を刻んだ狭い谷の谷底平野だけが水田になっていた。黄瀬川と境川（現在の大場川）にはさまれた地域は地形的には平野であるが、不思議なことに一面に水田になっているのはその南部（東海道以南、D）だけであって、その北側には水田になっていない白い部分が広い（A，C）。注意深い地図の読者ならば、黄瀬川と境川のちょうど中間の位置を南北に延びているやや幅広の水田の帯に気づくであろう（B）。平野の中の白い部分は溶岩扇状地とよばれる部分である。後に軍の施設ができ、戦後に東洋レーヨンが進出したのはここであった。南北にのびる水田の帯のところに行ってみると、ここには谷地形が認められる。この谷をつくったのは、黄瀬川だろうか、境川だろうか。

　2001年の地図では水田は見るも無惨なくらいの状態になったことがわかる。では水田は何に変化したのだろうか。図18は水田跡地の現在の土地利用を示したもので、大部分が工場、住宅地、道路などに変わったとわかる。今までは広い面積の水田を通して地下水が涵養されていたのに、市街地化した土地では、水が地下に浸透せずに地表を流れてしまうように変わったと言えよう。

　三島の地下水が減った原因は、降水量の減少といった広域に共通するもののほかに、「都市化」という複合的なものであろう。個々の原因が影響を及ぼす範囲は、比較的限定されている可能性がある。

　現在の技術で三島の水を守るとすれば、守るべき水の場所を特定して、その上流側の一定区域で地下水に影響を与えそうな新規工事などを規制するのが賢明であろう。

> **地図は諸要素の複合的関係を解明する鍵を与える。**
> 　地形図は水田や住宅地などのような諸要素に分解して、相互の関連を見ることにも利用される。

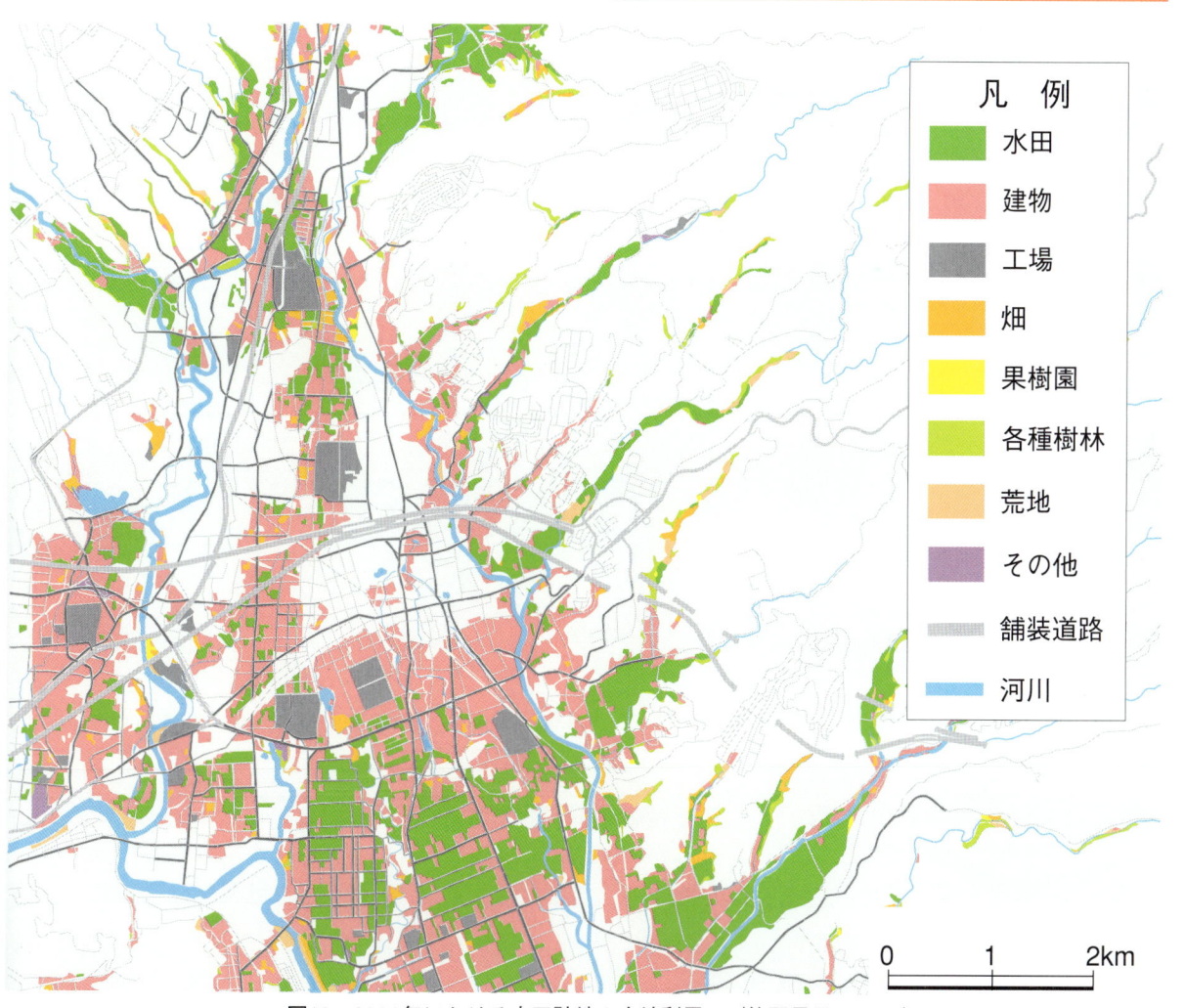

図18　2001年における水田跡地の土地利用　（笹野昌子，2005）

バクテリアも住めない環境では地下水も流れない

「都市化」というのではいかにも漠然としている。私は、大学で地理学を学んだ後、造園の仕事を通して、全国各地の環境改善事業を成功させている矢野智徳氏（NPO杜の会）の考えに否定できないものを感じる。

矢野氏は最近になって「地理学の考え方と地図が何よりも大事だとわかった」としみじみと語ることが多い。どこの仕事をするときにも大小の縮尺の地形図や地質図などを手に入れて事前調査を行い、仕事が始まると現場で見たことを地図の形にしては作業内容を考えている。ちょうど今、富士山の北側の山麓で仕事をしているところだったが、三島の話を聞いて「三島で起こっていることは富士吉田で起こっていることと同じだ」と言って、図19を描いてくれた。

矢野氏の考えの一端は、本書の120-121ページにうかがわれるが、環境を三次元的にとらえようとするだけでなく、常に地下水の流れに特段の注意を払ってきた。そして、長い経験から、地下水の流れを左右しているのは地下の空気の流れだということを、たくさんの事例を挙げて説明する。人手が加わらない自然の状態ではとどこおりなく流れていていた地下水が、地下の空気の流れを遮断するような構造物が作られたりすると、たちまち流れがとどこおりがちになり、そこに生育する「植物の表情」に変化が現れるという。

空気が流れなくなった土壌は、その中のバクテリアもみみずも蟻もいなくなることである。

三島でも富士吉田でも開発が進むにつれて、「植物の表情」が悪くなってきていると観察する。都市では水が地中に浸透しなくなることはよく知られているが、地下の空気に注意を向けた考えはなかったように思う。彼が改善した土地を知っている人たちは、「植物の表情」や作物の収穫などの著しい変化に驚いている。

個々の開発がどんなによく計画されていても、もっと広い地域でみたときには、それが環境を悪化させることがあり得る。部分と全体をバランスよく考えることができるのは、地図の力である。

図19も、120-121ページの図も、経験によって得られた知識を総合的に表すものである。環境を、高い山から海までを一つながりであるはずだという考えと、地中の空気と水や微生物までも含めてトータルに捉えようとする考えとがあって初めて作られた地図である。

> **地図は製作者の考えを表す**
>
> 広辞苑によると、「地図とは地表の諸物体・現象を縮小して平面上に表現した図」とある。しかし、どんな地図でも地表の諸物体をすべて残らず表現することはできない。地図に表現されるのは、製作者が選択した対象のみである。
>
> 地図では製作者が意図しない限り時刻や季節が捨象されるのは、写真と違うところである。
>
> また、環境地図といっても、製作者が環境をどのように考えているかが現れてくる。

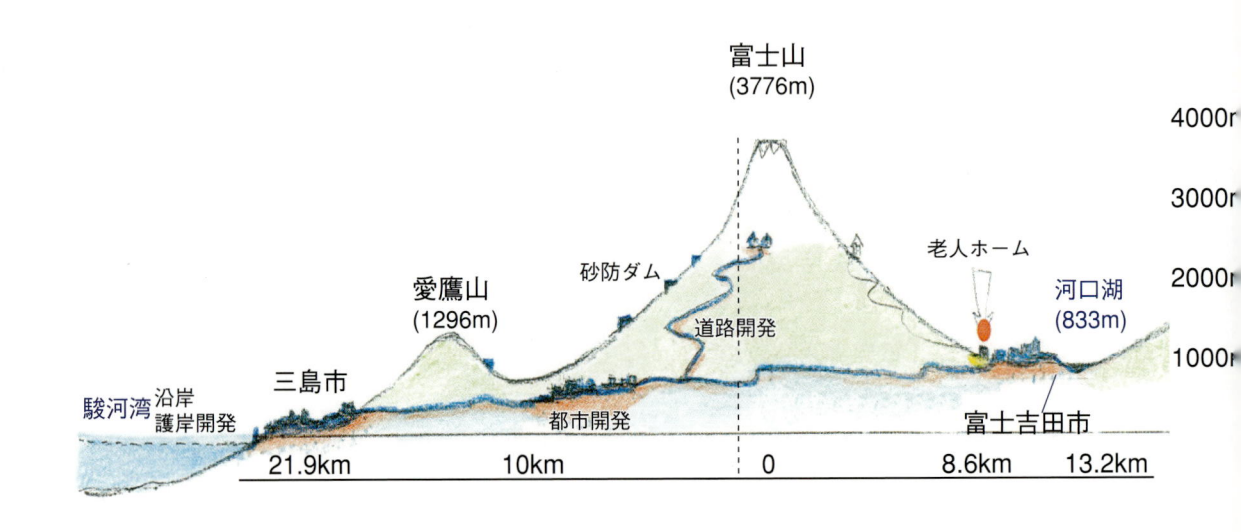

図19　富士山を横切る断面図で推論する都市開発と地下水の関係(矢野智徳原図)

地理学と地図

　図20は、ドイツのフンボルトが描いた有名な「アンデスの自然像」(1807)である。アンデスを東西に横切る断面を示しているが、この図の両側につけられている詳細な表とともに、フンボルトは現地の観察に基づいて、アンデスの自然を地形・気候はもとより植生や人間活動まで含めて一体のものとしてとらえようとしていたことをよく示している。

　近代地理学の祖といわれるフンボルトとリッターとは、実質的に主題図の地図帳を作った最初の地理学者であった。このように地理学は科学として確立した初めから地図とは切っても切れない関係を持っていた。私が「三島の水」というテーマで地図にこだわったのは、学生たちの興味と関心が地形学であったり、都市地理学であったり、時間地理学であったりする地理学科で、互いのコミュニケーションを図る方法の一つが地図であろうと考えたからであった。いつもの年度よりも大勢の学生が卒業論文に三島や地図に関連するテーマを選んでくれたのは嬉しいことであった。

> **地図は人々を結びつける**
>
> 　地球全体、もしくはある地域に関連する数多くの主題図を作って地図帳を編纂することは、18世紀の百科全書学派の業績にも匹敵するくらいの事業ではないだろうか。GIS(地理情報科学)の発達で、このような夢を実現できる期待が高まっている。
>
> 　地図は地理学だけの所有物ではない。専門分野を異にする研究者も、言語や文化を異にするノンアカデミックな人たちをも結び付けてくれる。
>
> 　図像を読む能力は、読み書きそろばんと同じように大事で、しかしそれとは違う能力である。学校教育でも地図教育をおろそかにしないでほしい。
>
> 　新しい時代の大学にも地図からの発想が役立つことがあると確信している。

図20　フンボルトによるアンデスの自然像
手塚　章（1997）『続　地理学の古典』　古今書院による

冒険心をくすぐる旅に出たくなる地図 『ベラン』と『ミシュラン』 伊藤建介

地図の表現が熟してくると、主題を伝えることからさらに進んで、地図著作者の意思が表現されてくる。ランドマークの絵画的表現や鳥瞰やパノラマであったりする。ヨーロッパを中心に線画が地図に影響を与え、それが美しい絵画的な地図へと発展していった。『ミシュラン』や『ベデカー』のみならず、『地形図』までも美しい。

美しい地図には記号が少ない。記号を憶える必要もない。歩きながら見るだけで方向も行きたいところも解ってしまう。知らない小道も地図が案内してくれる。素敵な山の美しさも、地図が案内してくれる。

ここに『ベラン』と『ミシュラン』の地図がある。地図からこんな会話まで聞こえてくる。

Matterhorn...how beautiful! We can see Zermatt on its right, too.
No, Zermatt should be on its left side.
On its left? What is that you're looking at ? A picture?
No, it's not a picture. It's a map! A Berann's map.
But it does look like a picture.
A panoramic map from Berann is just the right kind of map for the Alps.
I didn't know you had such a good map.
You're lucky to have me with you.
・・・・・・・・・・・・・・・・・・・・・
I don't think we are going in the right direction, sweetheart.
Yes, we are! We'll see Tower Eiffel on the right very soon, and then we'll hit the Seine.
Well, I don't think so. We shouldn't be taking Ave. de Friedland.
Hey, how do you know? I live in Paris!
I have my Michelin here.
Well, I'll kiss you in some back street, where Tower Eiffel can't see us.
Why not now!

(H. C. Berann 『PANORAMAS BERANN'S WORLD』 1992年 実業之日本社刊より)

It is probably one of the greatest pleasures that life can offer to learn to see things through the window of geography, which gives us wider perspective on the world. I have been lucky enough to have a job that has allowed me to experience this great pleasure, and it all started with Geography classes I attended in Komazawa. Since then, many other great mapmakers have inspired me; I met Michelin and Berann when I was editor-in-chief in a publishing company. I learned that the panoramic map was very common in Europe when I spent my vacation with Berann at his house in Innsbruck or at his summerhouse in Switzerland. I realized that Tower Eiffel was the true landmark in Paris when I explored the city with a Michelin in my hand. A map that shows you the whole picture of the area at a glance makes you feel like making an adventure. Yes, that is what's a good map does, and that is the kind of map I will keep trying to publish.

I dedicate this note to Dr. Nakamura. Thank you.

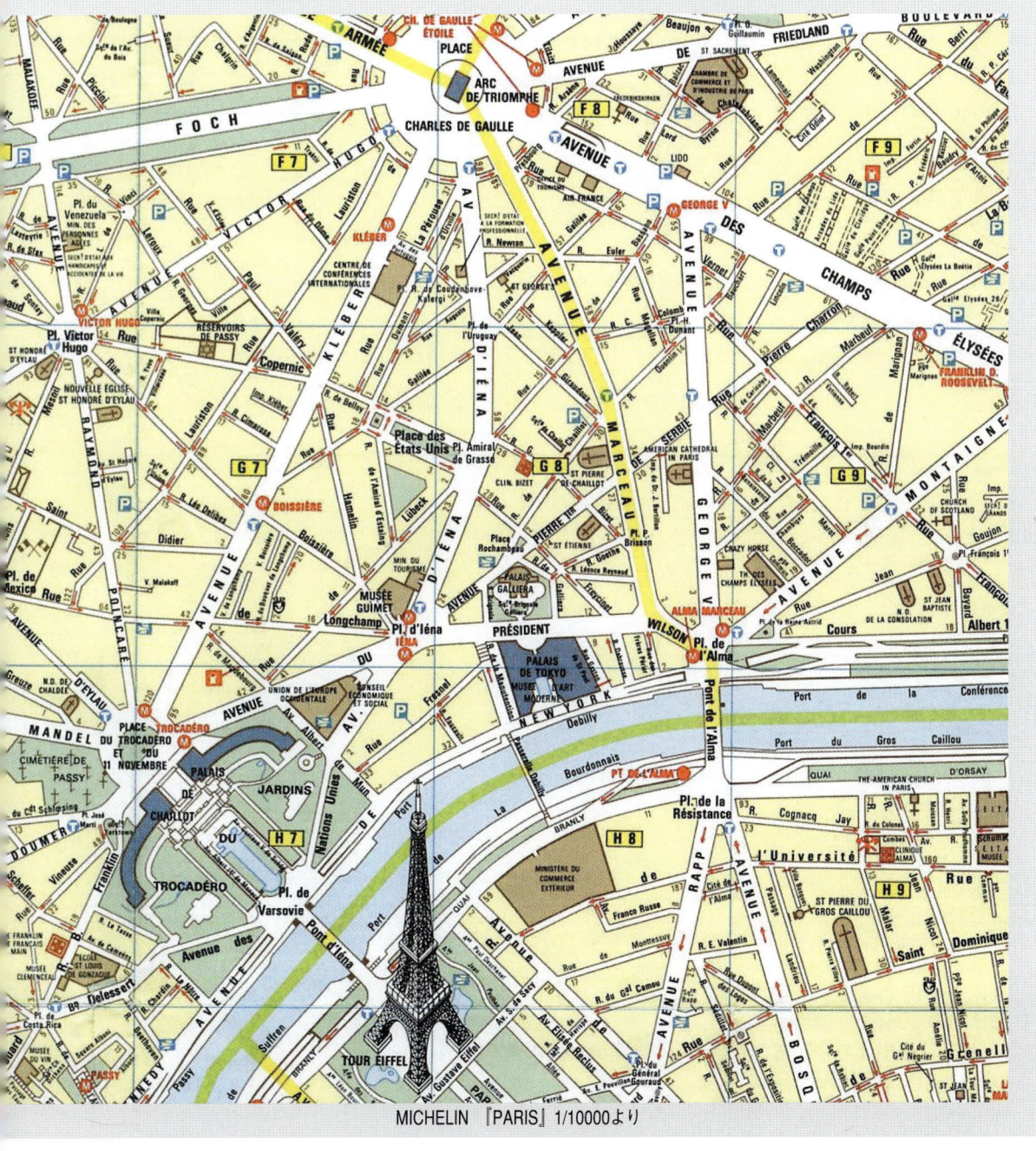

MICHELIN 『PARIS』 1/10000より

地図で始めるエチオピアぶらり旅　　大久保正明

　旅に出る前に、地図を眺めながらどんな土地なのかどんな人々の生活があるのか、はたまた歴史があるのか、想像するだけでも楽しくなります。そして、旅行書や紀行文などを読むとさらに未知の旅への思いはつのるばかりです。ちいさな自分の頭の中に広い世界が浮かびだされます。

　ここにあるエチオピアの地図は、私がこれまでに飽きることなくしばらく眺めた地図の一枚です。そしてようやくにエチオピアへの旅が叶うことになりました。旅に出る前には、地図を眺めながら、実に色々なことを想像しました。エチオピアまでの距離や飛行時間、どんな風景か、気候なのか、町なのか、畑にはどんな作物があるのか、人々の生活、物価はどうなのか。おいしいものはあるのか、やはりエチオピア・コーヒーも飲まなければと考えたり、旅のルート・交通機関・宿泊はどんな手段を利用しようかと考えたりです。雨季には、道路が通行困難になることが本に書かれています。また、交通機関が非常に限られており、予定通りに旅が出来そうにありません。さらに、治安や病気なども不安材料として浮かびました。

　そして、いよいよ現地入りです。飛行機から初めて見るエチオピアの大地、これまでに眺めてきた地図を思い出して感慨ひとしおです。空港を出て、深呼吸をして一息。日本を出発して約25時間です。到着後の

図　エチオピアの地図

第一印象は、のどかな国だということです。ああ、アフリカに来たなと実感します。人々は、とても陽気で親切です。おいしいのは、エチオピア料理のインジェラ、そして、コーヒーは一杯が約10円。地方への移動は、乗り合いバスです、にぎやかで、埃っぽくて、エンジンが唸る楽しい乗り物です。途中、日本人で水道工事の援助をされている方にお会いしたり、地元の方にヒッチハイクをお願いした上に昼食をご馳走になったり、お宅に寄せてもらいコーヒーを頂いたりしました。田舎では、移動は徒歩、荷物はロバなどで運搬します。また、ほとんど物々交換に近い市が定期的に開かれます。そして、世界遺産でもあるラリベラの石の教会には、地方から徒歩で巡礼者が何日もかけてやってくるのです。独特なアムハラ文字、13ヶ月あるカレンダーとエチオピア時間があり、独自の文明を今日まで伝えています。ここでは、地図とともに紹介するのは現地での写真です。地図の中の一つの点のような場所の実際の様子です。

　旅に出る前に想いめぐらせながら楽しむ地図、旅に出て目にする土地と重ね合わせる地図、旅を終えて思い出を楽しむ地図、一枚の地図が色々なことを語りかけてきます。

　この旅を終えて、シベリア鉄道を横断しました。東西1万キロ、約1週間です。いつもいつも、地図を片手に自分の現在地を確認しました。大きな地球の中の小さな自分の位置を地図の中に見つけました。

① 首都アジスアベバ
"新しい花"の意
標高2,400m

② アジスアベバ市内
人口200万人の
のんびりした大都会

③ 小型プロペラ機
地方の草原の滑走路

④ 大地
起伏が激しい

⑤ 青ナイル川
水しぶきが舞い上がる
ティシサット滝

⑥ タナ湖
手漕ぎの舟で
運搬する

⑦ 未舗装道路
砂埃がすごい

⑧ 聖地ラリベラ
への巡礼者
2週間を徒歩で
やって来る

佐渡は「朱鷺の島」？
－1950年代の観光地図での扱いから－

志村 喬

　佐渡島内の10市町村が2004年3月1日合併し、一島一市の佐渡市が誕生した。この佐渡市の誕生にあたり制定された市章デザインのイメージの1つは羽ばたく朱鷺であるという。この年の観光パンフレット（図1:佐渡汽船発行）の表紙も「祝　佐渡市誕生　朱鷺のいる島　2004　佐渡」とのキャッチフレーズが、羽ばたく朱鷺の写真とともに配置されている。島民にとっても観光客にとっても佐渡と朱鷺のイメージは重なっているのである。

　では、1953年に発行された図2の佐渡観光パンフレット掲載地図（図3）では、どこに朱鷺がいるだろうか。鳥で目立つのは北東端の弾崎（はじきざき）沖に描かれた黒い鵜であり、両津湾北岸に雉と並んで朱鷺はいるものの控えめでとても佐渡を代表する観光資源には見えない。裏面の観光地紹介文にあるのも金北山（きんぽくさん）、外海府（そとかいふ）、尖閣湾（せんかくわん）、小木（おぎ）海岸などの自然名所や根本寺（こんぽんじ）、真野御陵（まのごりょう）などの旧跡、そして「おけさ」であり、朱鷺なる言葉は見あたらない。この地図が発行される前年の1952年、朱鷺は特別天然記念物に指定されているのではあるが…。このように、現在の佐渡観光のイメージと本図を比べてみると、他にも発見はないだろうか。先の観光地紹介文で、朱鷺と並ぶ観光資源である佐渡金山がないと気がついた人もいると思うが、地図にもないのだろうか。佐渡金山は島北西部にある相川町の東方に位置しているのでその辺りみると、確かにツルハシと鉱石が描かれている。しかし、文字は佐渡鉱山である。現在は観光地である佐渡金山ではあるが、1989年まで実際に鉱山として採掘されていたことがうかがえる記載である。その他、佐渡への航路も現行の新潟、直江津、寺泊に加えて柏崎からの航路もあり寄港地にも違いが見られるなど、まだまだ多くの発見と疑問が生まれてくる。

　旅・観光は、未知の土地のイメージに惹かれて訪れる場合が多いが、この地図をじっくり見て考えると、当時の観光地佐渡のイメージが浮かび上がってくるだろう。そうなった時、読み手にとって佐渡は「夢の島」になっているのかもしれない。そして、そんな瞬間から「地図への親しみ」が育まれ、ひいては楽しく「地図を読み考える」習慣が身に付くのではないだろうか。

図1　2004年の佐渡パンフレット(佐渡汽船提供)　　　図2　1953年の佐渡パンフレット(新潟県観光協会提供)

図3 佐渡と越後(新潟県観光協会年発行(1953)掲載地図)

本観光パンフレットは、1953年夏に講和を記念し新潟市で開催された新潟博にあわせて発行されたものであり、約24.5×55cm、両面印刷で表面はカラー印刷である。

注：本パンフレットは新潟県『上越市史』執筆過程において入手した資料（上越市市史編纂室所蔵）である。便宜を図って下さった久保田好郎市史編纂室長に感謝するとともに、多くの市町村史編纂過程において地図類が史料として適切に収集・保管されることを希望したい。

鉄道路線図の悩み

福田行高

　鉄道時刻表の全国版が発行されたのは、1894（明治27）年にさかのぼる。そのときの出版元は現在では発行していない。その後継続して時刻表を発行しているのは、今日のJTBである。その創刊号は1925（大正14）年4月の『汽車時刻表』であった。このときの巻頭に掲載されていた索引図を兼ねた路線図は、左右22.8ｃｍ×上下20cmと、大きくゆったりとした見開き2ページの構成であり、今日のそれとはだいぶん装いが異なっていた。主要駅だけを表示していたので、シンプルな地図であった。

　なによりも鉄道路線網自体が発達途中であり、2ページに全路線を収めることができた。拡大図が付いていたのは、東京・大阪の大都市圏と、当時すでに稠密に路線網が形成されていた筑豊地方である。さらに、樺太、中国、朝鮮半島、台湾といった海外領土も付図に収録されていた。本土から離れた沖縄でも県営鉄道が運行されており、沖縄島は付図の扱いがされていた。時刻表の路線図といえども社会情況を反映していることをあらためて実感させる。

　その後しだいに路線網が拡大するのに伴い、2ページでは窮屈になった。また、すべての駅を掲載する方針に転じ、1930（昭和5）年10月には10ページ

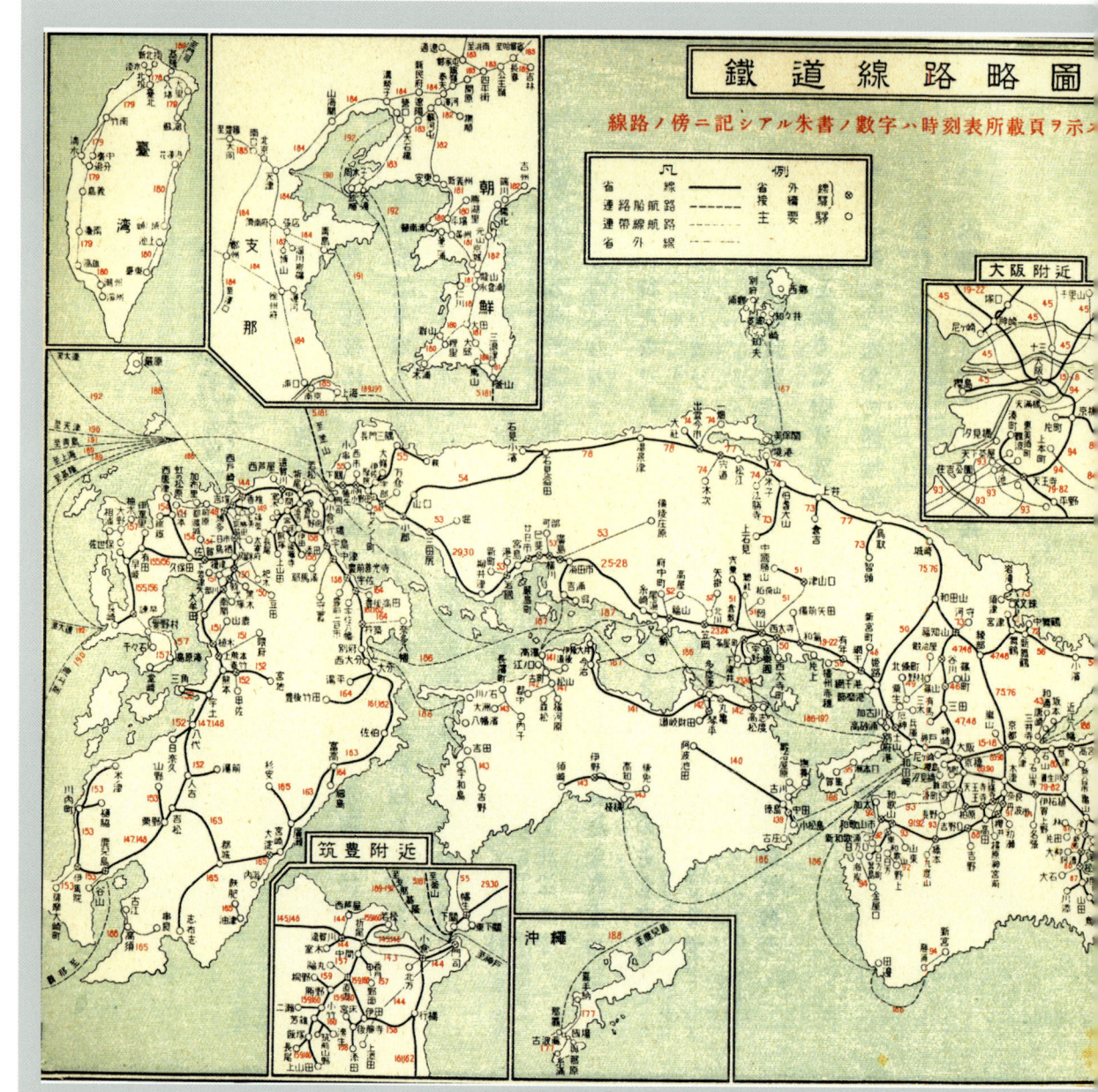

鐵道省運輸局編纂『汽車時刻表』大正14年

構成(いわゆる本土のみ)へと大幅に拡大された。その時、判型もＢ６判（12.9cm×18.2cm）に変更された。その後、判型は1967(昭和42)年10月に今日と同じＢ５判（18.2cm×25.7cm）に転じ、同時に路線図も大幅に書き改められた。

　路線図は読者に路線の情報を提供するものである。しかし、路線自体を優先して描くあまり、地勢図と比較すると、陸地の形状や実際の位置関係は相当にデフォルメされている。距離のわりに駅が多いと、実際以上に形状がゆがむ。その典型が飯田線であろう。くねくねと路線を曲げながら全駅を収録した結果、豊橋から辰野までの全長は195kmだが、それより約20km短い中央本線名古屋－塩尻間のほうが地図上では長く描かれている。また、観光地のバス路線やロープウェイも多数掲載しているため、中央本線と高山本線との間は実際以上にデフォルメされた姿で表現されている。

　Ｂ５判になってそうした悩みは一定改善された。しかし、未だに路線図が人々の考えを惑わせているケースはある。川崎駅から浦和駅へ向かうのに、時刻表路線図では南武線・武蔵野線経由が駅数が少なく最短とみたという話も耳にする。正解が東海道本線経由であることは言うまでもない。鉄道に関する状況を判断するのだから時刻表で、と考えたそうだ。悩ましい話だ。解消する手だてはないのだろうか。

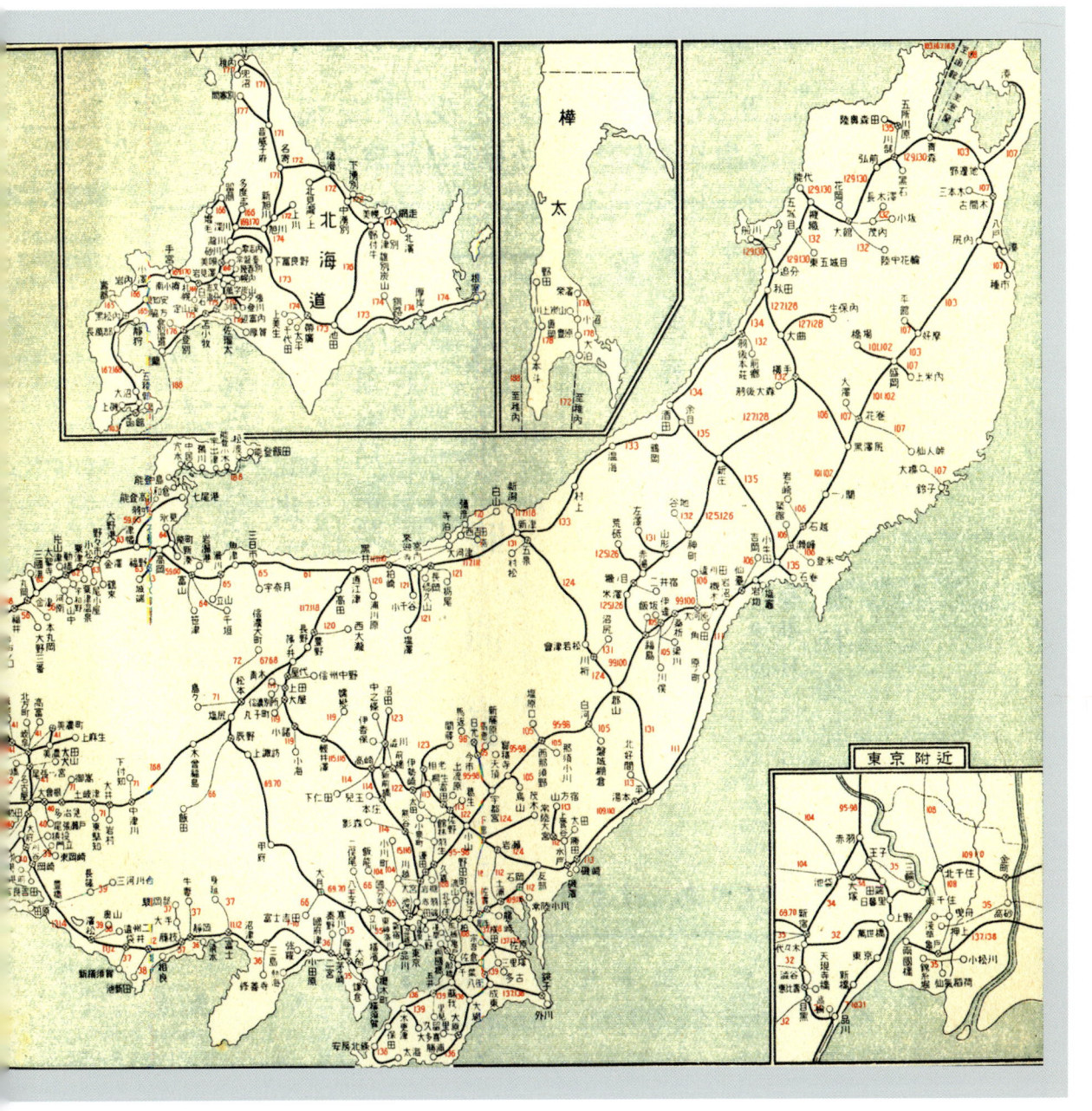

絵図で歩く青梅宿

深谷　元

　江戸時代を通じて、藩や代官などは支配地の状況を把握するため、見取絵図・村絵図・田畠絵図などを作成していた。絵図は多くの色が用いられ、道路や家屋はもちろん、田・畑・入会地・林地・水路などが詳細に描かれている。ここでは青梅宿を紹介しよう。

　青梅宿（東京都青梅市）は多摩川が関東山地から関東平野へ流れ出る位置に形成された谷口集落で、かつては市場集落としての機能を持っていた。現在でも、古くからの商店の入口には、奥行き1.5m前後の"市立（いちだ）て"と称される空間が残っている。

　市は六斎市で、市立てには、近隣の村々から運ばれて来た品物が並べられ、この空間を借りて商いが行われていた。山村からは商品になる炭や薪、あるいは竹箒や木工製品などの林産物や季節的な山菜が、一方の平野部からは、米・麦あるいは食塩や海産の乾物、そして近隣の村々からは味噌や醤油、さらに織物を始めとした小間物や漬物など、取り引きされる品々が運び込まれ、商店の店先で交易が行われていた。

　付近の地形は、北側に延びる永山丘陵の麓に多摩川が作った河岸段丘が5〜6段、雛壇のように並んでい

る。青梅宿が広がる段丘面は、多摩川から45m前後高い最上段に位置し、幅は100m前後である。

　図1では、ほぼ中央を東西に朱色の青梅街道が走る。宿の東端は笹ノ沢に架かる橋で、かつてはここに黒門があったという。一方の西端は楯ノ沢である。

　街道の両側には家屋が二列に並び、その背後は畑地で、明褐色の色彩である。北側の永山丘陵は樹木が繁茂しているため緑色で着色され、また、段丘崖で林となっている場所も緑色である。

　図の左側、青梅街道の脇にある白い場所は、1724（享保9）年に廃止された森下陣屋の跡で、その南側に承平年間（931～938年）の創建と伝えられる金剛寺である。街道に沿う場所のほか、段丘崖下で湧水に恵まれている所にも家屋が並んで描かれている。

　図中に数カ所ある黄色の部分は水田である。水利や土壌といった条件が不十分な場所であっても、稲が栽培できるところは水田として利用していた。

　図2は、宿の東端・住吉神社付近の詳細図である。祭神は底筒男命（そこつつのおのみこと）ほかで、神社には商売繁盛・家内安全を願う参拝者が訪れる。伝えられるところによると、1369（応安2）年に、すぐ近くにある延命寺の季竜和尚が勧請したという。現在でも、4月28日に例祭、5月2日・3日には山車進行が、宿を挙げて盛大に行われる。

図1　青梅村絵図
（青梅市、齋藤敬氏蔵）

図3　現在の青梅駅前付近
（5万分の1地形図「五日市」「青梅」、原寸）
図1は赤線で囲んだ範囲である

図2　青梅住吉宮図（住吉神社蔵）

戦場における日本軍の地図作製　小林茂・渡辺理絵・鳴海邦匡

　ここに紹介する「恵通橋」は、いわゆる「外邦図」に属している。外邦図とは、ふつう第2次世界大戦終結までに旧日本軍によっておもに軍事用に作製された「外地」の地図を意味する。ただし「外地」の範囲は変遷し、植民地時代の台湾や朝鮮の臨時土地調査局のような非軍事組織によって作製された地図も、現在では外邦図に含めるようになっている。おもに軍事用ということもあって、外邦図には秘密図が多い。またその作製に際して、秘密測量がおこなわれるとか、外国製の地図をやや改変して複写した場合もすくなくない。

　このような外邦図は、国内では国立国会図書館や東北大学、お茶の水女子大学、東京大学、立教大学、駒澤大学、京都大学、大阪大学、広島大学などに所蔵されており、現在その目録作製がすすめられている。また国外ではアメリカ議会図書館、アメリカ地理学会（ウイスコンシン大学ミルウォーキー校）、英国図書館などにもあることが判明している。その総種類数はまだ確認されていないが、2万数千以上に達することが確実である。

　旧日本軍は1928年以降、空中写真測量ももちいて外邦図を作製しており（小林・渡辺・鳴海「アジア太平洋地域における旧日本軍の空中写真による地図作製」『待兼山論叢・日本学編』38号、2004年）、この「恵通橋」はその一例である。

　恵通橋は中国雲南省の怒江（サルウィン川上流）にかかる橋で、いわゆる「援蒋ルート」（連合軍の中華民国政府の支援のためにインドからビルマ経由でつくられた輸送ルート）の要に位置し、日本軍の進撃にともない1942年5月に破壊されるが、雲南遠征軍（連合軍）の攻勢にともない、1944年7月に再建された。その前後には、図左側にあった日本軍の守備陣地をめぐって有名な激戦がおこなわれた。1943年10月と記入されている空中写真の撮影では、この戦闘にむけて軍事的に重要な怒江の両側に範囲を限定したと考えられる。

　なお、この「恵通橋」図幅の作図は、1943年10月の空中写真撮影直後ではなく、翌1944年4月の威一〇一四部隊（「威」は南方軍とされる）による測量以後のことである（同図備考による）。ところが上記激戦に参加した木下昌巳氏の「拉孟守備隊戦記」（『偕行』634号、2003年）によれば、雲南遠征軍は、怒江渡河を1944年5月11日にはじめ、6月2日には図中央右の八巻（鉢巻）山から怒江越しに図左側の日本軍陣地（ただし図示範囲外）にむけて砲撃を開始した。以後9月上旬の陣地陥落まで激戦がつづいたが、その間後方からの支援はほとんどなく、6月28日の空輸によるものが唯一のようである。このような経過からすると、製版・印刷時期が示されていないとはいえ、「恵通橋」をはじめとする怒江の地形図が、完成後に戦闘中の現地部隊にとどいた可能性はほとんどないと考えられる。

　第2次世界大戦中、東京の陸地測量部だけでなく、

「恵通橋」（空中写真要図雲南省五万分一図怒江二

各地に展開した部隊でも測量や製図、印刷がおこなわれた（田中宏巳「敗戦にともなう地図資料の行方」『外邦図研究ニューズレター』3号、2005年）。「恵通橋」図幅もそうした部隊によるものであり、その活動の内容をうかがうことができる。

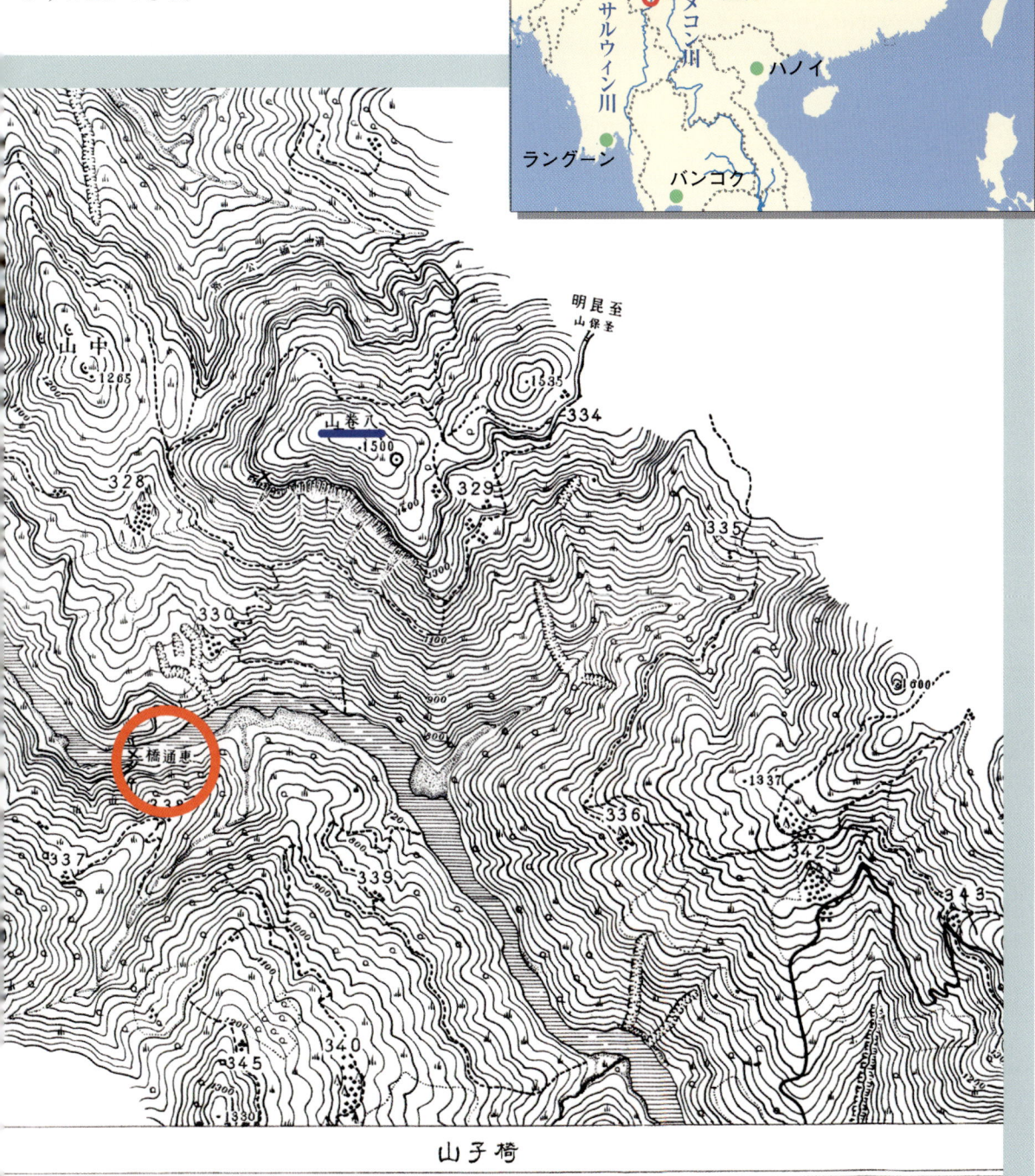

2.5万分の1、1943年10月撮影、1944年4月測図）

外邦図「トロキナ附近要圖」を読む   大槻 涼ほか

2003年11月に駒澤大学で第四回外邦図研究会が開かれた。このとき、私たちの大学にも多田文男先生から寄贈された外邦図があることを知った。その多くは未整理のままの状態だった。そこで、2004年4月から地理学科の学部学生を中心として駒澤マップアーカイブズを企画し、所蔵外邦図の一部（約4000枚）の整理を実施した。この年度の成果は『駒澤マップアーカイブズ・ニュースレター No.1〜No.3』と『駒澤大学所蔵外国図目録』にまとめた。

外邦図は、とても刺激的な地図だった。今日よく目にする地形図では見られない表現がちりばめられていた。一枚一枚が強烈な個性を放ち、今までに抱いていた地図の「常識」が吹き飛んでしまった。

「トロキナ附近要圖」（図1）も衝撃的な1枚だった。トロキナ（タロキナ）は、南太平洋ソロモン諸島のブーゲンビル島西岸にある。

地形図は南北が垂直で、等高線は途切れないと思っていた。しかし、この地図は東西南北に1km四方の方眼が描かれており、北が左に約20度も傾いている。紙面を節約するために傾けたのであろう。

等高線をたどると突如として途切れている。その先に破線で囲まれた「雲」という字が浮かんでいる（図3）。この一見長閑な雲もいろいろな意味を含んでいる。

この地図の右上に、この地図は縮尺の異なる3種類の空中写真を使って作成されたことが略図とともに示されている。集落部分（図のAの部分）は1万7千分の1という大縮尺の空中写真をもとにしているのに対し、（B）は3万5200分の1、（C）は3万4千分の1の空中写真が使われ、地図全体は3万5200分の1にまとめられている（図2）。

さきほどの「雲」は空中写真を撮影したときに、谷の奥に張り付いていた雲がどうしても晴れなかったのであろう。この雲が晴れるのを待つだけのゆとりがないほど、大急ぎで作らなければならなかった戦場の緊迫した空気が伝わってくる。

「トロキナ附近要圖」は1944（昭和19）年に作成されたと書かれている。日本軍がブーゲンビル島に上陸したのは1942年3月、連合軍が砂浜海岸のトロキナに上陸したのが翌年11月であった。

この島の道路には「阿蘇街道、薩摩街道、大隈街道、高千穂街道」など九州に因む地名が多いことも不思議だった（図4）。調べてみると、この島の主力部隊は熊本・都城・鹿児島などの部隊であった。

外邦図の整理を通し、講義では知り得なかった世界に触れることができた。

この文は、駒澤大学マップアーカイブズで外邦図の整理にたずさわった次の地理学科学生が書いたのを、代表者の大槻 涼（現東京大学理学部研究生）がまとめたものである。後藤慶之（3年）、上條孝徳（3年）、中田帆貴（3年）、吉原輝也（2年）、森田純平（2年）

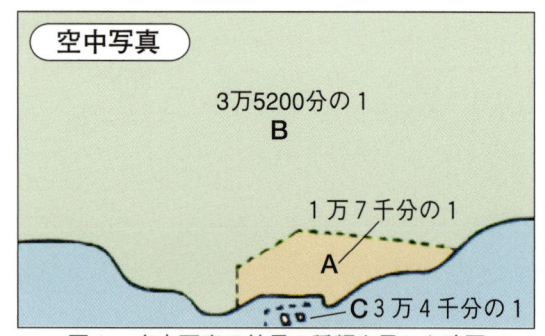

図2 空中写真の縮尺の種類を示した略図

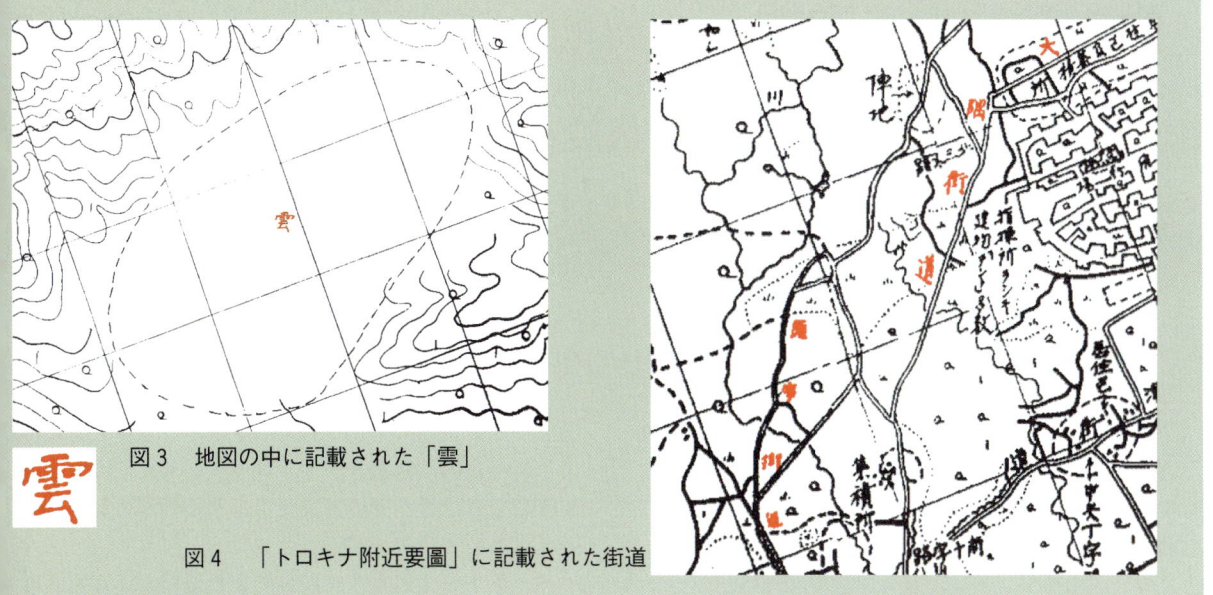

図3　地図の中に記載された「雲」

図4　「トロキナ附近要圖」に記載された街道

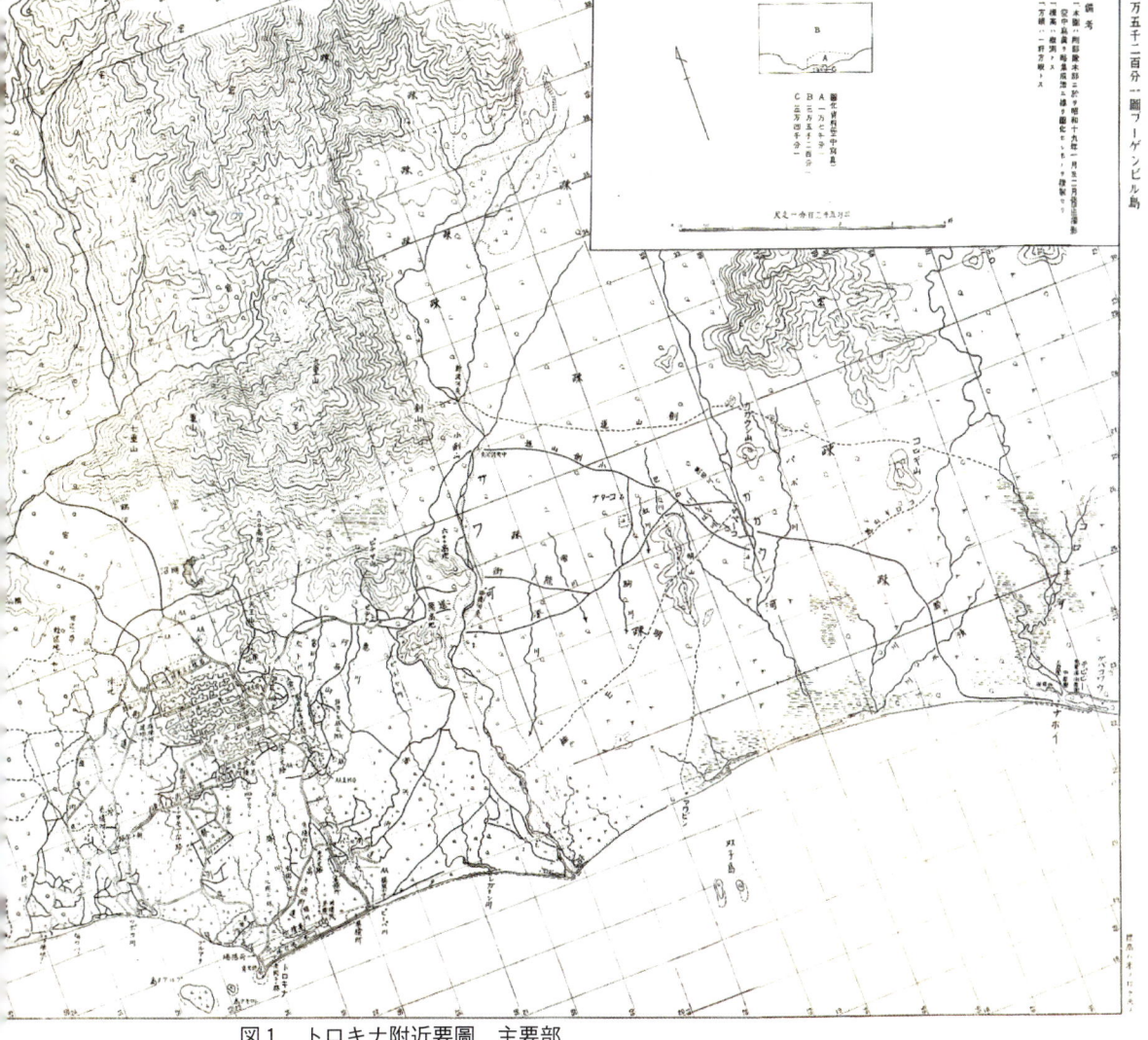

図1　トロキナ附近要圖　主要部

野生動物の歩道橋

野島利彰

　日本でも高速道路などにはよくシカやタヌキの姿を描いた交通標識があり、運転者に注意を呼びかけています。その動物たちは道路ができる以前から、その地域全体を自分の行動範囲としていました。突然そこに道路が作られたので、野生動物たちは困った状況に陥りました。道路の向こう側に餌場や寝場所があれば、どうしても向こうに渡らないと生きていけません。それで道路を渡ろうとして車に轢かれてしまいます。こうした事態を減らすため、ヨーロッパの自然保護運動は今、動物が安全に道路を渡る方法を考えています。

　昔から狩猟が盛んであったため、ヨーロッパでは多くの大型動物や猛獣が姿を消しました。今この失われた動物を復帰させる運動が行われています。ヒグマ、オオカミ、オオヤマネコ、カワウソやビーバーがその対象です。大型の動物は行動範囲も大きく、彼らには国境がありません。森林がつながっていれば、その緑の回廊を通して移動してきます。しかし、かつて自由に移動できた森は今、道路により分断され、移動は危険を伴います。

　このためヨーロッパでは、野生動物が渡る歩道橋を作っています。もちろん人間が渡る歩道橋とは違います。動物は警戒心が強いので、橋には身を隠す植え込みを作り、また動物は夜に活動することが多いので、車のヘッドライトの強い光をさえぎる植栽も必要です。ヘッドライトから離れることのできる幅も必要です。橋を渡り終わった向こう側にも森があった方がいい。このように、動物が橋であると意識せずに渡れる橋を考えると、大きなものでは80mもの幅が必要となります。野生動物の移動ルート（図1）を考え、橋をどこに架けるべきか、その可能性を示したのが、図2の道路上に打たれた円です。

　オーストリアにはすでに動物用歩道橋が4カ所あり、ドイツでは36カ所あります。ヨーロッパでは野生動物の命を守るため、多大な費用を惜しまず歩道橋を建設しているのです。（地図はウィーン農業大学付属狩猟研究所所員F.フェルク氏のご好意による。）

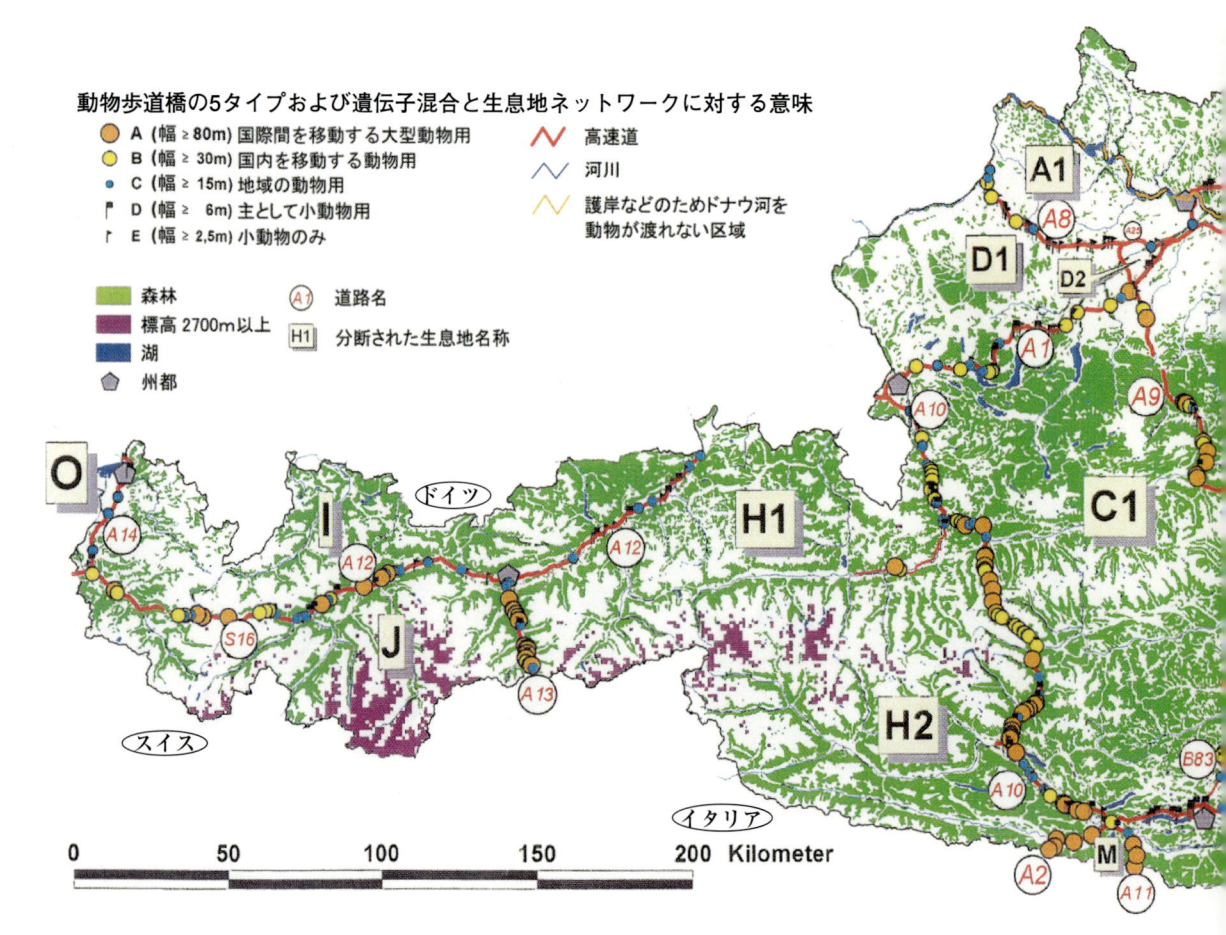

図2　オーストリアの高速道に設置すべき動物歩道橋の位置

生存の痕跡が発見された主な場所（1970〜1999年）

- ヒグマの主な生息地
- オオヤマネコの痕跡
- オオカミの痕跡
- ヘラジカの痕跡

高速道とケモノ道が交差する地点

- ヒグマ (Ursus)
- オオヤマネコ (Lynx lynx)
- オオカミ (Canis lupus)
- ヘラジカ (Alces alces)

実際ないし可能性のある侵入ルート

- 高速道（フェンスあり）
- 河川
- 国境
- 州都
- 人口1万以上の町
- 森林
- 標高 2700m以上
- 湖

1 大型猛獣（ヒグマ・オオカミ・オオヤマネコ）, ヘラジカとオーストリアの高速道

VÖLK, F., ZEDROSSER, A. und VOLK, G.
Institut für Wildbiologie und Jagdwirtschaft
Universität für Bodenkultur Wien, Februar 2001

VÖLK, F., GLITZNER, I. und WÖSS, M.
Institut für Wildbiologie und Jagdwirtschaft
Universität für Bodenkultur Wien, Februar 2001

写真上　野生動物の歩道橋
写真下　歩道橋の上の状況（舗装されていない）

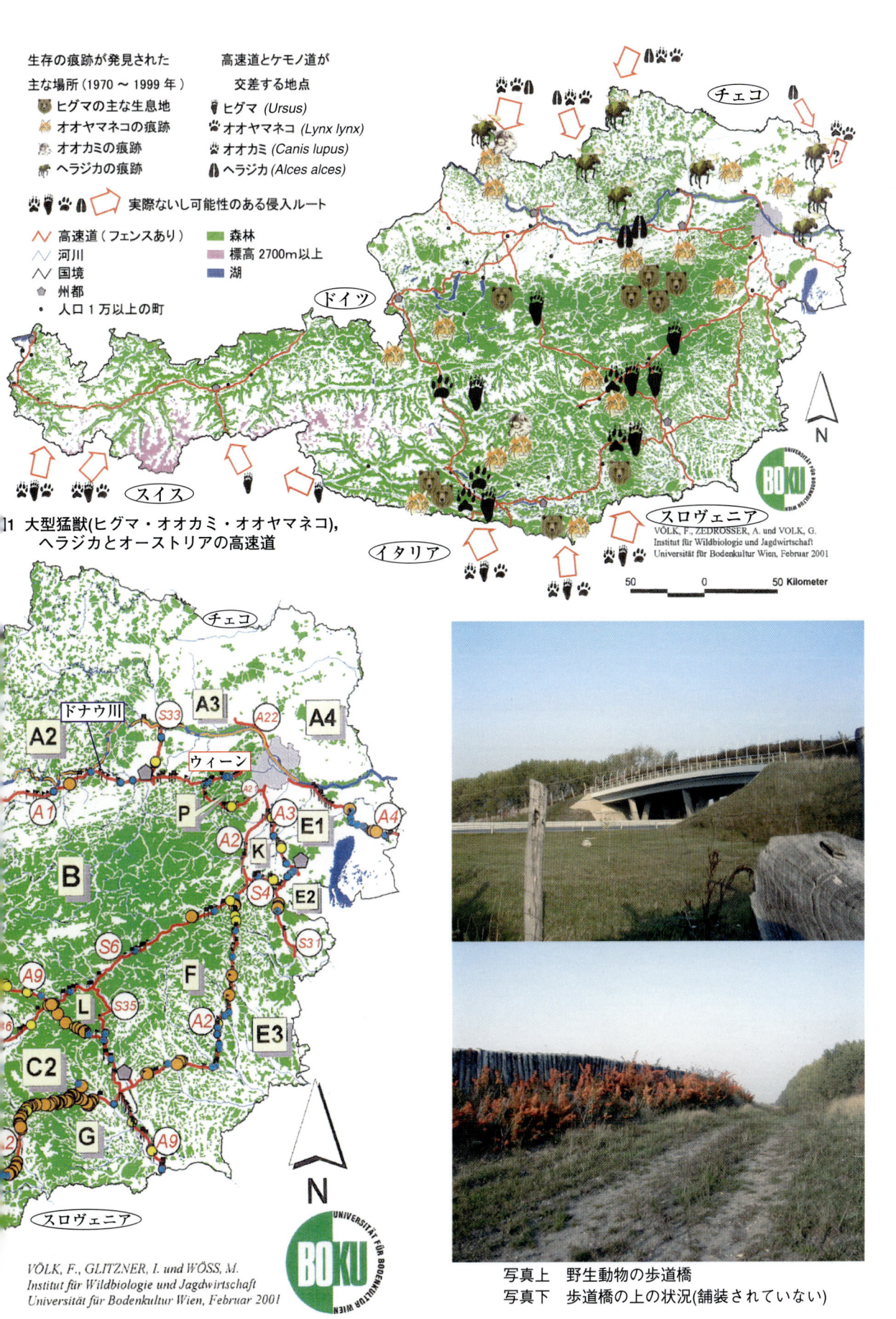

37

多摩川環境学習マップ

荒木　稔

　多摩川はもともと環境学習が盛んな河川であるが、2002年度から小・中学校で「総合的な学習の時間」がはじまり、学校における多摩川への関心は顕著なものとなった。

　こうした状況のなかで、多摩川を管理する国土交通省では、多摩川で人々が学び、行動することが望ましい多摩川の姿であると考え、学校での多摩川学習に対する支援を積極的に実施している。その支援策の一環として「多摩川環境学習マップ」が作られ、多摩川流域の小・中学校に提供された。

　「多摩川環境学習マップ」で提供している情報は、学習資源（学習対象となりうるもの）、利用便益施設（駐車場、トイレ、休憩施設等）、学習活動事例、モデル学習コースなどである。これらの情報はマップ上ではアイコンで表示されているが、電子版では、アイコンをクリックすると写真や動画つきの説明資料を見ることができる。紙版では同じ情報が資料・統計に掲載されている。また電子版では、関連する活動事例の詳細資料や学習プログラムもリンクされている。

　多摩川環境学習マップは「流域編」と「直轄管理区

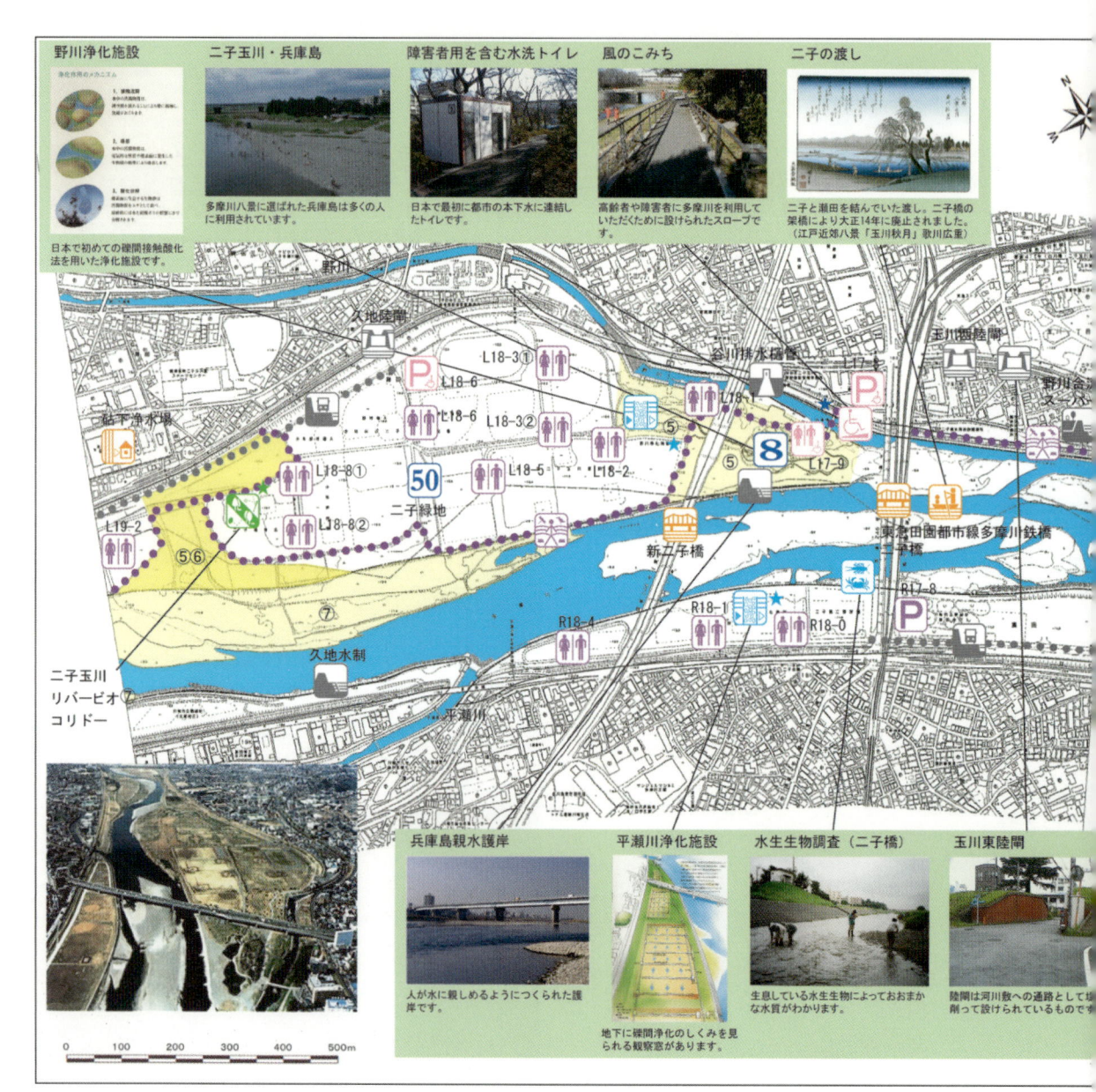

図1　学習資源マップ/多摩川12(国土交通省京浜河川事務所提供)

間編」の2つの部分から成り立っている。流域編は流域全体を対象としており、学習資源総括マップ、環境学習体験ゾーン区分図、ゾーン別詳細事例図など28葉のマップで構成されている。また、直轄管理区間編は河口から青梅市の万年橋までの区間を対象としており学習資源マップ、学習活動現況・モデル学習マップ、白地図、合計158葉のマップから構成されている。

多摩川環境学習マップは、「多摩川学習百科地図」といえるほど多様な情報を内包しており、小・中学校の学習活動の企画資料として大変役立つものである。

さらに、多摩川環境学習マップは単独ではなく、次の教材と一緒に学校に提供されている。

・環境学習活動事例集(『多摩川と環境学習』2003年3月、京浜河川事務所)
・環境学習プログラム集(『わくわくどきどき 多摩川学習プログラム集 プレ完成版1～8』2004年6月、京浜河川事務所)

多摩川環境学習マップを含め、これらの教材は京浜河川事務所(多摩川流域リバーミュージアム)のホームページ
http://www.tamariver.net/jouhou/index.htm?dennshitosyo.htmからダウンロードして入手することができる。

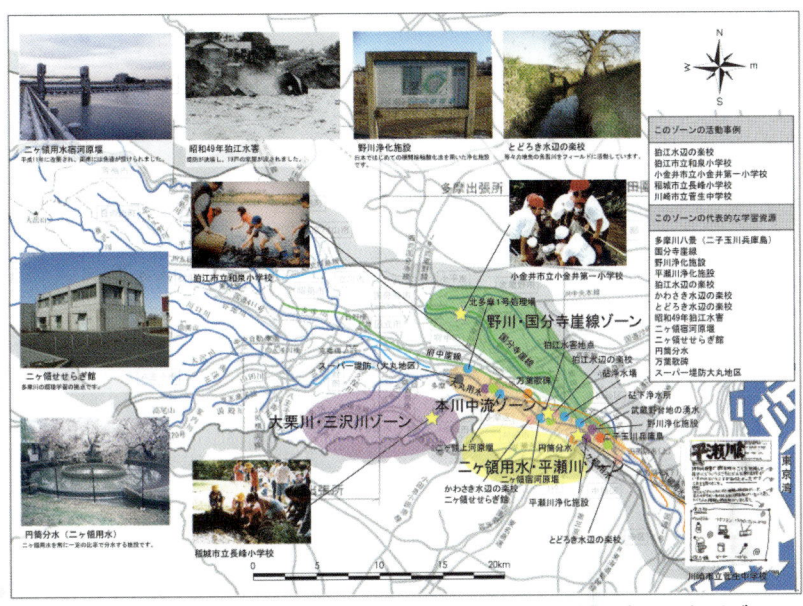

図2 本川中流/野川・国分寺崖線/大栗川・三沢川/二ヶ領用水・平瀬川ゾーン環境体験学習マップ(国土交通省京浜河川事務所提供)

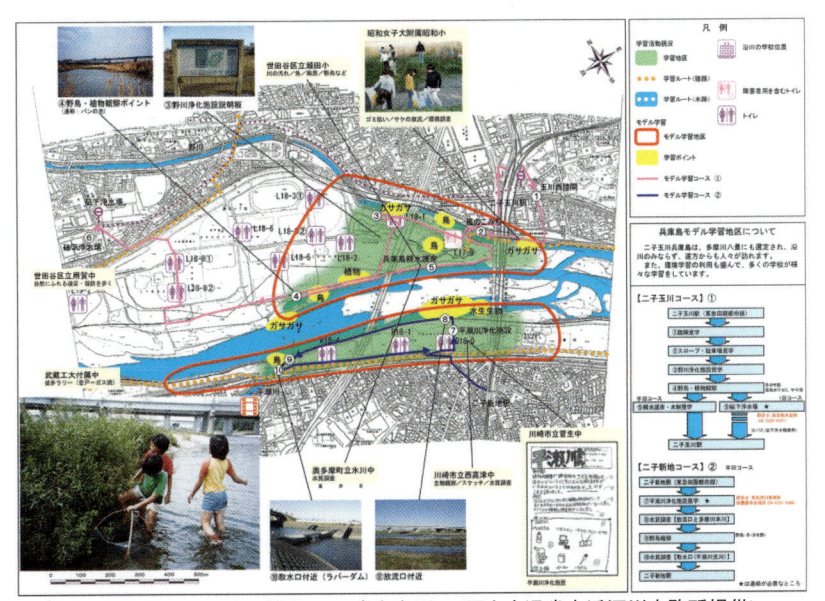

図3 活動現況・モデル学習マップ/多摩川12(国土交通省京浜河川事務所提供)

水害地形分類図は予見した

関田伸雄

　水害地形分類図が伊勢湾台風による高潮災害を予見していたことは、1959年10月11日の中部日本新聞（現中日新聞）の「地図は悪夢を知っていた」というキャッチコピーで有名になった。

　この地図を作ったのは大矢雅彦先生である。右ページにはこの地図の一部を縮小して示した。

　先生は日本画やスケッチを得意とし、独特のパステル調の色彩で表現されたかなりの数の凡例の色とパターンは、地形成因を示した分類にも対応し一見してよくわかる。こうして印刷された多色刷の地形分類図を講義で見た学生はすばらしいと思い、美しいと思った。私もその一人だ。

　私の学生時代にあればよかったと思って企画した『地形分類の手法と展開』（大矢雅彦編、1983、後に『地形分類図の読み方作り方』1998、古今書院）には、その有名な木曽川流域濃尾平野水害地形分類図をつけた。この図は後に、オランダの出版社から出された英文図書にも添付された。

　大矢先生は、なぜ水害地形分類のような地図を作ることになったのだろうか？

　戦後日本の建て直しに活躍した総理府経済安定本部に、米国の地理学者アッカーマン博士は資源調査会を設けた。学者中心の機構で、研究成果を勧告した場合、政府は予算措置を講じるという強力な機構であったという。多くの部会の一つに土地資源部会があり、大矢先生はそのなかの水害地形小委員会（委員長多田文男東大教授）に専門委員として参加したのであった。

　枕崎台風、カスリン台風など多くの水害に悩む当時

図1　地図が浸水範囲を予測していたことを報じた中部日本新聞の記事

の日本では、従来の河川を線とみなす河川工学のみでは対処しえず、流域全体から考える地理的知識を必要としたこと、1945年の食糧事情は最悪で、食糧増産対策が急務のなか水田への土地改良や平野の地形的知識が必要となったこと、この2点が水害地形分類図誕生の背景であった。

大矢(1994)によれば、「水害地形分類図とは、日本の平野は洪水の繰り返しで形成された堆積平野であり、この堆積作用は洪水時に行われる。したがって平野の微地形、砂礫の堆積状態は洪水の歴史を示すものであり、平野の地形を分類すれば単に過去に発生した洪水の状態だけでなく、将来万一破堤・氾濫があった場合の洪水の状態の予測も可能である、との観点にたつものである」。

1956年、最初の水害地形分類図を木曽川流域濃尾平野で作成し、多色刷りで総理府資源調査会から出版した。1959年、大矢先生は建設省地理調査所（現国土交通省国土地理院）へ勤務した。伊勢湾台風による高潮が濃尾平野南部を襲い大被害を与えたのはその年の9月26日であった。高潮の水位は名古屋港で3.89mに達し、死者・行方不明者5000名以上にのぼる浸水被害となった。大矢(1983)によれば、「高潮・海水はデルタの北限すなわち、名古屋－津島を結ぶ線でピタリと停止し、地形分類により高潮・海水氾濫の予測可能であることを立証した。高潮はそれほど内陸部までは達しておらず、海抜0m付近で停止し、それより先へは翌日になって海水が満潮に乗じて海抜1m付近まで達したのである。この線は昔［縄文海進のとき］の海岸線であった」。

ここで大事なことは、旧海岸線と高潮の侵入限界との関係が深いことがわかったのは地図で示された研究成果があったからである。

1966年、早稲田大学に移った大矢先生は、空中写真判読による地形分類図作成技術を教えて多くの研究者を育てるとともに、日本と東南アジアの25地域で水害地形分類図を作成して多大な貢献をされた。

大矢先生は2005年3月3日に心不全で亡くなられた。『河川地理学』の姉妹編である「河道変遷の地理学」を仕上げる途中であった。新聞は、「59年の伊勢湾台風で起きた大水害を、ハザードマップで予測するなど、防災地図作製の基礎を作った人」と報じた。

今日、日本全国で作製されているハザードマップは、先生の木曽川流域濃尾平野水害地形分類図が契機となっている。

大矢雅彦編 (1994)『防災と環境保全のための応用地理学』古今書院

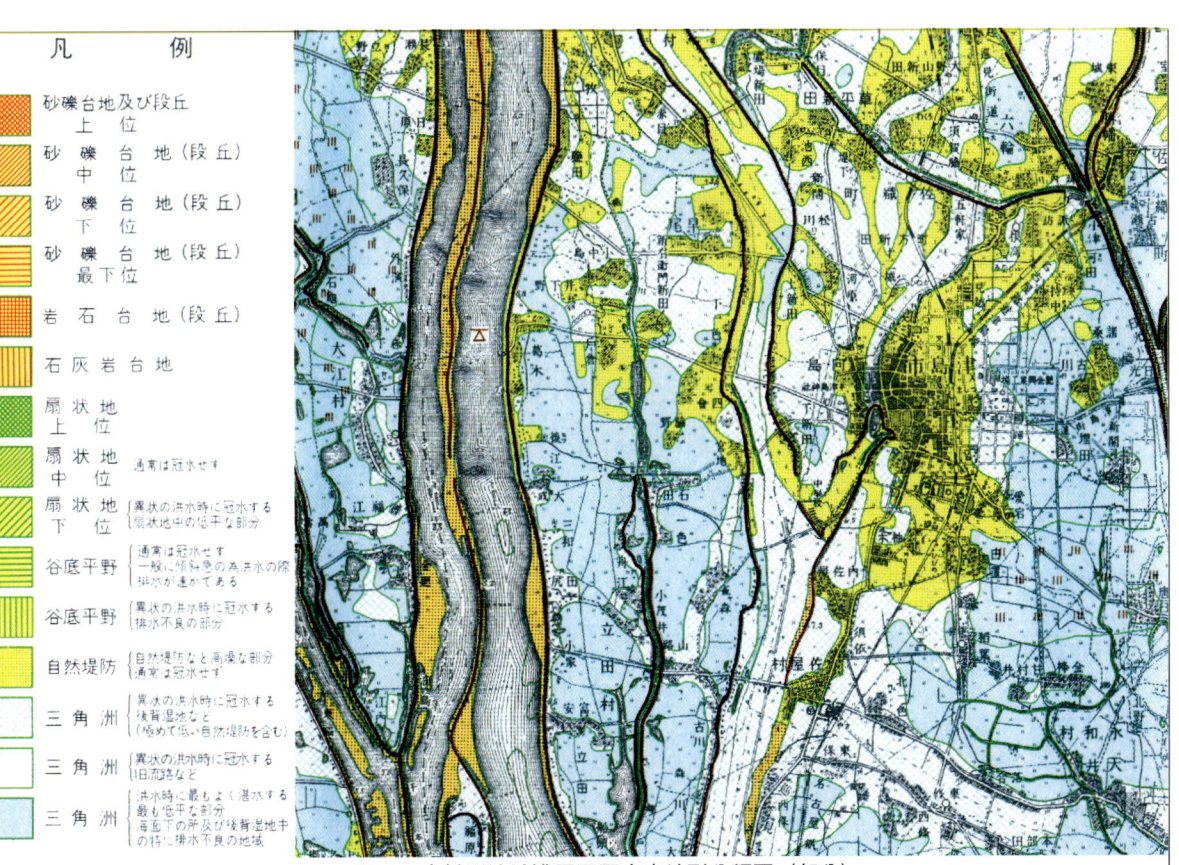

図2 木曽川流域濃尾平野水害地形分類図（部分）

国際電話料金の不思議を地図で解く

小熊早千香

　日本から、外国へ電話をかけるときの料金は、相手先の国によって違う。日本の隣国の韓国にかける場合は3分間で380円で済むのに対して、スペインにかける場合は750円になる。これはきっと、日本国内と同じように、距離が遠いほど高いのではないか。そう考えて、国際電話料金の国による違いを日本を中心にして地図に示してみた。（図1）

　地図にしてみると、予想は必ずしも当たっていなかった。たしかに韓国、中国といった近隣諸国へは比較的電話料金が安いが、イギリスやカナダへも同様に安く、アメリカ合衆国にいたっては最も安い。

　これは電話をかける人の多さも料金に反映しているのかもしれないと考え、日本を訪れた国別の外国人数（図2）と比べてみた。アメリカ合衆国やイギリスは予想通り、日本との人の移動も多かった。しかし、同じように日本との人の移動が多いタイやオーストラリアへの電話料金は、イギリスほど安くはない。それでは、電話料金を決める、他の理由があるのだろうか。

　実際にKDDI広報部に、電話料金の決め方についてうかがってみた。それによると、電話料金の価格を左右する要素は、次の3つとのこと。
A．距離
B．回線使用量
C．相手国の着信料

　Aの距離とは、単なる直線距離の長短ではなく、電話が通る設備（海底および陸送のケーブルなど）にかかるコストの多寡が料金に比例する。たとえば、大容量の海底ケーブルが太平洋の下を通っているアメリカ合衆国との間は、直線距離は遠いが容量の多さによって、かかるコストが低くなり、情報の距離としては近くなるそうだ。海底ケーブル網の地図（図3）をみると、その説明に納得する。Bの回線使用料は予想通りだったが、それ以外の理由というのが、Cの相手国が決めている条件だそうだ。

　日常生活のなかでふと湧いた疑問も、地図にしてみることで傾向がつかめ、その疑問を解くカギが生まれる。「地図」にはもっといろいろな使い道があるのかもしれない。

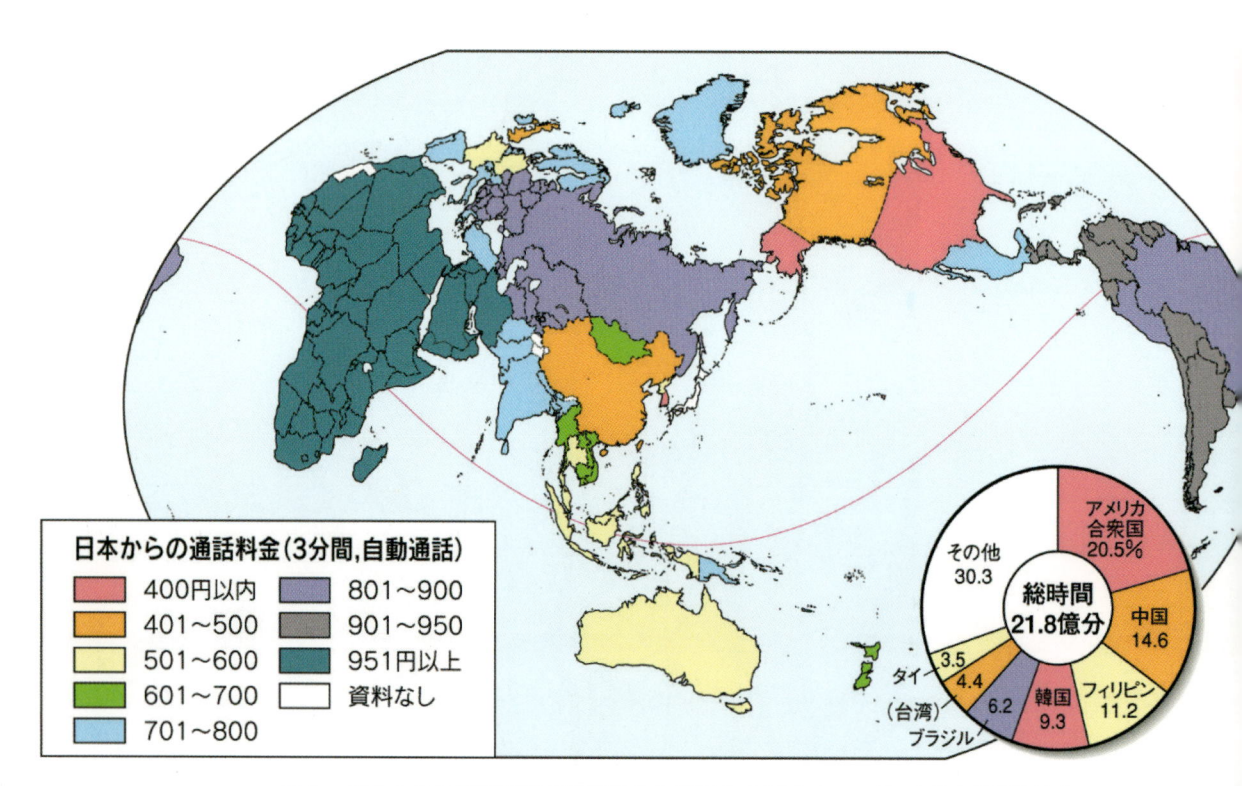

図1　日本からの国際電話の通話料金と相手先の割合 (2002年)〈KDDI資料ほか〉
出典：帝国書院「高校生の地理A —くらし・世界・未来— 最新版」p.25

日本を訪れた外国人（2001年）

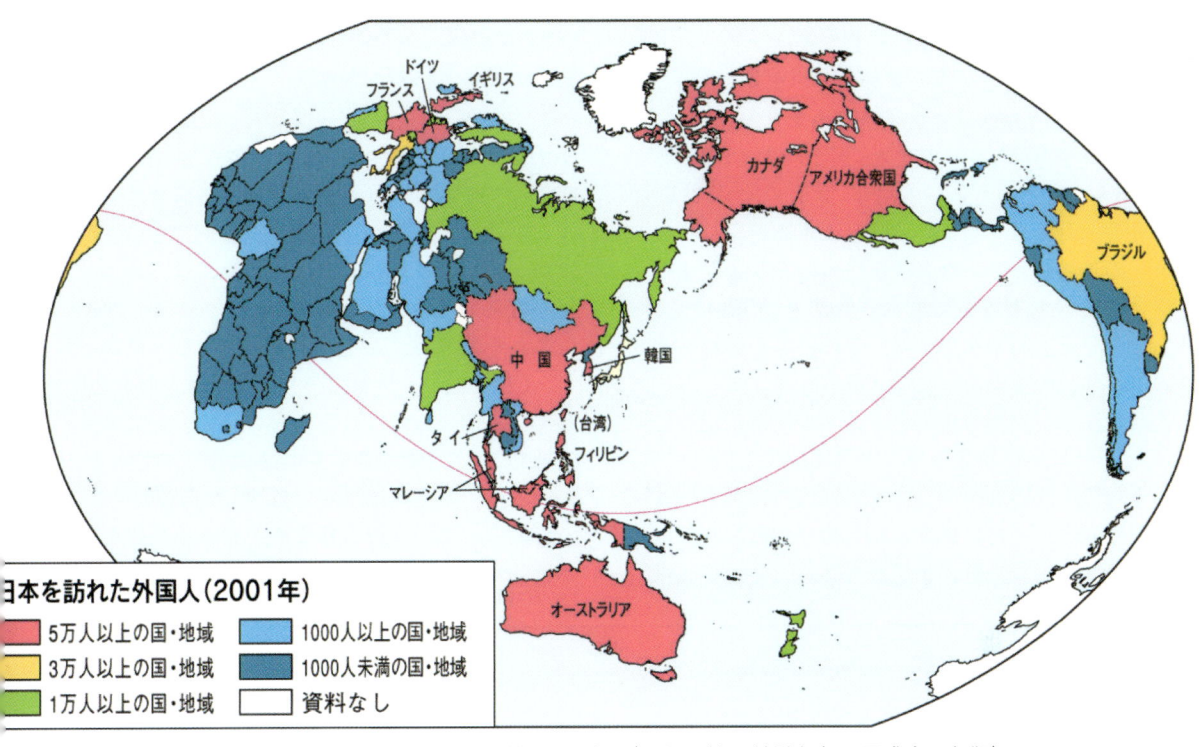

赤	5万人以上の国・地域
橙	3万人以上の国・地域
緑	1万人以上の国・地域
水色	1000人以上の国・地域
濃青	1000人未満の国・地域
白	資料なし

図2　日本を訪れた外国人の数 (2001年)〈出入国管理統計年報　平成十四年版〉

おもな海底ケーブル（2001年）
1〜100　100〜1000　1000GB以上
（GB：ギガビット，通信容量の単位）

インターネット普及率（2001年）

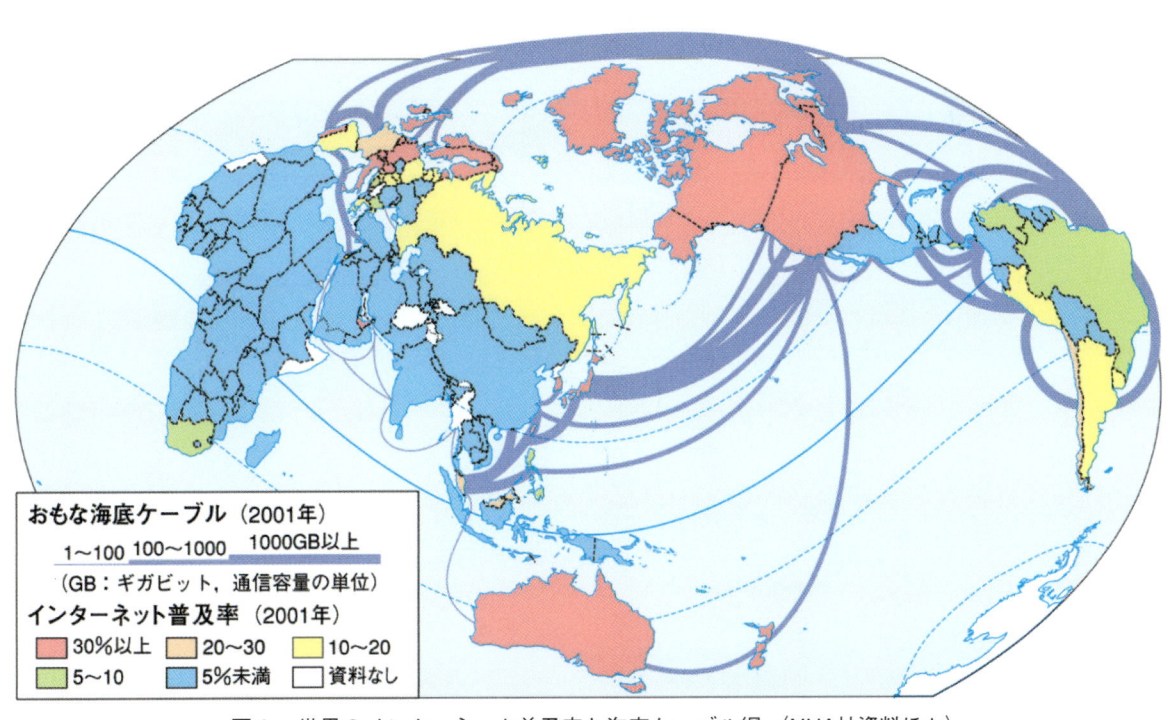

赤	30%以上
橙	20〜30
黄	10〜20
緑	5〜10
青	5%未満
白	資料なし

図3　世界のインターネット普及率と海底ケーブル網〈NUA社資料ほか〉
出典：帝国書院「楽しく学ぶ世界地理B　最新版」p.183

ジェンダーを地図からながめる

野上正至

村人のうち、1人が大学の教育を受け、
2人がコンピューターをもっています。
けれど、14人は、文字が読めません。

池田香代子再話、C.ダグラス=ラミス対訳『世界がもし100人の村だったら』(2001年 マガジンハウス刊)は、発売当時マスメディアで注目を集めた。

現代の世界における社会的な格差は、さまざまなメディアや教科書などで紹介されてきた、いわば「あたりまえ」のネタである。それにもかかわらず、この本が注目を集めたのはなぜだろうか。

その理由は、世界の現実をシンプルに示した点にあった。たしかに事象をシンプル化することは、それを行う人間の意図により特定の情報を表す(または隠蔽する)ことに他ならないので、鵜呑みにはできない。しかし、それを超えてなおシンプルに伝える意味があるからこそ、多くの人々に受け入れられたのではないだろうか。

ここに紹介するのは、ユニセフによる「男性の識字率に対する女性の識字率の割合」を国ごとに表したマップである。世界の南北格差と同時に、各国のジェンダーにもとづく女性差別を表している。先進国が「データなし」となっているのは、ユニセフの援助対象ではないからである。

これを地域的にみると、東南アジア・東ヨーロッパ・CIS諸国・ラテンアメリカでは90%以上と比較的高くなっているのに対し、南アジア・北アフリカでは低く、女性が社会的に抑圧されたままであることがわかる。イエメンに至っては37%である。

このマップには対男性比率という相対的なデータが示されているが、絶対値はどうなっているのだろ

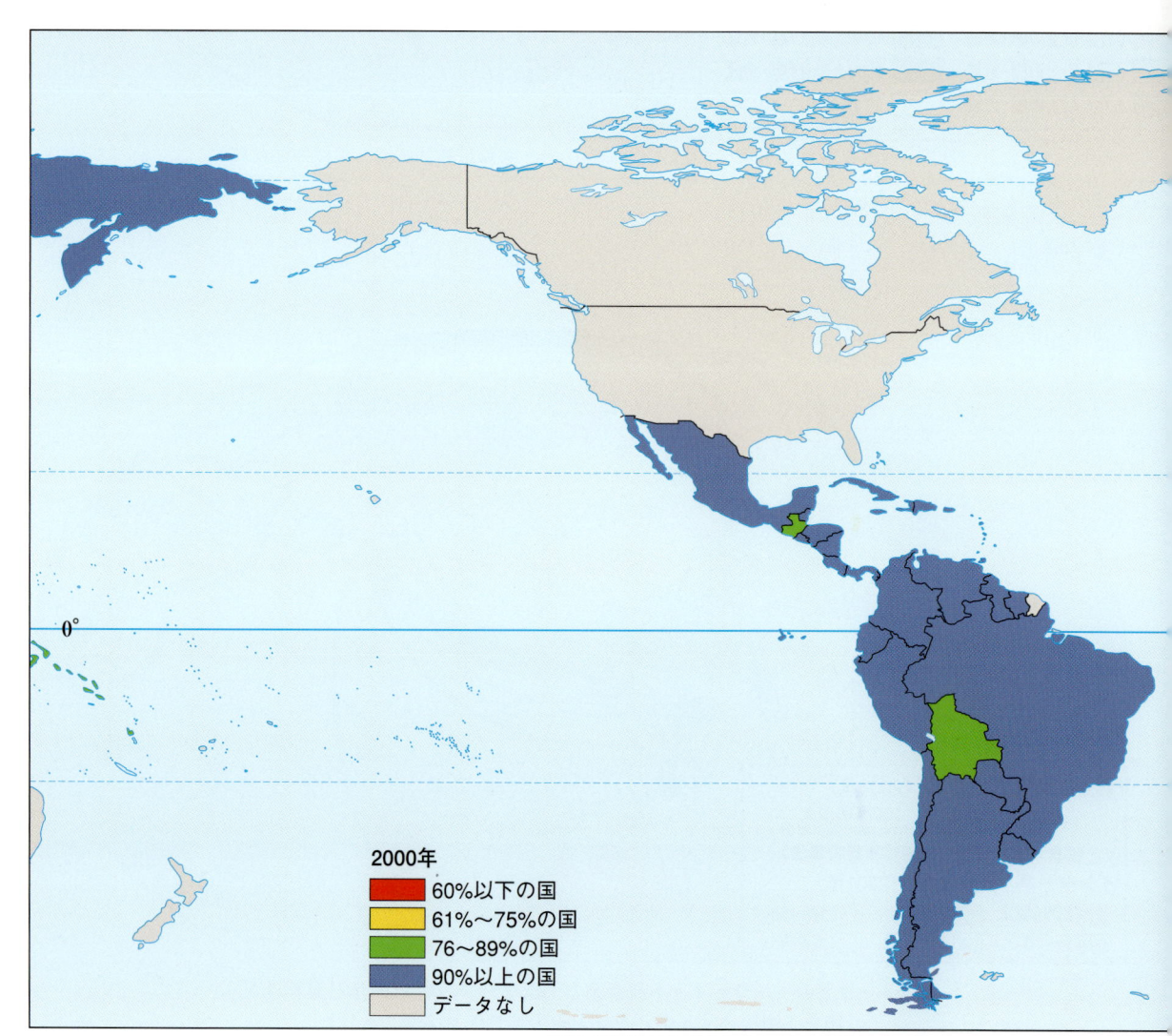

男性の識字率に対する女性の識字率の割合

2000年
- 60%以下の国
- 61%〜75%の国
- 76〜89%の国
- 90%以上の国
- データなし

うか。女性の識字率が低くとも、男女ともに同じようなレベルであれば、このマップでは90％以上などと色分けされることとなる。たとえばハイチについて、このマップでは92％となっているが、実際の識字率は男性52％、女性48％である。ハイチのほかにもバングラデシュやエチオピアなど、男性でさえ過半数の人々が文字を読めない、書けない国は少なくない。女性の絶対値が低い国はブルキナファソ、イラク、ネパールなどで、ニジェールではわずか9％である。

これらの背景には、男尊女卑の慣習や家父長制など男性支配の社会規範といったジェンダーがある。このことが、地域を問わず教育や労働の格差、人身売買やレイプといった「女性への暴力」を構造的に再生産している。

構造的というのは、それが社会システムのひとつとして組み込まれていることを意味する。文字が使えないことで、多くの人々（その多くは女性）が就業や公的扶助のチャンスすら与えられなかったり、売春などの搾取的な労働を強いられている。それらが循環をくりかえし、その子どもたちにも（ここにもジェンダーがある）不平等が引きつがれるといった、世代を超えた社会の階層化とジェンダーがいっそう強く固定化されつつある。

国連では1990年代を称して、貧困や紛争などが女性や子どもたちの権利を脅かし人間開発を妨げたという意味で、女性・子どもたちに対する「宣戦布告のない戦争の10年」であったと総括している。同じ1990年代を「失われた10年」などと称して満足しているわれわれ日本人に、多くの人々が文字を使えない社会を想像できるのだろうか。

※データはすべて2000年のもの。ユニセフ「世界子供白書」各年次版による。このマップやデータは次のサイトにて。
http://www.unicef.or.jp/kodomo/data/data05.htm

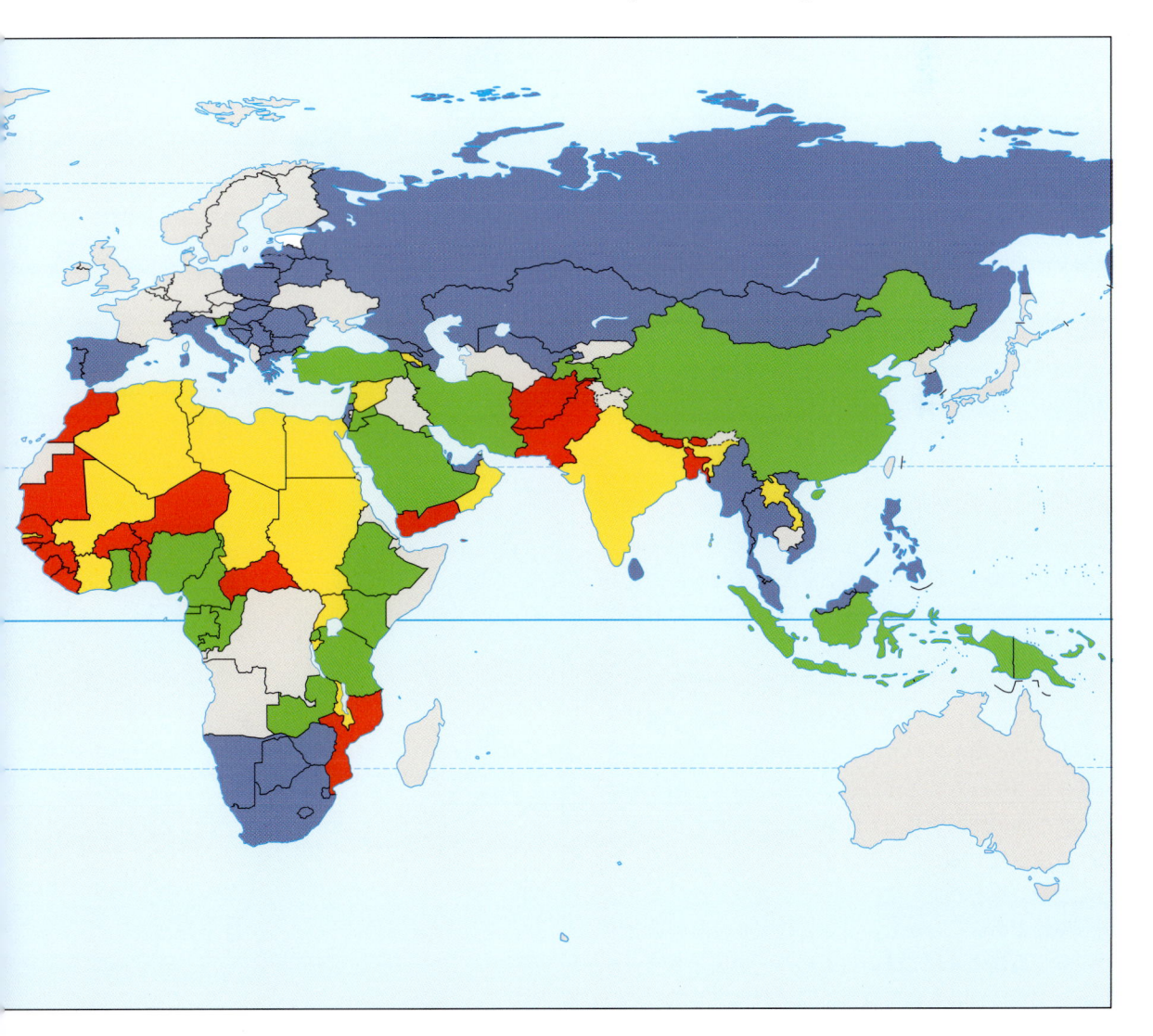

地図帳は見ればわかる？ いや、こんな生徒もいます！

中村　剛

　地理の授業では、地図帳を使って授業で登場した地名や地形の位置を確認したり、気候や農業地域の分布を調べたりすることが多い。地図帳に掲載されている地図は、見ればわかる、見れば情報が得られるようにつくられている。しかし授業中、生徒がわかっているかどうか、つまり正しくその位置（分布）を認識し、地図から正しい地理的情報を得ているかどうか、教師は確認することができない。「見る」「調べる」といった使い方は、地図帳の基本的な使い方ではあるが、これでは生徒が地図帳を充分に活かしきっている、使いこなしているとは言えないのではないか、と筆者は感じている。

　筆者は、担当する中学校社会科地理的分野（1年生）の授業において、学習した地域の白地図を配布し、学習終了後、その内容を白地図にまとめる課題を与えている。生徒が授業の内容を正しく理解できているか、また地図帳から得られる地理的情報をどれだけ正しく認識・理解できているか評価することなどを意図したものである。なお、課題に取り組む際、必ず地図帳を見ながら行うよう指示している。学校地図帳は、一般図と主題図によって構成されているので、その両方の地図を活用させることも、この課題のねらいである。

　中華人民共和国（以下、中国）の学習終了後、生徒が取り組んだ課題についてご覧頂きたい。図1は、生徒が使用している地図帳に掲載されているヒマラヤ山脈周辺の一般図である。生徒には、図1を見ながら地形の分布について描き、さらに気候分布の主題図をみて気候の分布についても描いてくるよう指示をした。図2と図3は生徒の作品である。図2を描いたAさんは、一般図を参考にヒマラヤ山脈を中国とネパール、ブータン国境部に描いている。また描き方から、Aさんはこの山脈が標高の高い山々の連なる場所であることが理解できていると考えられる。さらに、Aさんは気候分布図を参考にチベット高原一帯の寒帯気候を赤で着色し、表現している。色の選び方に問題を感じるものの、この図から、Aさんは一般図、主題図を正しく読み取っていることがうかがえる。一方、図3を描いたBさんの作品を見ると、Aさんと同じように図1の一般図を見て描いているはずのヒマラヤ山脈が、極端に北側に描かれている。チベット高原やクンルン山脈も同様である。しかし、Bさんは気候分布図を参考に、多少南側にずれてはいるものの、中国とネパール、ブータン国境付近を寒帯気候を示す黄色で着色している。このことから、Bさんは気候の分布と山脈や高原

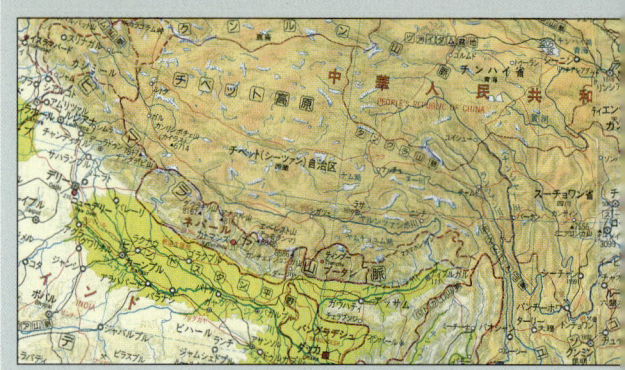

図1　中華人民共和国一般図
『新しい社会科地図』（東京書籍）より

図2　Aさんの作品

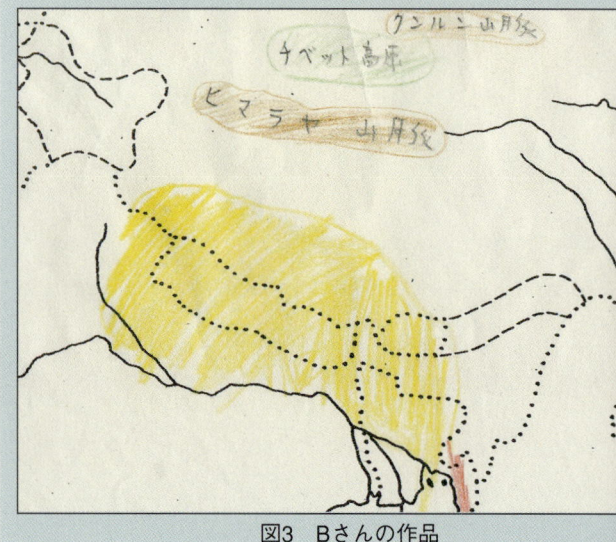

図3　Bさんの作品

との関係について、正しく理解できていないと考えられる。

以上のことから、Aさんは学習した内容を理解しており、地図からも情報を正しく読み取っていると考えられる。さらに、一般図と気候分布図の重ね合わせから、中国ばかりか学習していないネパールやブータンの地形的・気候的特徴などについても、Aさんは類推・判断することが可能であったものと考えられる。しかし、Bさんには、こうした思考・判断が難しかったのではないか。地図帳を見て、それをそのまま描き写すだけの単純な課題であるにもかかわらず、こうした違いが生まれるのは教師として衝撃的であった。

北アメリカ（アメリカ合衆国）の学習終了後の課題についてもご覧頂きたい。この課題では、おもに図4の北アメリカの農業地域区分を示した主題図を参照させている。生徒には、図4を参考にしながら白地図に農業地域区分を、さらに一般図を見て主要な地形と都市を記入するよう指示をした。図5を描いたCさんは、主要な地形や都市とともに、ほぼ正確に農業地域区分を白地図に描き入れている。一方、図6を描いたDさんは、主要な地形・都市はほぼ正確に描き入れているものの、農業地域区分については正確に描き入れることができていない。たとえば、本来アメリカ合衆国とカナダの国境に位置する五大湖より南側でみられるとうもろこし地帯（図4では橙色の地域）が、Dさんの作品では五大湖の北側（桃色）に描かれている。授業では農業と気候の分布についても触れていることから、緯度的に寒すぎる気候条件などについて理解されていたのであれば、図6のようにはならなかったであろう、つまり、Dさんは、地図を正しく読み取ること、さらには、地図帳を使った復習を含めた学習内容の確認ができていない可能性が高いと考えられる。

地図帳には、図法や縮尺、掲載範囲が異なるいくつもの一般図や主題図が掲載されている。GIS（地理情報システム）なら、こうした条件に左右されず、容易に地図の重ね合わせを行い、地理情報の処理や解析を行ってくれる。しかしここでみたように、特別なツールを使わなくても、地図帳を通じて地図に慣れ親しむことが、生徒の空間的思考を豊かにし、あたかも暗算をするかのように条件の違う地図の重ね合わせが可能になると、筆者は考えている。見ればわかるはずの地図帳も、正しく読み取り、情報を活用できなければ、その価値を活かしているとはいえない。筆者は、なにより生徒が授業を通じて地図に慣れ親しむことを重視し、地図帳を多用した授業を行っている。地図帳に慣れた生徒は、条件反射のように地図帳を開き、なかには、教師より地図帳に詳しくなる生徒もいる。地図帳を使いこなすこと、つまり地図に慣れ親しむ学習を重ねることが、生徒の地理的、空間的思考能力を高めることにつながると信じ、日々実践している。

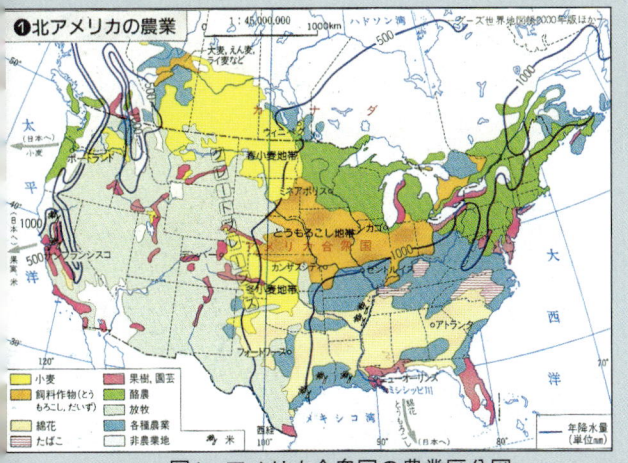

図4　アメリカ合衆国の農業区分図
『新しい社会科地図』（東京書籍）より

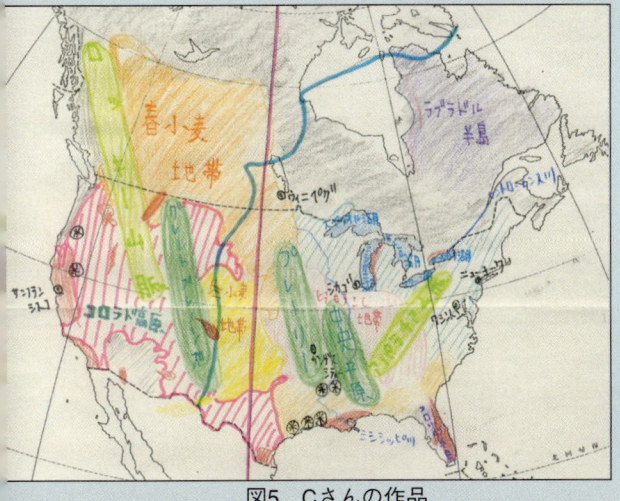

図5　Cさんの作品

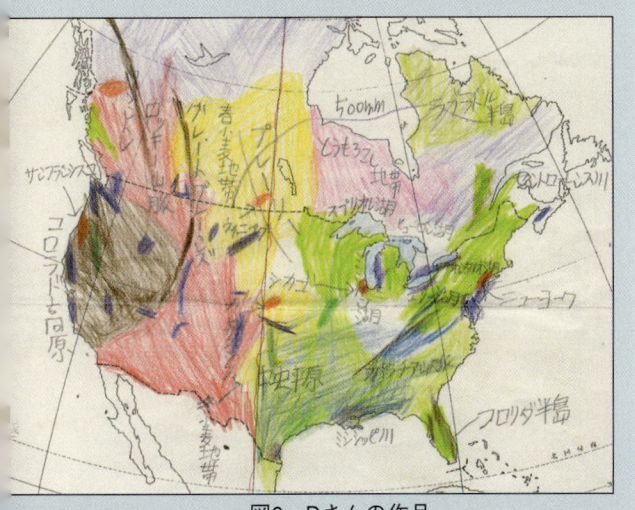

図6　Dさんの作品

47

授業実践「アメリカ合衆国の開拓と先住民」　中村洋介

　アメリカ合衆国が西欧諸国などからの移民によって発展した国であることは地理や世界史で学習する。気候、開拓史や民族分布の地図を通じて、①開拓を追体験する②開拓によって影響を受けたものを考える③原住民の現在の居住地の環境に気づくことを目標として中学2年生を対象として授業実践を行った。

　生徒が参加できる授業を目指し、一斉授業と生徒同士が情報交換できるグループワークを両立させた。授業は70分授業の1回分で実施した。

　導入として「アメリカを英語で書いてみよう」と発問する。「United States of America」と多くの生徒が回答できる。「Statesって何？」と聞くと、英語が得意な生徒から「州」という反応がある。「あれ、アメリカ合"衆"国？　アメリカは英語だと州が連合して1つの国という意味なんだよ」と進めて、「では、アメリカの州の数は？」と始まる。

　州の成立年が書かれた地図を配布する。州の成立年をおおよその開拓の年と考えて、地図上で年代別（1776～1799、1800～1849、1850～1899、1900～）に色分けをさせ、開拓の方向を着色しながら追体験する（図1）。西欧人の進出に気づかせるために地図上で東部から西部へ開拓が進んだことに気づかせ、なぜその方向かを考えさせることにした。

　次に、この開拓で影響を受けた人（もの）がないかを発問した。すぐに「インディアン」と「自然」があがる。「インディアン」の由来を説明した後、先住民と西欧人の戦闘地の年代別分布図を配布して、先住民が西欧人に追い込まれていったことに気づかせた（図2）。

　先住民の居住地を考えるために、ここからはグループで協力・相談して作業をさせた。50州が描かれた白地図を配布する。先住民の現在の居留地を地図帳から探して白地図に記入した後、教師が17の都市とその年降水量を板書し、都市の位置を調べて年降水量1000mmの境界線を考えて引かせる（図3）。この境界線が乾湿を分けることも示す。次にロッキー山脈と砂漠（地図帳の砂地の描写）を移写する。最後に、情報をまとめた地図から、先住民がどういう環境に暮らしているかを相談して発表させる。

　ここで先住民を「悪役」にした西部劇の映像を見せてもよい。

　元の席に戻し、西欧人入植後の原生林の分布を生徒に示した。開拓が進行するとともに「自然」が少なくなったことにも注目した（図4）。危機感から自然保護として国立公園が生まれたことを話し、「当時、国立公園になって先住民はどうなったか？」を3択クイズ（①先住民に観光ガイドをさせた。②先住民の生活を観光客に見せた。③先住民を排除した。③が正解。）にして授業を終えた。

都市	年降水量(mm)
バーミングハム	1346
チャタヌーガ	1321
シカゴ	838
シンシナティー	1016
デンヴァー	381
フォートワース	787
ヒューストン	1168
カンザスシティー	889
ロサンゼルス	279
マイアミ	1524
ニューオーリンズ	1372
ニューヨーク	1067
サンフランシスコ	457
シアトル	889
スプリングフィールド（ミズーリ）	1143
ユティカ	1016
ワシントン	1067

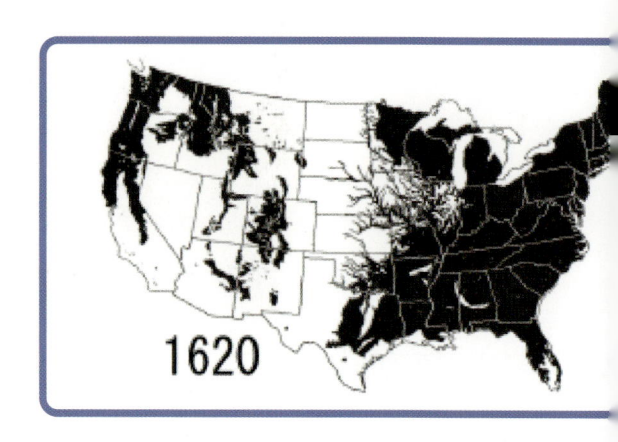

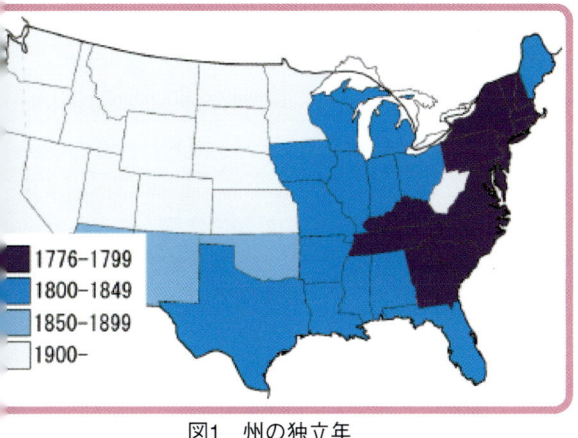

図1　州の独立年

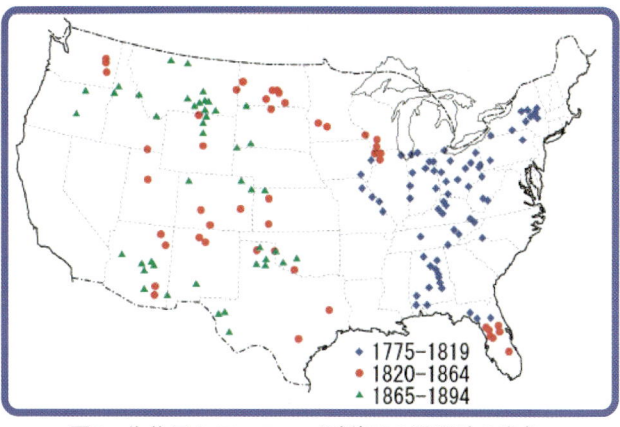

図2　先住民とヨーロッパ系移民の戦闘地の変化

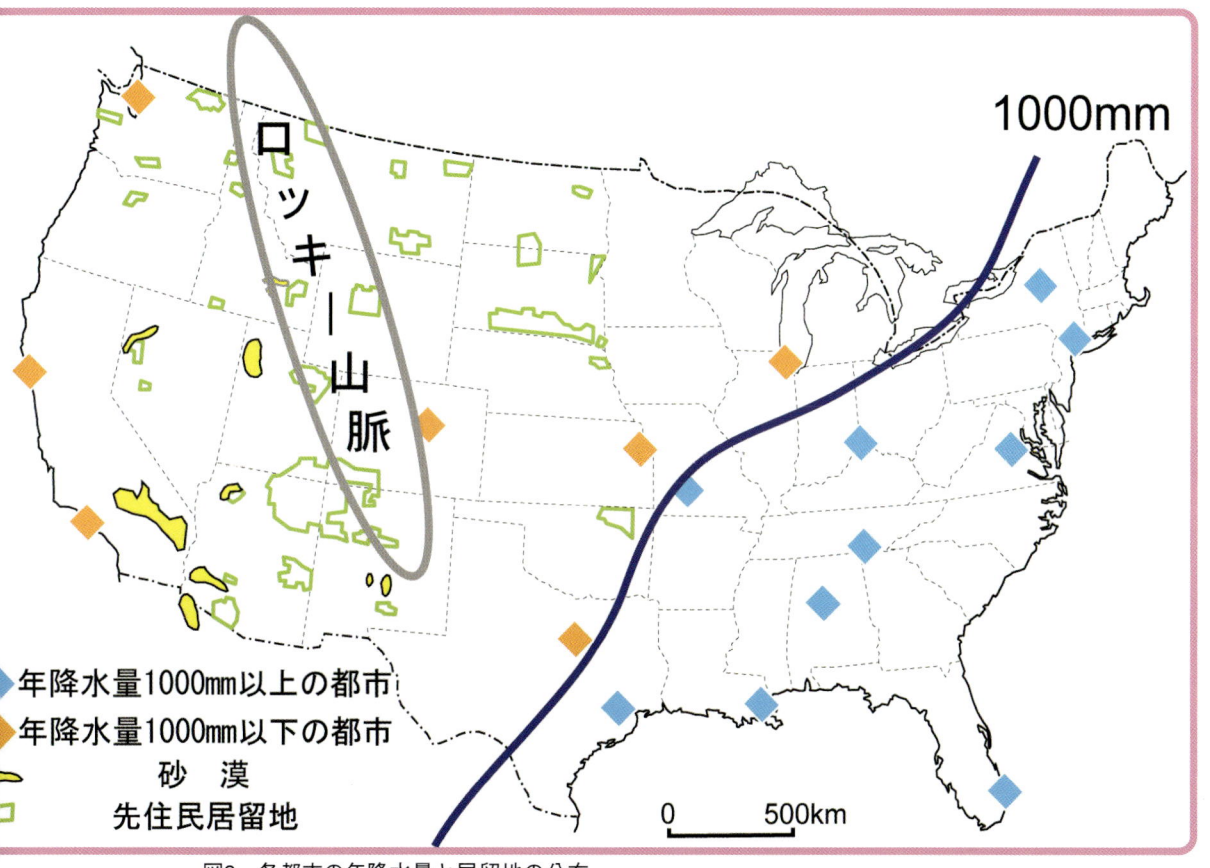

図3　各都市の年降水量と居留地の分布

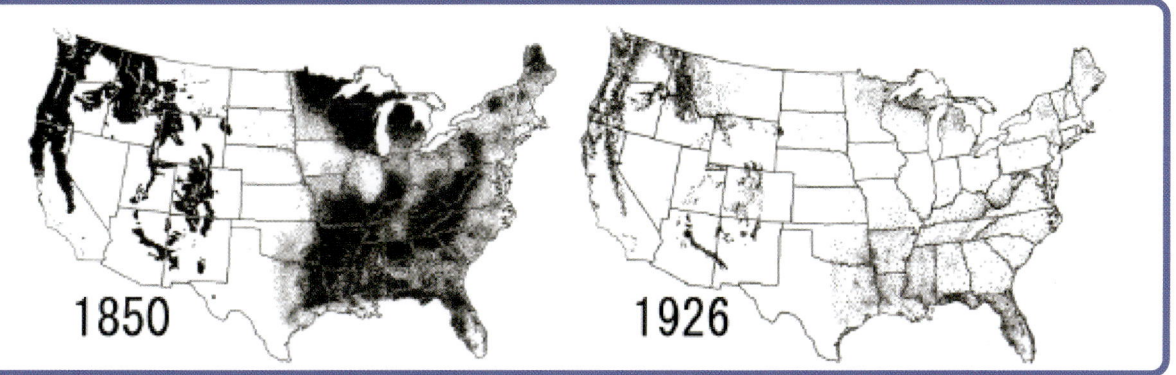

- 年降水量1000mm以上の都市
- 年降水量1000mm以下の都市
- 砂漠
- 先住民居留地

図4　合衆国の原生林の変化

さとうきびの島？　いえ、天水田の島！
―鹿児島県奄美諸島与論島―

近藤一憲

　ときどき、新旧の地形図を比較して生徒たちと作業学習をすることがあります。その一例が、この一組の土地利用図です。生徒の作例にはもっと美しいものもありましたが、私が描いたものを掲げました。

　この島（鹿児島県奄美諸島 与論島）の特徴的な土地利用が、青色で示した「水田」と橙色で示した「畑」であることには、すぐ気づかれるでしょう。前者は左図のみにあり、後者は右図において、ぐんと広がっています。

　同じ島なのに、たった18年間でなぜこれほど変化したのでしょうか。また、米を作らなくなったのなら、その後はどうしていたのだろう？と思う人もいるでしょう。あるいは、さとうきびで知られる島（図2の頃に耕地の8割で栽培）が、水田だらけであった事実に驚かれる人もいるでしょう。生徒たちも、作業しながら同じ感想を持つのです。

　彩色図にしてみると、2つの図には驚くほどの相違があることがわかります。島における農業の重点が大きく変わったのです。自ら作業した地図には、発見と考察のおもしろさがあります。

　2つの図のちがいには、1970年代から本格化した減反政策も大きく影響しています。それまでは島民の自給農耕として、そこかしこに天水田が拓かれていました。左図の中央部を南北に、また南東部では東西に走る崖の低位側に水田が多くみられ、島の東部の背骨のような隆起に沿う低地にも水田が目立ちます。

　ところが、減反が定着するや、営農条件の悪い天水田は次々と畑へ転換されていきました。その畑の主作

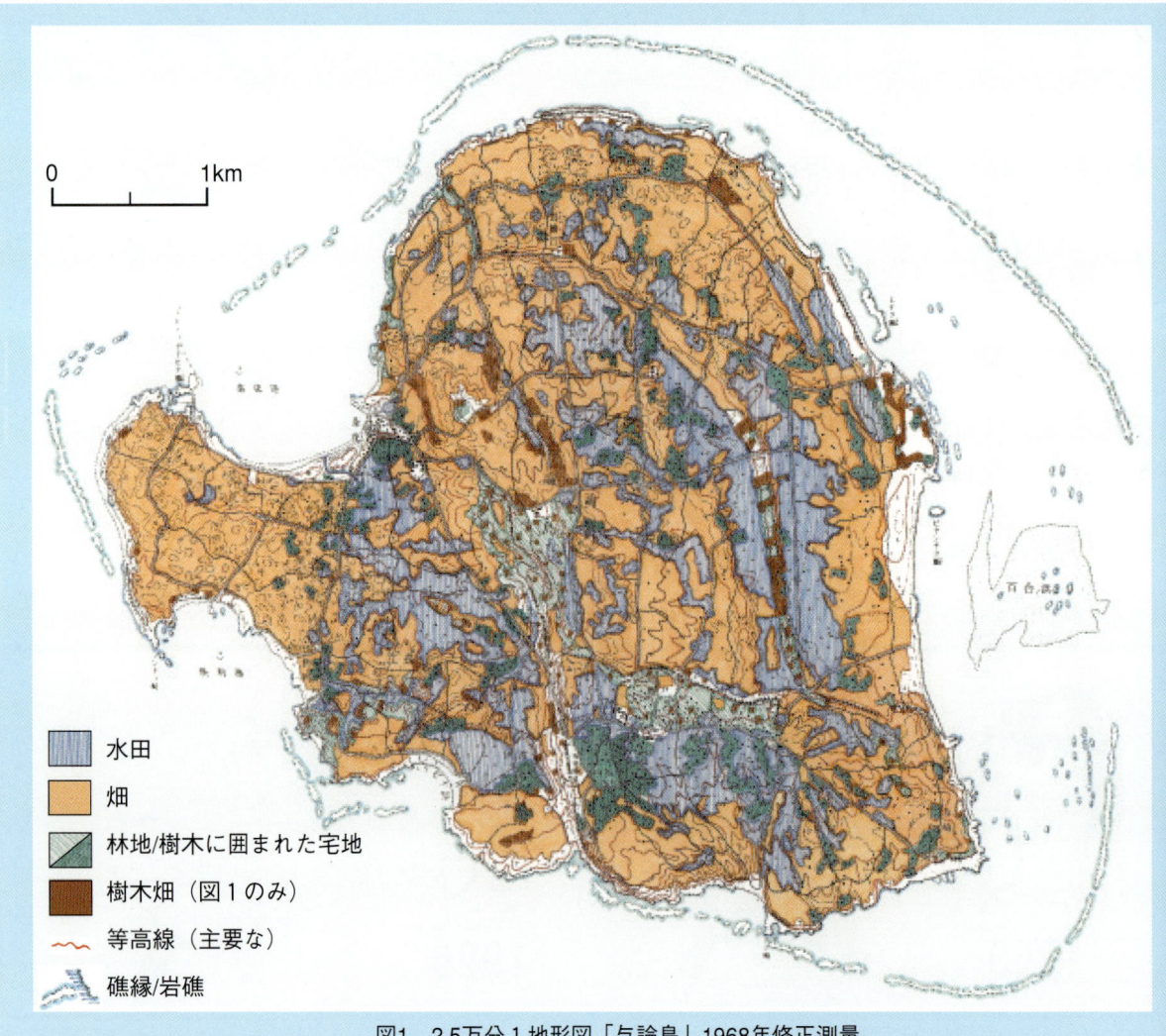

凡例：
- 水田
- 畑
- 林地/樹木に囲まれた宅地
- 樹木畑（図1のみ）
- 等高線（主要な）
- 礁縁/岩礁

図1　2.5万分1地形図「与論島」1968年修正測量

物が、それまでにも離島振興政策で奨励され普及していたさとうきびだったわけです。左図の頃に企図されていたパパイヤの先進的産地は実現しませんでした。そして当然、島民の食べる米は他島からの移入に頼ることになりました。

雨水が田面にたまることのみに期待し、灌漑設備をまったく持たない田を天水田といいます。それ自体、当時の日本でも珍しいものでした。与論島は隆起珊瑚礁の島で、低平ですから、川らしい川はありません。ダムや溜め池を作ろうにも、地形・地質が障害となってできず、自給作物として水稲を栽培するなら、天水田を頼りにすることになります。

その島が米づくりを手放してしまったのです。右の図をよくみると、図の西端に畑をつぶして滑走路ができています。いまから四半世紀ほど前に、与論島は、さとうきび単作と観光業に生きる島へと、大きく舵を切っていたのです。

与論島西部の空中写真（1977年、国土地理院撮影）

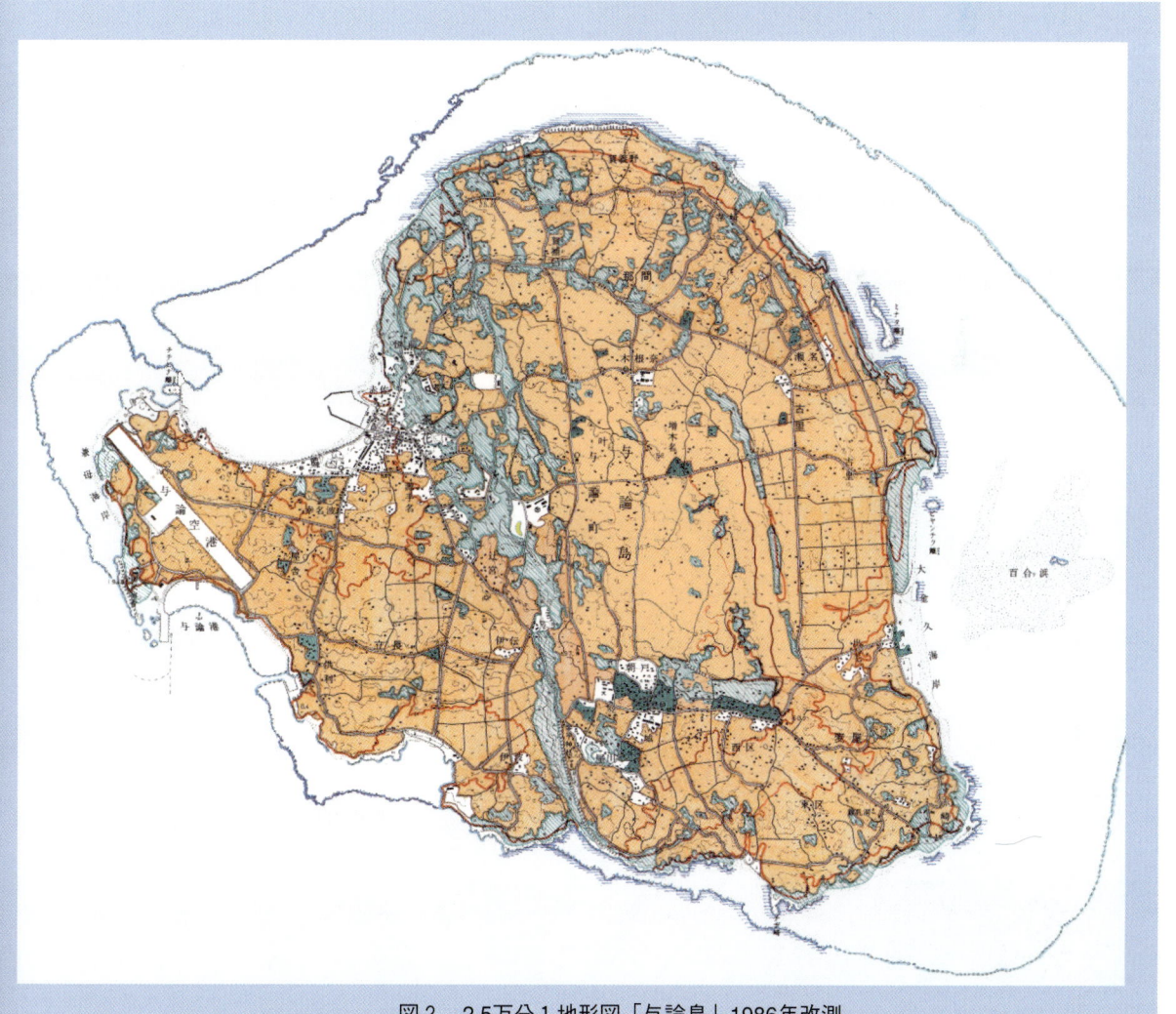

図2　2.5万分1地形図「与論島」1986年改測

ハザードマップで地形を学ぼう

中村美和子

　私の勤務校の付近は自然堤防・後背湿地・三日月湖がいたるところに見られ、氾濫原の学習の題材には事欠かない。教科書や地図帳にも掲載されており、生徒達も興味津々である。しかし、いざ読図となるとなかなか思うようにいかない。なぜだろうか。どうやら、地形がイメージできないようである。そこで、小地形の学習の際には自分で撮った写真やインターネットのホームページで見つけたおもしろそうな資料を持参しイメージしやすいように努めている。ここではその1つを紹介したい。

① 越後平野は河川の堆積作用によって形成された地形であることを紹介する（図1、図2）。
② 『信濃川水系信濃川（下流）関屋分水路浸水想定区域図』を紹介し、氾濫原の具体的な学習に入る。特に凡例の黄色（浸水時想定水深0.5m未満）に注目させる。その際に、25,000分の1地形図「新潟南部」を使い信濃川大橋付近（天野・平賀の集落）に注目させる（図3）。
③ 自然堤防と思われるところは黄色、後背湿地と思われるところは薄黄緑色から青色となっており、浸水時の水深に違いが生じることから被害状況が異なることをイメージさせる。
④ 「自分ならどこに家を建てるか？」と問いかけをしつつ、土地利用について説明する。
⑤ 「ハザードマップ」について説明する。

　日常生活の中には実に多様な地図があり、行政から各家庭にも様々な地図が配布されている。ハザードマップもその一つだ。
　生徒はふだん防災について意識することが少なく、また、災害発生後の人的被害にばかり注目しているようだ。身近にあるハザードマップを使うことによって災害と地形の関連付けができ、より理解が深められると同時に、1つの事象を様々な視点から見る力を育むことに繋がると思う。今後は身近な教材をもっといかしていきたい。

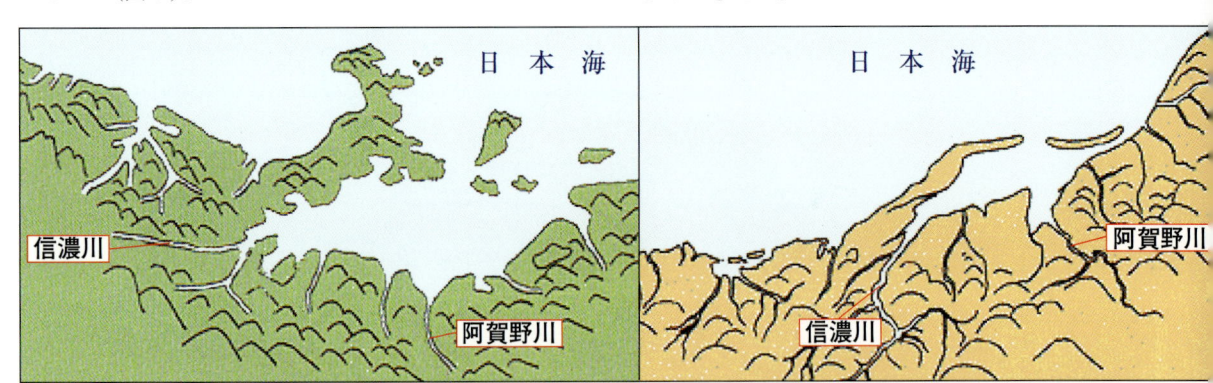

図1　寛治期の越後平野　1089(寛治3)年
国土交通省北陸地方整備局信濃川河川事務所HPの資料より作成

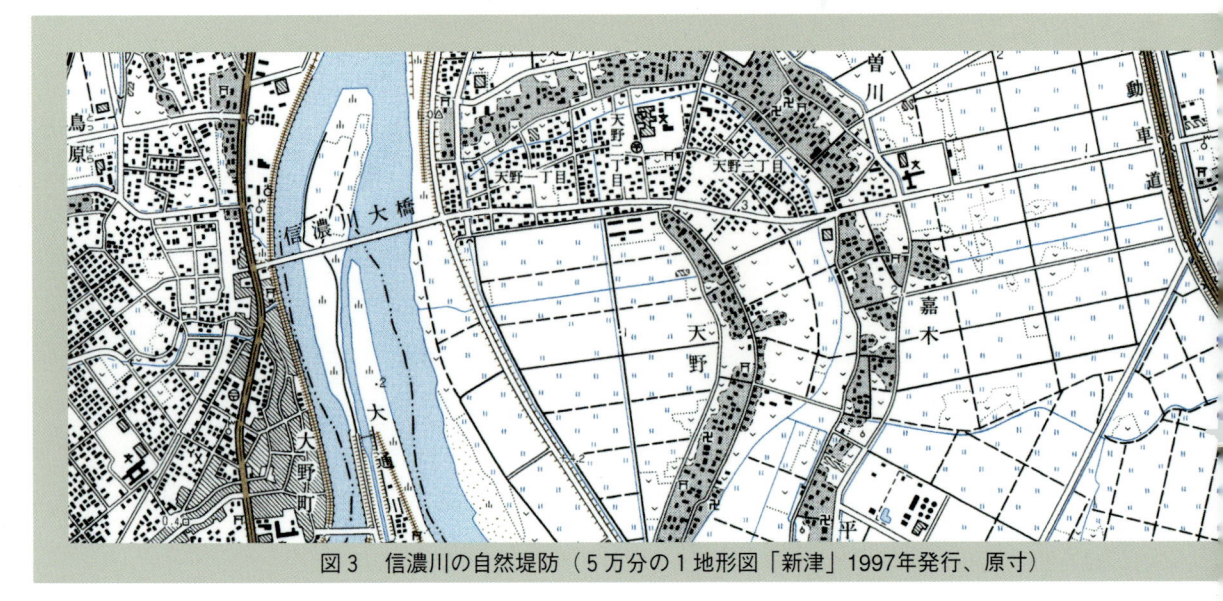

図2　越後平野のできる前(推定図)

図3　信濃川の自然堤防（5万分の1地形図「新津」1997年発行、原寸）

信濃川水系信濃川（下流）、関屋分水路浸水想定区域図

凡例

浸水した場合に想定される水深（ランク別）
- 0.5m未満の区域
- 0.5～1.0m未満の区域
- 1.0～2.0m未満の区域
- 2.0～5.0m未満の区域
- 5.0m以上の区域
- 浸水想定区域の指定の対象となる洪水予報河川

関屋分水路

天野・平賀の集落 図3

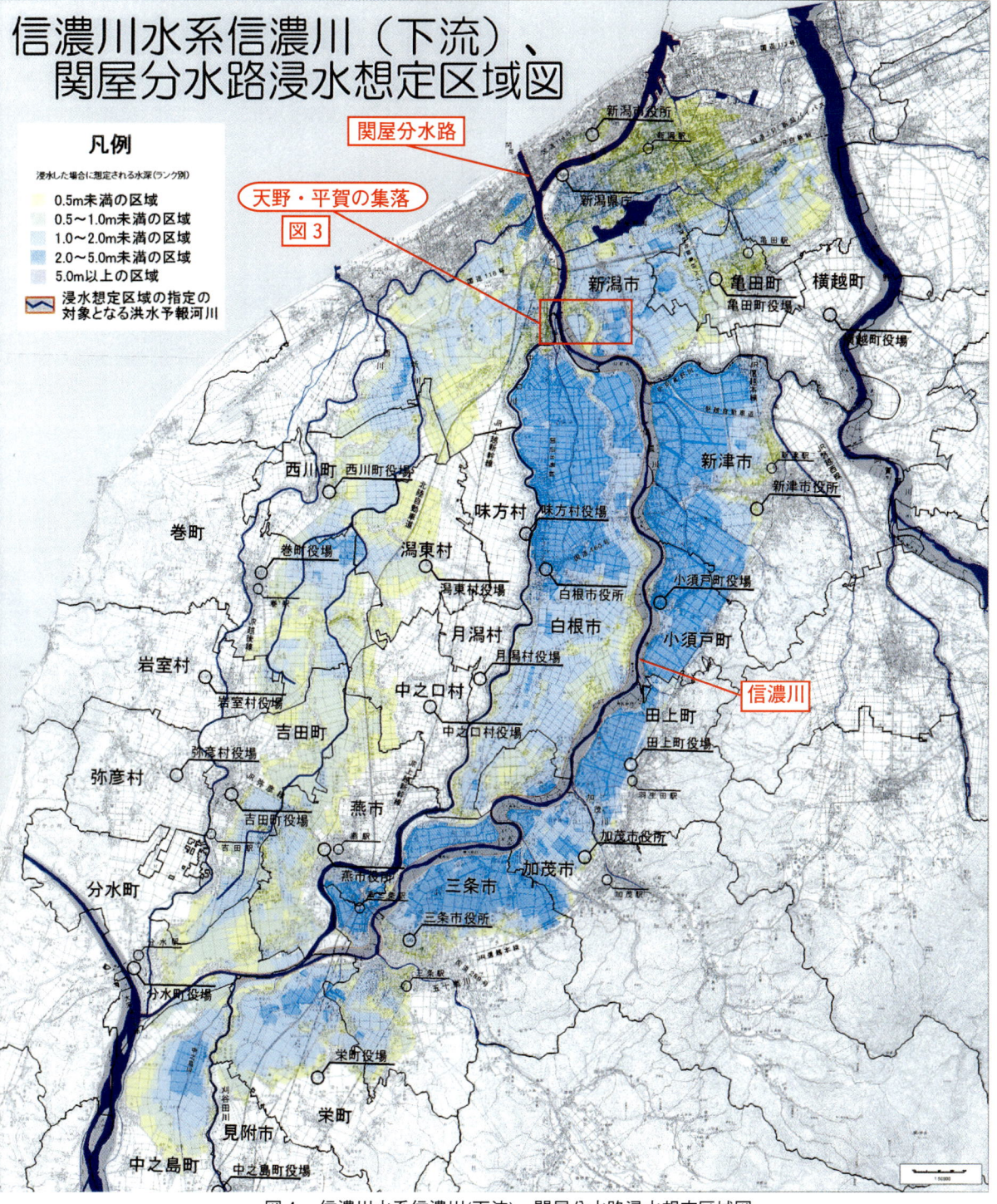

信濃川

図4　信濃川水系信濃川(下流)、関屋分水路浸水想定区域図

浸水時想定水深
- 0.5m未満：自然堤防と思われる地域
  （凡例黄色）
- 0.5m以上：後背湿地と思われる地域
  （凡例 薄黄緑色～青色）
- 浸水想定区域の指定の
  対象となる洪水予報河川：信濃川・関屋分水路

参考ＨＰ　国土交通省北陸地方整備局
　　　　　信濃川下流河川事務所
　　　　　http://www.hrr.mlit.go.jp/shinage/

53

修学旅行「ヒロシマ」あるく・みる・かんがえる　　生田清人

　広島を訪れる修学旅行の学習課題は「平和」である。私たちは、原爆ドームや原爆資料館を見学するだけでなく、広島の街を歩き、地元の人々と直接お話をする中で、「ヒロシマを実感して平和を考える」学習プログラムを考えた。

　訪問先は、教師がひとつひとつ訪問の趣旨を説明してお願いした。秋葉広島市長との面談、中国新聞で原爆や被爆の問題を担当されている記者との面談、放射線影響研究所で原爆放射線の健康被害を研究されている臨床医との面談など、１２の訪問先を設定した。そして、生徒たちが、その中から任意に選んで訪問する形をとった。

　この修学旅行を実施するために、前年から事前学習を始めた。私が担当していた「地域学習」という地理と歴史の合科的な総合学習では、地形図を使って「ヒロシマ」を読み解く学習に取り組んだ。

　私は、まず、大正14年、昭和25年、昭和47年、平成13年の地形図・旧版地形図（２万５千分の１）から、広島の市街地を含む同じ範囲の地域をコピーして、作業用の地形図を用意した。はじめに、それらを使って、地形図の記号や等高線を読む練習をした。つぎに、地形図ごとに作業課題を設定した。例えば1925年の旧版地形図（図１）では、田（黄緑）、寺院や墓地（黄）、軍に関連する施設(赤)に着色をした。そのうえで、生徒に発問した。「水田はどこに多いか。」「軍に関連する施設はどんなところにあるだろうか。」など、生徒たちに地形図を読むことによる「気づき」を期待する発問をした。つぎに、「寺院やお墓を示す地図記号が、城を囲むように見えるけれど、わかるかな。」という発問を続けた。これは、地理で「城下町では、城下の防備のために、寺院や墓地を城下町の辺縁に配置した。」と学習することを意識した「投げかけ」である。生徒は、その規則的な配列に気づき、「では、広島も同じなのかな。」という発問で、疑問を抱き始めた。さらに続けて、「では、誰かこのことを調べてくれないか。」というと、手をあげてくれた生徒がいた。1950年の旧版地形図（図２）には、爆心地から同心円を描かせて被害のようすを地形図から読み取らせようと試みた。例えば、比治山の存在に注目させて「比治山の東側と西側ではどちらの被害が大きいか。」という発問で、地

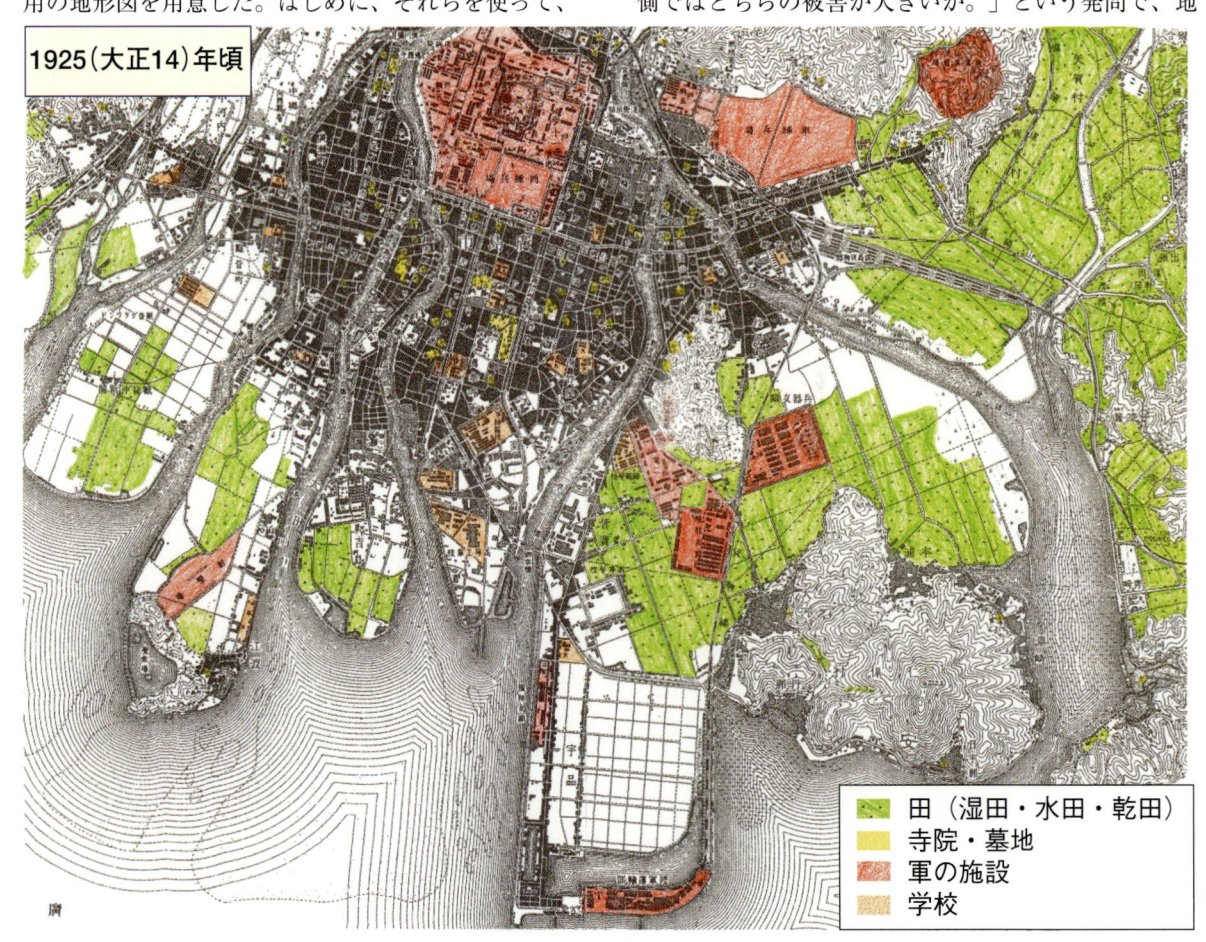

図１　1925(大正14)年版地形図「広島」(生徒が作業したもの)

域と地域を比較させて被害が一様でないことに気づかせると同時に、「ヒロシマ」を広がりのある地域空間として実感させようした。

つぎに、これまでの一連の作業を下敷きに、生徒に自由に地形図を読ませて、気づいたことや疑問に思ったことを疑問文の形で書かせ、それを各自の調査課題とした。

ある生徒が、「なぜ、戦前の広島には軍の施設が多くあるのか」という疑問を、調査課題にした。彼は、1925年旧版地形図（図１）の課題作業に続けて、官公庁や学校などにも着色をして、それらの多さに気づいた。そこで、学校の図書館などを利用して文献を調べて、広島が明治時代半ばから地方中心都市としても軍事的な拠点としても重要だったことを知り、これが「ヒロシマ」を生む要因のひとつだったと報告した。

このように、私が取り組んだ地形図の授業は、生徒に、「ヒロシマ」を鳥瞰させただけでなく、一連の発問や作業によって、「ヒロシマ」をより具体的な事象で実感させた。また、４つの時代を行き来しながら地形図を見たことで、「ヒロシマ」を歴史的な移り変わりの中で実感させることもできたと思う。また、それらの下敷きの上に、国語で読んだ『黒い雨』や生徒と保護者がいっしょに聞いた「戦争と被爆体験を聞く会」などの事前学習や現地での訪問がしっかりと取り込まれて、自分が実感したものの上で平和を考える、より深化した修学旅行の学習活動になった。

広島滞在中、東京にお招きした講師に再びお話を伺う会を開いたが、事前学習や旅行中の経験が幾重にも重なった生徒たちと講師がいったいとなって「ヒロシマ」を考える充実した印象的な集いだった。

生徒の報告を４つの科目(地理・公民・国語１,２)が共同でまとめた文集『ヒロシマ作品集』

1950（昭和25）年頃

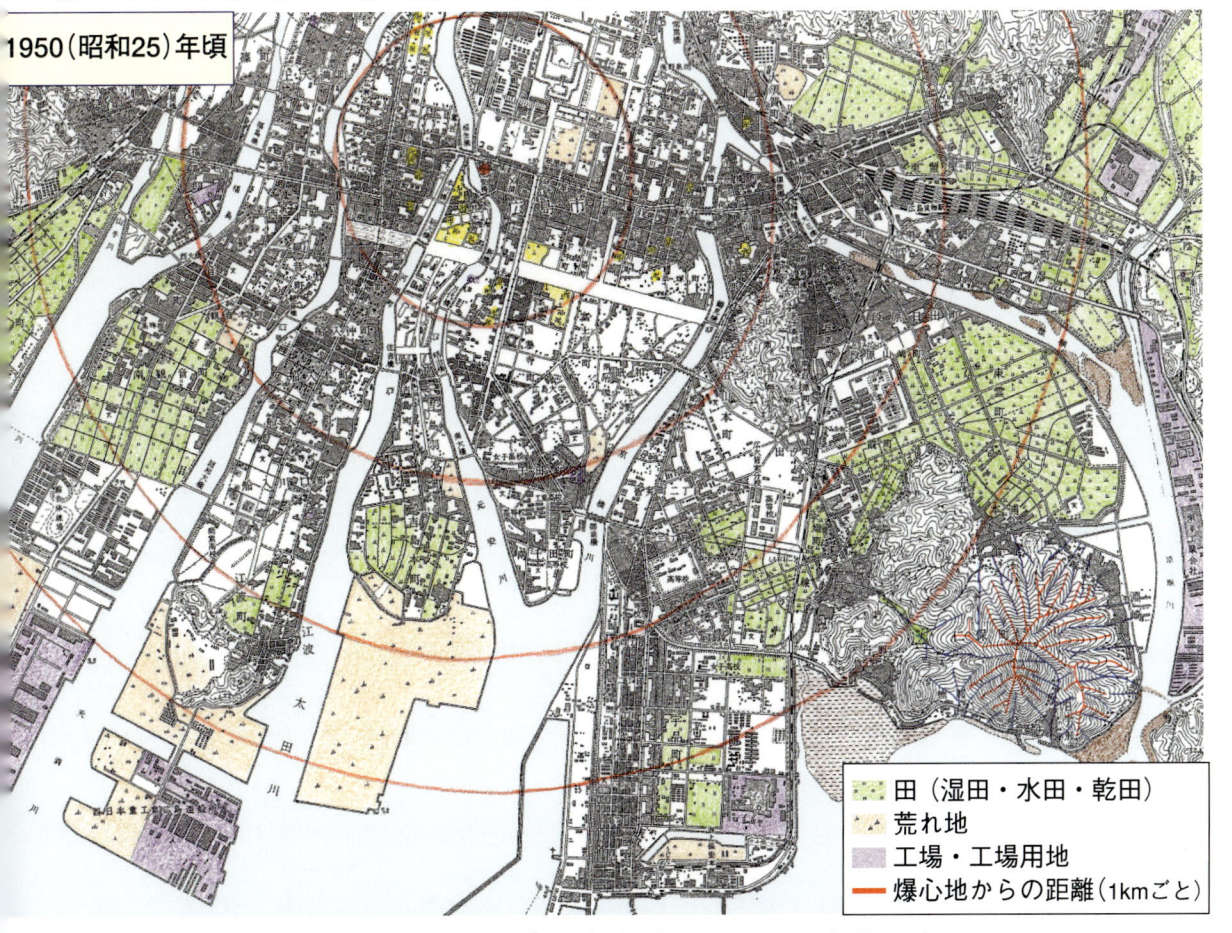

田（湿田・水田・乾田）
荒れ地
工場・工場用地
爆心地からの距離（1kmごと）

図２　1950(昭和25)年版地形図「広島」（授業で説明のために提示したもの）

学校周辺を歩いてみる

原　裕子

　東京都立石神井ろう学校は東京都練馬区の北部にあり、聴覚に障害を持つ高等部（高校部と専攻科）の学校である。1962年創立。教育課程は高等学校指導要領に準じる。筆者は本校に赴任後、コミュニケーションに不可欠な手話を覚える傍ら、生徒の視覚を重視していこうと、1年必修の地理の授業の中で学校周辺の野外観察を行うことにした。

　生徒にはまず地形図読図の基礎を学習させたのち、2学期に1万分の1地形図と赤鉛筆を持って学校周辺の観察に出かけた。時間は2時間。生徒には歩くコースを伝えず、各自、地図上で赤鉛筆でたどらせながら歩く。さらに、試みとしてデジタルカメラを一人1台持たせ、気づいたもの、おもしろいと感じたものを何でも撮るようにと指示した。

　石神井ろう学校の西に、アスファルトの路面に「水路敷」と水色で表示されたところがある（⑤）。これが田柄用水跡である。1957年測量の1万分の1地形図をみると、等高線に沿って水路が認められる。これは1871（明治4）年に完成した用水で、玉川上水から田無用水を経て田柄用水として流れ、石神井川に合流している。1970年代までに暗渠化された。等高線の谷の部分をたどってみると、自然の川を利用しているところがあることがわかる。この田柄用水を上流に向かって歩いていく。

　ろう学校の周辺には屋敷林のある農家があり、畑も多い。途中にある練馬区立土支田農業公園では、大泉の古い納屋が移築されている。

　作物は、練馬といえば大根といいたいが、キャベツが圧倒的に多い。生徒たちにとって、目の前の作物がキャベツであることは一目瞭然。しかし、ブロッコリーやカリフラワー、里芋、人参、キウイとなると、ふだん食べていても畑に栽培されているのを見るのは初めてという生徒が多い。

　教室で教科書を見ているだけではなく、わずかな時間とはいえ野外に出て、地図を片手に歩き、自分の目で確かめることによって、さまざまなことがわかる。お茶の実が地形図記号と同じ形をしていることも確認できた。学校に戻って生徒に持たせたデジタルカメラを見ると、楽しそうな自分たちの顔がたくさん映っていた。

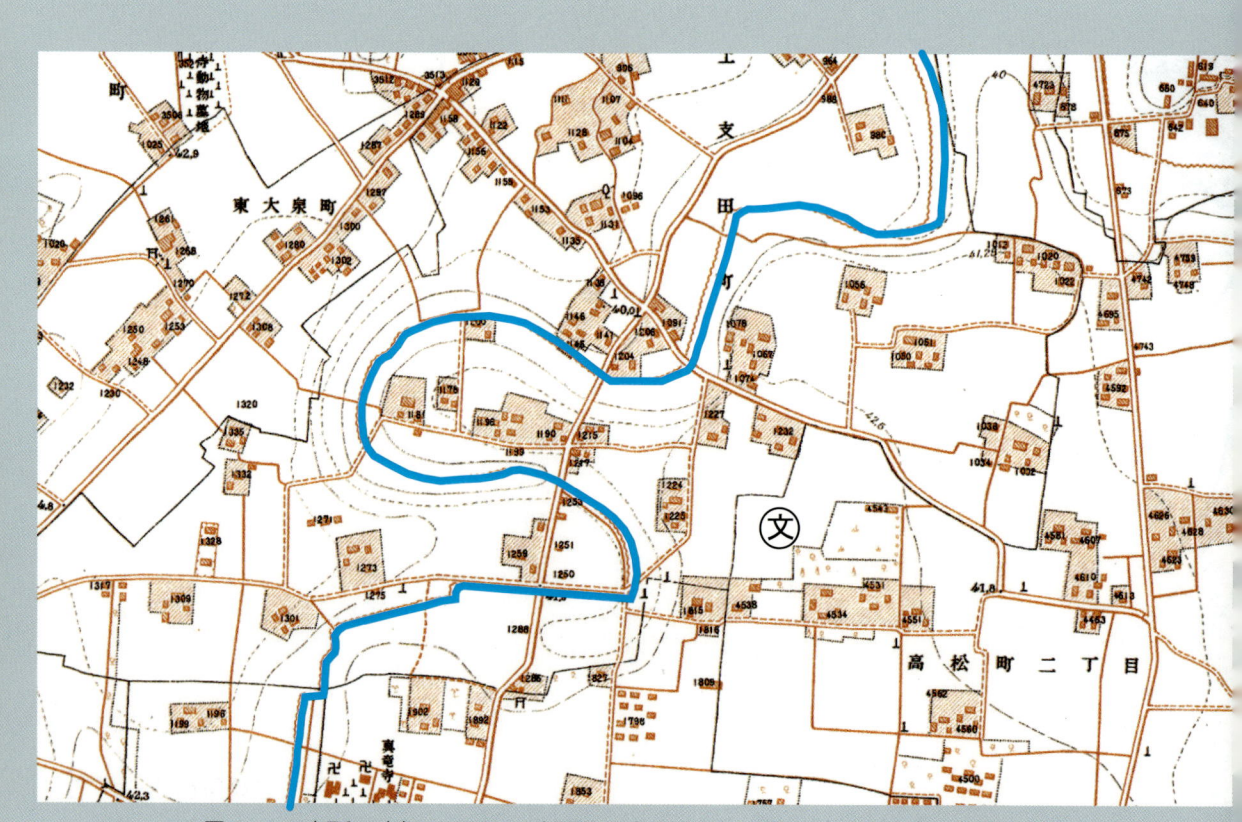

図1　1957(昭和32)年の1万分の1地形図(用水路を水色で示した，学校の位置は現在のもの)

豊渓小学校横の水路敷

2 ブロッコリー畑

3 生産緑地地区のキャベツ畑

水路敷のマーク跡

6 歩道となった用水跡

4 土支田農業公園のお茶の実

図2 1994（平成6）年1万分の1地形図

山古志村のコイの地形図

原　光一

　2004年10月に起きた新潟県中越地震で全国にその名を知られるようになった山古志（やまこし）村。この村のことを月刊『地理』（古今書院）で取り上げるために、まず地形図を見て驚いた。数え切れないほどの池、また池。これはいったい何？

　記事のねらいは地震の被害状況を伝えることではなく、地形図一面に広がるコイの養殖池の存在を裏付けること。大げさにいえば、地形図をみた時の驚きを共有でき、地図の持つ力を感じ取っていただければ十分と考えた。こうして書いたのが『地理』2004年12月号の「山古志村はコイの村」である。なお、基本文献として、山古志の錦鯉養殖の歩みを詳細に記した中村勝栄・土田邦彦「山古志郷の錦鯉」（池田庄治編『新潟県の地場産業』所収、野島出版、1978年）が大いに参考となった。

　豪雪の地すべり地帯に広がるすばらしい棚田景観と無数の養鯉（ようり）池。山古志の景観を一言で表すとこのようになろう。記事の執筆後に知ったのだが、多くの地理学研究者が調査のために、あるいは学生を連れてこの村を訪れている。本稿に写真をご提供いただいた中村和郎先生もそのお一人である。

　地すべり地帯なるがゆえに棚田への灌漑は天水と溜め池に頼らざるを得ず、その溜め池を利用して始められたのが鯉の養殖である。当初は食用の黒い鯉を養殖していたが、江戸後期に突然変異によって「色鯉」が生まれると、それを農家の副業として観賞用に養殖するようになった。

　その後、明治・大正期に入り、「紅白」や「黄写」など優秀品種の開発に成功。富山の売薬商人が当地の色鯉に注目して全国に広めたことや、1914年の東京万国博覧会への出品などを機に、山古志は「錦鯉発祥の地」としてその名を轟かせるに至る。

　第二次大戦後はさらに「黄金」や「金黄写」など新しい品種が生まれ、1960年代にはハワイやカナダ、ブラジルなど海外への輸出が開始された。ちなみに「錦鯉」と呼ばれるようになったのは1940年頃からで、いまでは「Nishikigoi」の名称が海外でも定着している（全日本錦鯉振興会資料）。

　村の土地利用が大きく変化したのは1960年代後半。それまでは溜め池や水田を利用した養殖が中心だったが、高度経済成長にともない錦鯉の需要が急増したことで、養殖専用池が次々と築造され、さらに1970年からの減反政策が水田から養鯉池への転換を促進した。右に掲げた旧版地形図との比較、および1973年の養殖池の分布からもその変化が読みとれよう。

　錦鯉の生産を全国レベルでみてみると、2000年には1,315の経営体がある。新潟県には630、そのうち山古志村は県全体の29％を占め、日本で1位、いや世界で1位の錦鯉生産を誇っている。村面積の8割は山林、

養殖池の広がる山古志村
（1995年、中村和郎先生撮影）

図1　山古志村の錦鯉養殖池の分布（1973年）
（『新潟県の地場産業』p.271をもとに作成）

人口はわずか2,000人強、そのうち65歳以上の高齢者が3割を占める村が、世界に名だたる存在とは、すごい。村の全世帯の約2割が錦鯉養殖を行っていることからも、「世界一のコイの村」といえよう。

ここまで「山古志村」と書いてきたが、この村はもう無い。山古志村ができたのは1956（昭和31）年3月31日、種苧原村、太田村（虫亀・南平地区）、竹沢村、東竹沢村の4村が合併して成立。それから49年。

2005（平成17）年4月1日、長岡市に編入合併された。「昭和の大合併」で生まれた村が、すべての住民が地震で避難したまま、「平成の大合併」で消えた。一日も早い復興を祈りたい。

図3 1970年代はじめ頃の山古志村竹沢地区
（2万5千分の1地形図「小平尾」1974年測量）

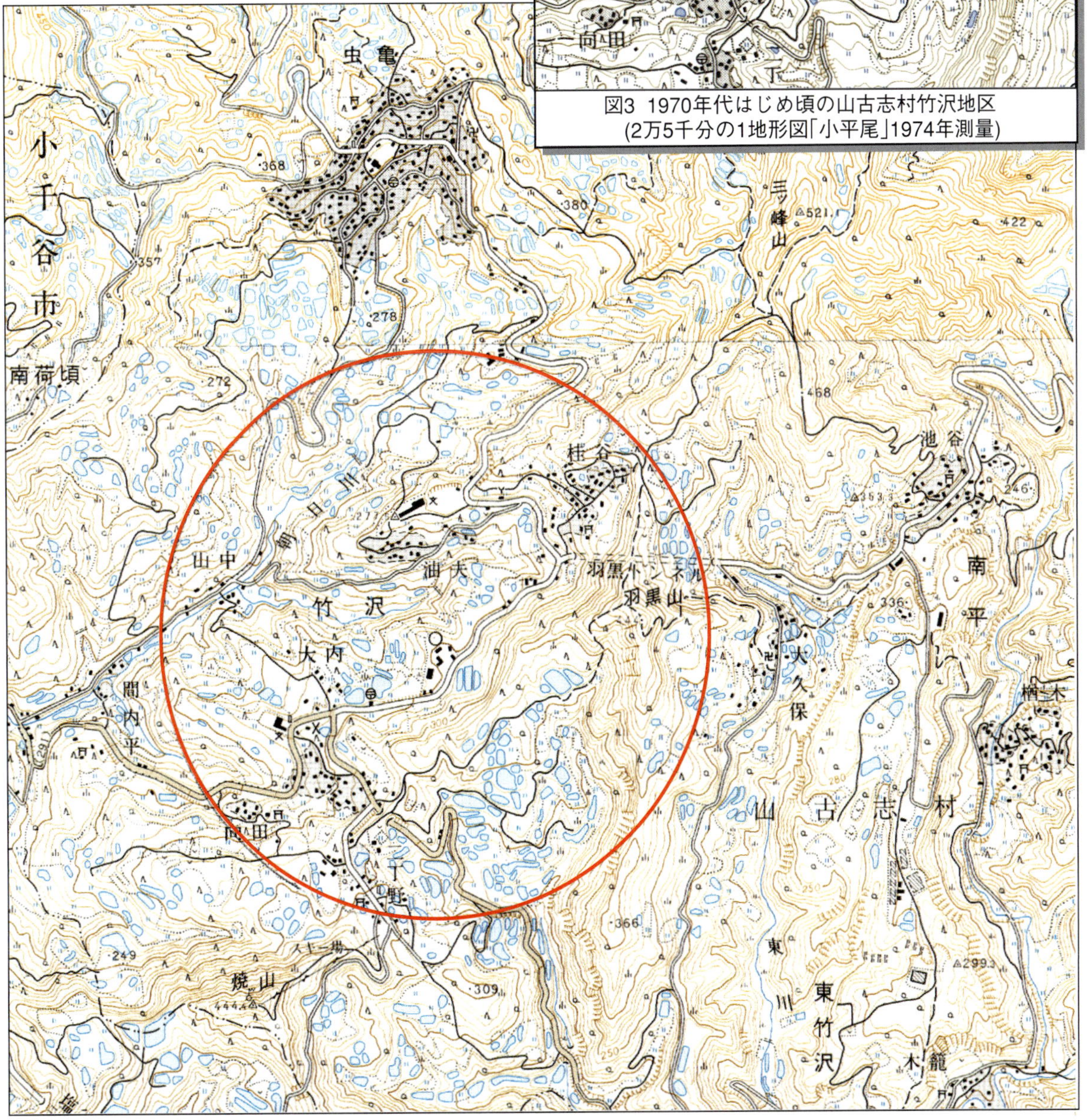

図2 山古志村中心部（2万5千分の1地形図「半蔵金」「小平尾」2003年発行、原寸）
村役場を中心に半径1kmの円（赤）を描くと、その中に180もの池が読み取れる。
村全体での養殖池の数は約2500面、養殖面積は130haにのぼる。

三番瀬の生い立ちを考える

清水長正

　埋立によりすべてが人工海岸となってしまった東京湾奥に、ほぼ自然状態で今に残る干潟・浅瀬が三番瀬（さんばんぜ）だ。1970年代以降に再三にわたる埋立計画が上ったが、保全運動の高まりのなかで2001年に計画中止となり現在に至っている。こうした経緯は記憶に新しいが、当時の海図にも地形図にも都市計画図にも「三番瀬」という注記（地図上の文字表記）はなく、一般には地図上で探しにくい場所だった。というのも干潟や浅瀬は、陸の地形図では海岸線より海側、海図では船舶が航行できない陸側の場所で、そこの地名注記については双方とも見逃していたようである。さらに、三番瀬は近世初頭ごろから船橋の漁師の占有漁場の字（あざ）名だったが、浦安など周辺の漁師が主張する漁場の範囲と異なることもあり、そうしたいきさつから市川・船橋両市の公式な地名にあげられなかった点も否めない。

　ここで3枚の地図を示し、三番瀬の広がりやその生い立ちを概観してみよう。

　図1は、貝塚爽平・白尾元理著『地面と月面いま何さい』（岩波書店）に載る東京湾沿岸の埋立地を示した図で1923〜31年測量の海図に1960〜70代の埋め立て地（アミ）を記入したもの。それに三番瀬の注記を入れた。沿岸の干潟・浅瀬の多くが失われた今日、三番瀬に東京湾奥最大の干潟・浅瀬が残されていることがよくわかる図だ。

　図2は、三番瀬の干潟・浅瀬を含めた海底地形について従来ほとんど説明がなかったので、2万5千分の1地形図「船橋」「浦安」に1万5千分の1海図「葛南」の水深による等深線を記入してみたもの。地形図の標高は東京湾平均海面、海図の水深は略（ほぼ）最低低潮面が0mで、陸の標高と水深に齟齬が生じるのを承知のうえの作図である。大潮の東京湾の潮差は約2mにおよぶので、東京湾平均海面と略最低低潮面の差は1mほどになる。

　水深0m以上が干潟の最大範囲で、沖合に約1.3kmの広がりがある。さらに略最低低潮面より水深1m以浅の浅瀬はその先約2km以上にわたっており、その範囲は江戸川放水路河口部を中心としておよそ半円状を呈し、その前面は急に5m以深となる。明らかに円弧状三角州の形状で、大半が水面下にあるので水底三角州ともいえる。

　図3は、三番瀬の生い立ちを考えるために、周辺の河川と地形分類について、1880（明治13）年迅速2万分の

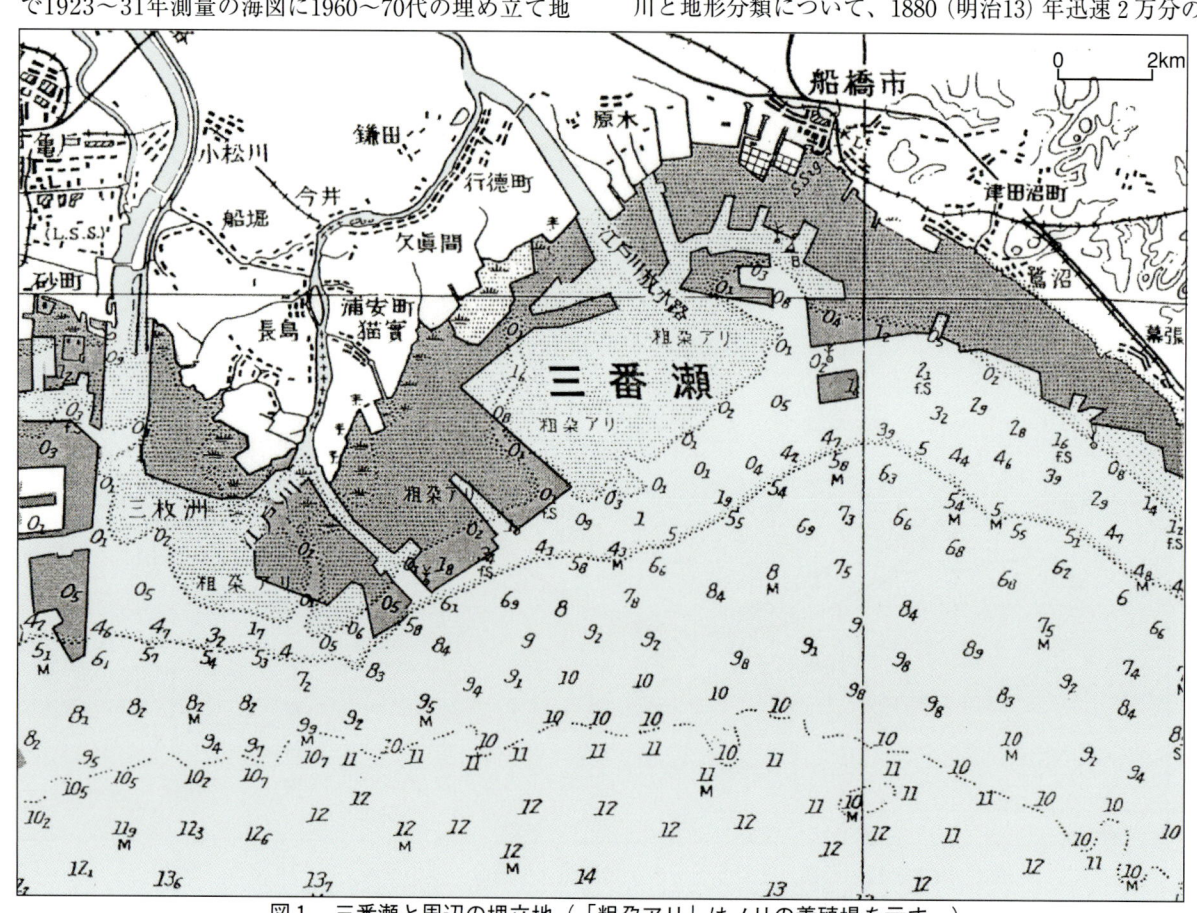

図1　三番瀬と周辺の埋立地（「粗朶アリ」はノリの養殖場を示す。）

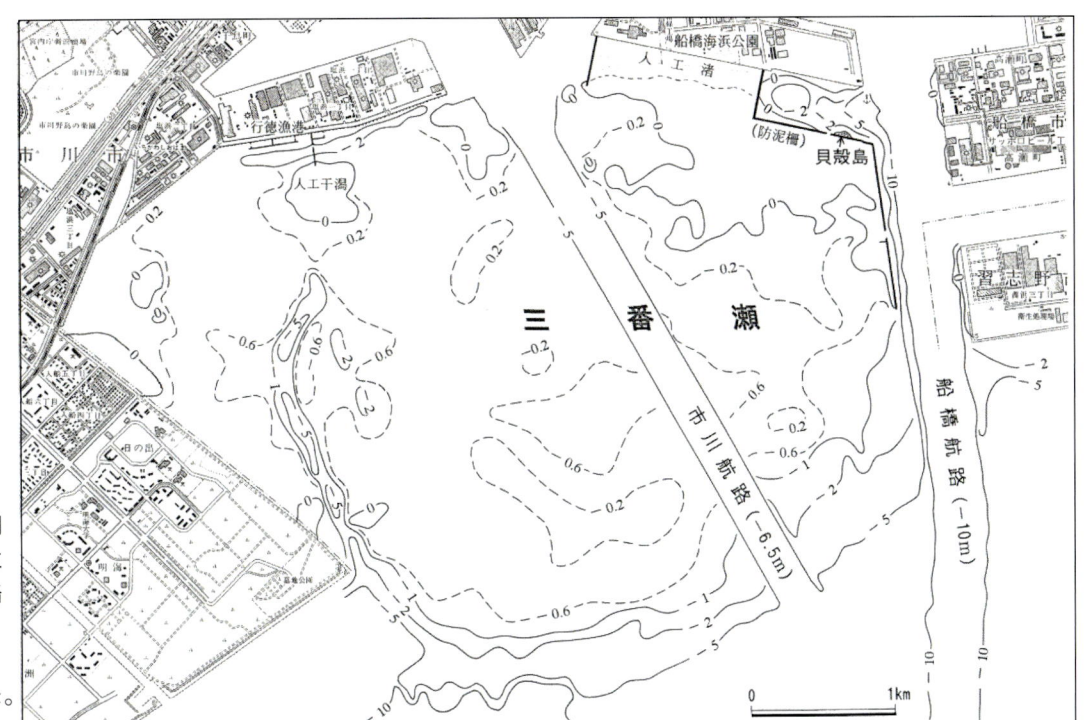

図2
三番瀬の
海底地形

水深は、干潮時に最も水位が低下する略最低低潮面（海図の0m）を基準にした。

1図の主な河川と海岸線、『東京低地水域環境地形分類図』（久保純子原図、1993）による地形分類、1923〜31年測量の海図による干潟・浅瀬範囲などを編集したもの。

　三番瀬の陸側にあたる東京低地の大半は、縄文海進以降陸化した沖積面だ。古代（6〜8世紀）になっても、市川砂州の背後に真間（まま）の入り江（ラグーン）があり、行徳付近に浜堤が形成され、現在の沿岸域はまだ海であった。中世までの利根川は下流部で隅田川・太日（ふとひ）川（江戸川）などに分流し、行徳や浦安を先端とする三角州を形成してきた。近世には三番瀬は浅瀬の漁場となっていたので、中世末ごろまでに太日川の三角州の一部としてすでに形成されていたわけだ。1919（大正8）年には江戸川放水路が開削されたが、それ以前にも高谷（こうや）川が三番瀬に注いでおり、洪水時には江戸川から分流して三番瀬の三角州を成長させていたと考えられる。

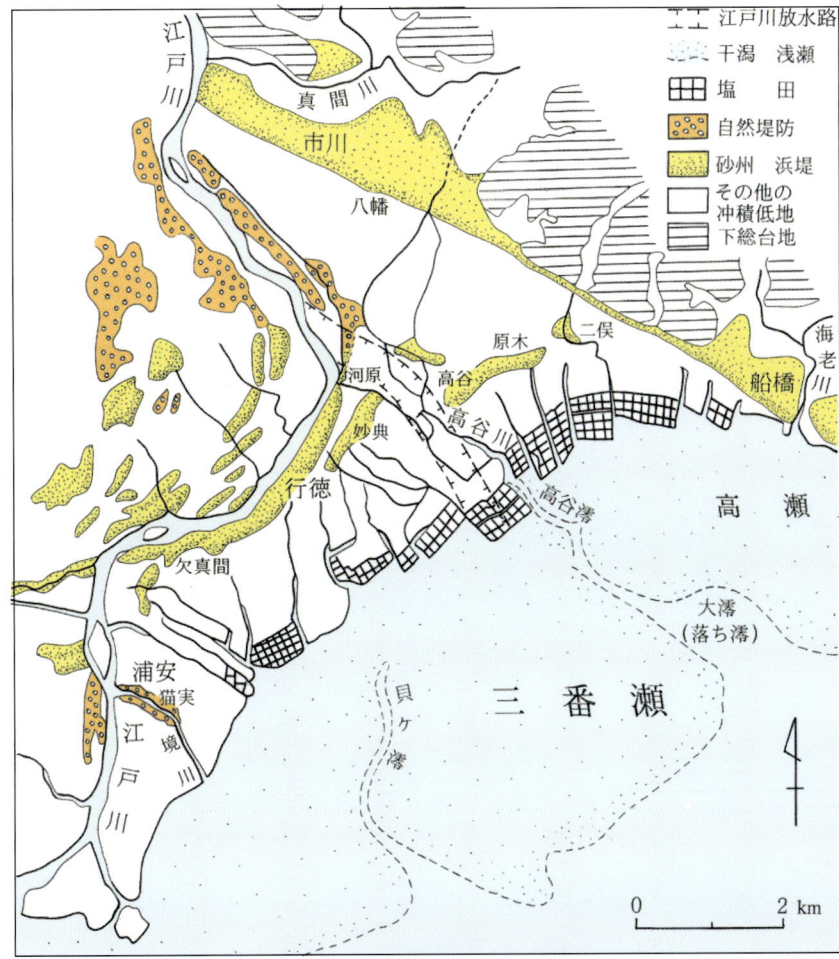

図3　三番瀬周辺の地形分布
現在の地形図では、埋立地・道路・建物ばかりが目立ち、こうした地形分布はほとんど読み取れないだろう。

房総半島沖、地図を切ってずらすと谷がつながる！——房総半島沖のリニアメント——

谷口英嗣

　房総半島の東方沖の海底には、北アメリカプレートとフィリピン海プレートが実際にずれあう場所がある。それは相模トラフ（海底谷）からの延長である房総海底崖であるが、プレート境界としても、また、いわゆるリニアメントとしての直線状の地形も目立っている。

　ここの海底地形にさらに目を向けると、房総半島の太平洋側には北から片貝川に続く片貝海底谷と勝浦の沖合から続く勝浦海底谷、そして、鴨川低地から続く鴨川海底谷が目に付く。これら三つの海底谷をよく眺めると、勝浦海底谷は最初、西北西—東南東方向に流れているが、東経141度やや手前で向きを急に北北西—南南東方向に変えている。

　一方、片貝海底谷は東経141度付近からやはり北北西—南南東方向に流路を向けている。鴨川海底谷も、途中から流路が北北西—南南東方向になっている。

　ここに目を付けたフランス人研究者ラルマンらは、勝浦海底谷の西北西－東南東方向をリニアメントと見て、このリニアメントの南側と現在のプレート境界に挟まれた部分を、勝浦海底谷の北北西—南南東方向の流路に沿って東南東方向へずらしてやると、片貝海底谷の北北西—南南東方向部分がそのまま勝

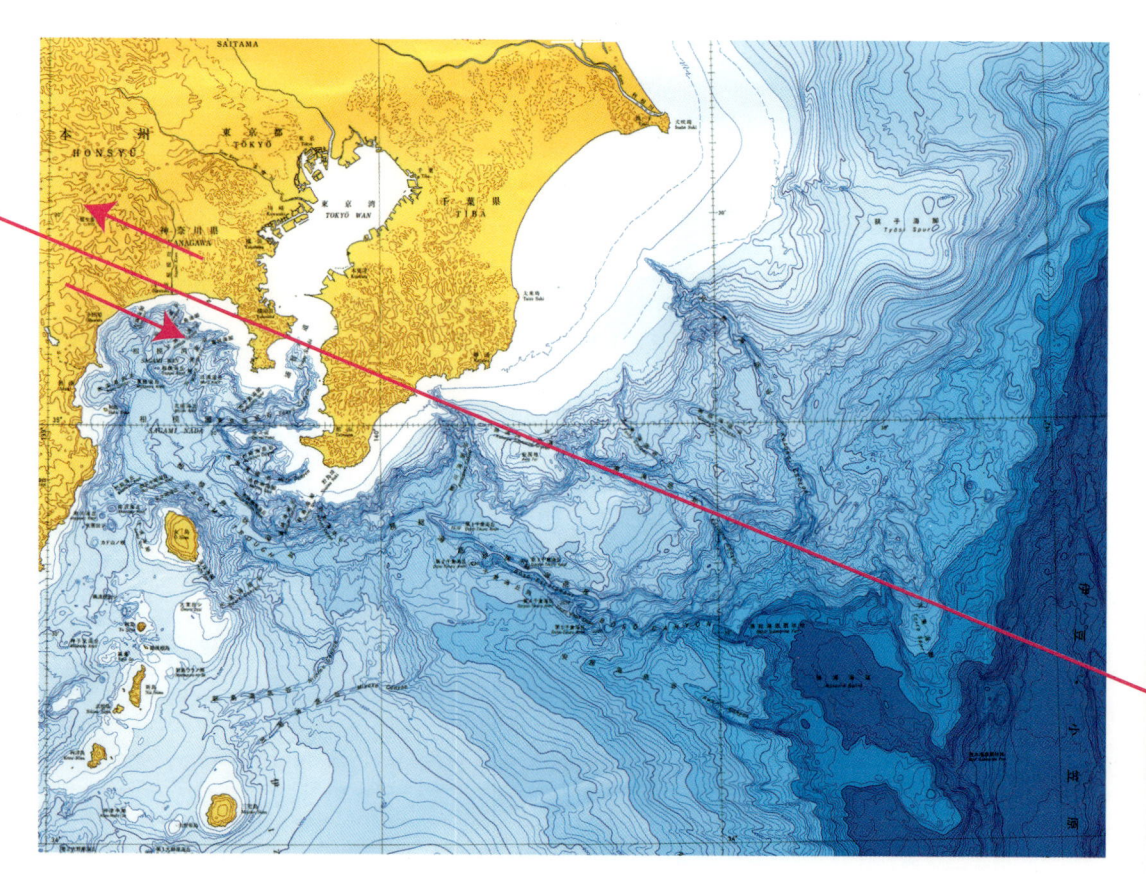

図1　房総半島沖の海底地形　　海上保安庁：海底地形図「房総・伊豆沖」1：50万を縮小

浦海底谷につながる位置がある。

　さらにそれを東南東に延長すると三つのプレートが会合する房総海溝三重点に達し、しかも、現在の地形に見られる房総海溝三重点の北西にはみ出しも元に戻され、現在の伊豆－小笠原海溝が形成する南北方向のリニアメントにスムーズにつながることを示した。

　彼らはあまり強調していなかったが、西の延長上には葉山－嶺岡構造帯が位置し、それを境に房総半島の南端部は勝浦沖に、三浦半島の南端部は房総半島に延長される。これは地質学的にも非常に意味があり、三浦半島南端部に見られる地層は、房総半島の金谷付近に見られる地層と酷似していることにもあてはまる。これはまさに我々がこれまで示してきた三浦半島や房総半島南端部の地層は、プレート（フィリピン海プレート）の移動により現在の場所へ移動してきたものであることを示したものであった。

　ただ残念なことに、フランス人が考えていたことと同じ考えを我々が持っていたにもかかわらず、それを海底地形まで広げて話をより魅力的にし、しかも、すばやく発表できなかった点が悔やまれる。後進への教訓にしたいと思うと同時に、地形図は海底にも連続的に示すべきであると申し述べておきたい。

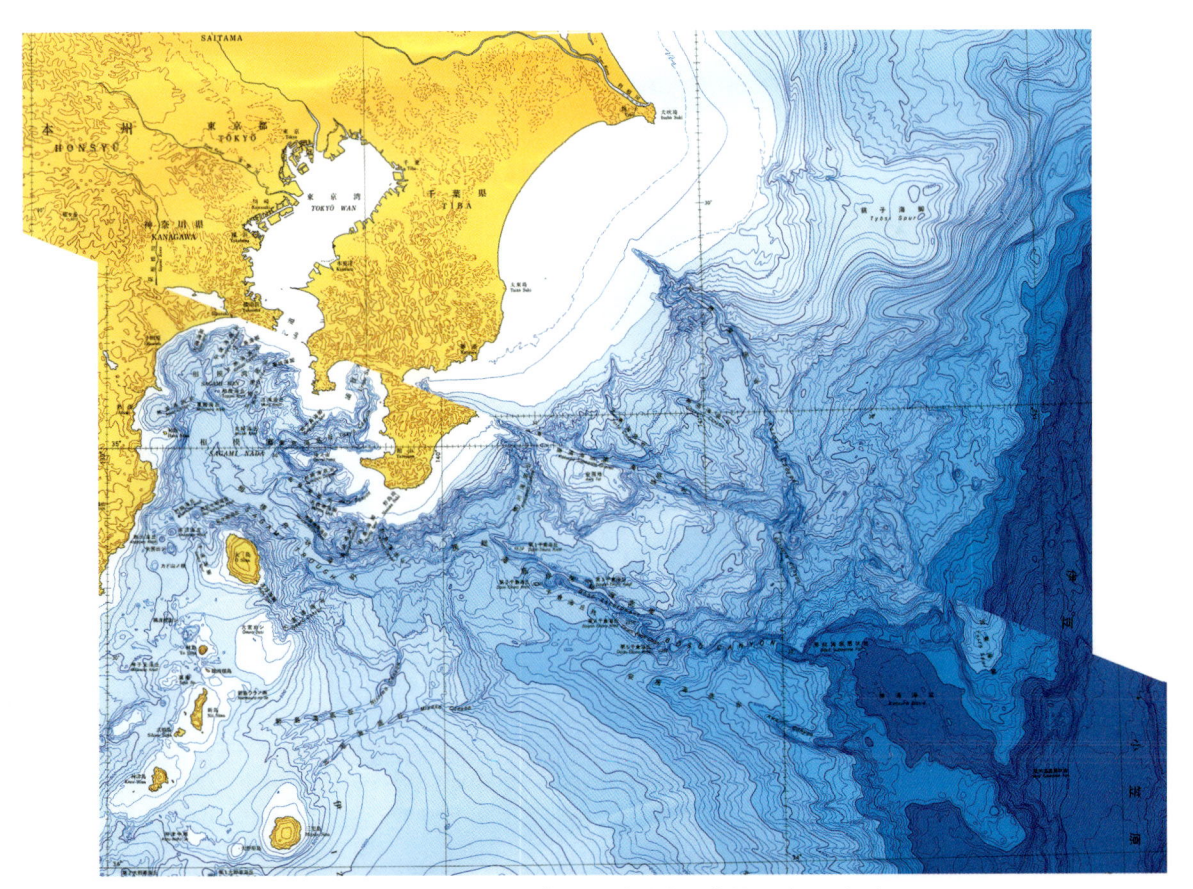

図2　地図を切ってずらすと海底谷が自然の形につながる

川のほとりに立地した高松の農村の墓地

稲田道彦

　ここに高松市近辺の地形図を掲げました。赤い場所が墓地です。25,000分の1の地形図、高松市発行の10,000分の1の都市計画図、2005年版セイコー社発行の高松市住宅地図から墓地記号を抜き出しました。この墓地を示した地図から、高松平野の墓地の立地を考えてみましょう。その前に、墓地とは一体、我々の生活空間の中でどのような機能も果たす場所でしょうか？墓地の位置は死者と生者との心理的距離をうまく表しているのではないでしょうか。「死体はできるだけ生活圏内には置きたくない。けど死者を偲ぶために、墓を身近に感じていたい」。日本人は自分たちの日常生活圏内の縁辺に墓地を造成してきました。

　人口密集地の高松市街地に墓地が一つも見えないことに疑問がわきませんか？　昭和初期まで市内に多くの寺院には附属墓地がありました。それと江戸時代から続く市民のための広大な共同墓地が市街地の西端にありました。萬日墓地といいました。これら全ての墓が地図中1の市営婆池墓地や2の市営峰山墓地などに移転したのです。きっかけは第2次世界大戦の戦災でした。高松市はアメリカ軍の焼夷弾爆撃によりほとんどの市街地が焼失しました。戦後、復興都市計画が練られ、地図でも分かるように直行する道路網をもった計画都市が再建されました。その過程で市街地の墓地と萬日墓地は峰山と岩清尾山の麓に開かれた墓地に集団移転しました。その過程で祀り手のない墓石は整理されました。こうして市街地にあった古い墓地は現代の墓地に引き継がれました。

　市街地の墓地が集中したのに対し、郊外の墓地は点在しています。その立地の特徴が地図から2つ読み取ることができます。1つは中小の河川や用水路に沿って立地していることと、もう1つは丘陵地の山麓部にあることです。高松平野は沖積平野であまり起伏はありません。水さえ得られればほとんどの農地で稲作が可能でした。過去の農民は可能な限り農業用地として利用し、生産しない墓地は自分たちの生活圏内で比較的利用価値の低い場所の、丘陵や川のそばに造ったのではないかと推測しています。

　実はこの地図からうまく読み取れませんが、平野の中にある墓地のそばには、たいてい潅漑用水路があります。高松平野の墓地が水路のそばに作られるのはもう一つ理由がありました。高松平野では江戸時代から火葬を行うことが一般的でした。村落共同体のとり決めにしたがい、住民が互助的に火葬を行ってきました。墓地の一角には穴が掘ってあり、それが火葬炉でした。火葬を自分たちで行おうとすると思いの外、困難です。なかなか遺骸に火がつきません。日本の火葬はさらに、遺骸の肉部は焼いてその中にある骨の姿は残すという難しい火葬を行います。高温で焼いてしまいますと、骨灰になってしまいます。

　火葬の技術的困難を克服するために、当地では火葬の燃料に稲わらを使いました。大量の稲わらを先の穴に置かれた棺の回りに押し込み、棺を稲わらで覆います。その回りに水をたっぷり含ませたムシロで何重にも覆うのです。薪は最初の火付けにのみ使います、経験者に言わすと、弱い火で長時間かけて火葬をしない

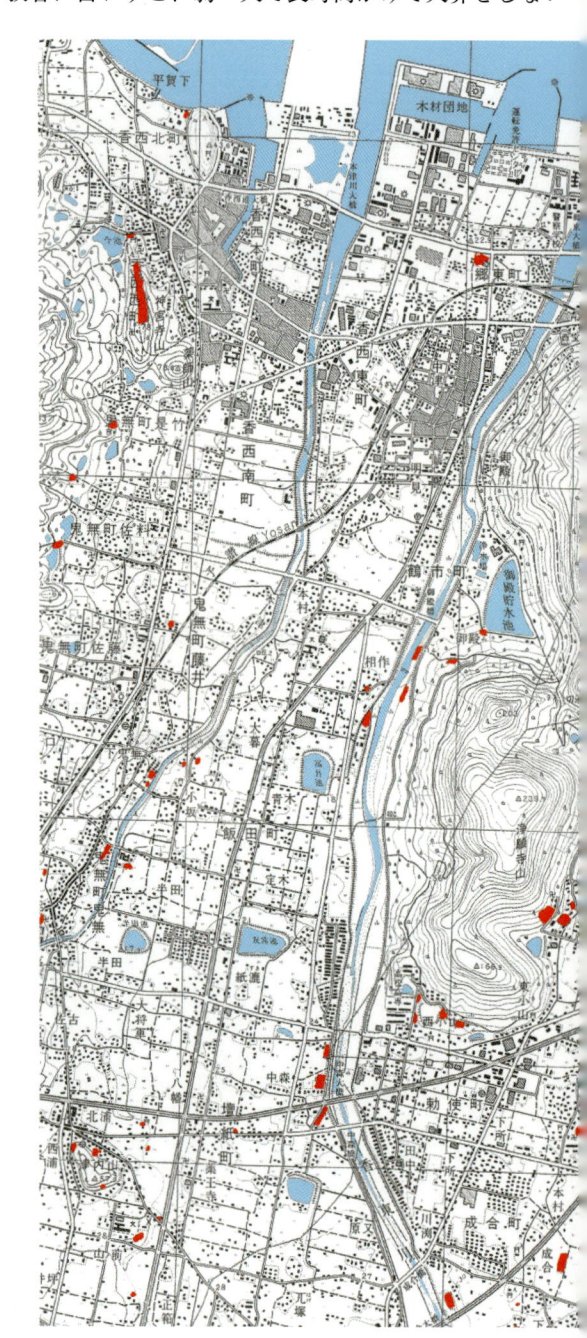

と、遺骨にならないといいます。たっぷりムシロに水を含ませ、まるで蒸し焼きにするように火葬をすることがコツだといいます。火葬をする時に近所に水が必要だったことが分かるでしょう。さらに火葬後の灰や収集されなかった骨灰などの残存物を、雨や川の増水時に、自然に川に流したとも聞きました。川のほとりの火葬場で火葬をするため遠くから遺骸を運ぶこともあったようです。今は高松市営火葬場で火葬を行うため、野天での火葬はなされません。

平野の川の土手の長細い土地に墓石が並んでいて、よく見ると端に火葬の炉と跡と伺える小さな穴の跡のある風景は、高松平野の墓地の風景であるのかも知れません。

地図の中で墓地の位置を見つめて下さい。きっと住民の「死者」との関わり方が読み取れますよ。

＜文献＞

稲田道彦（1999）高松平野東部の墓地と火葬場の変化、弘福寺領讃岐国山田郡田図調査委員会編　讃岐国弘福寺領の調査Ⅱ高松市教育委員会、323-326p.

稲田道彦（1995）墓地移転とその要因－高松市萬日墓地を事例にして－ 平成6年度教育研究特別経費による報告書 生と死に関する総合研究　香川大学、107-120p.

稲田道彦（1995）　讃岐地図散歩　高松市西方の香川大学付近　香川地理学会会報、No.1564-74p.

セイコー社（2004）はい・まっぷ高松市　セイコー社、374p.

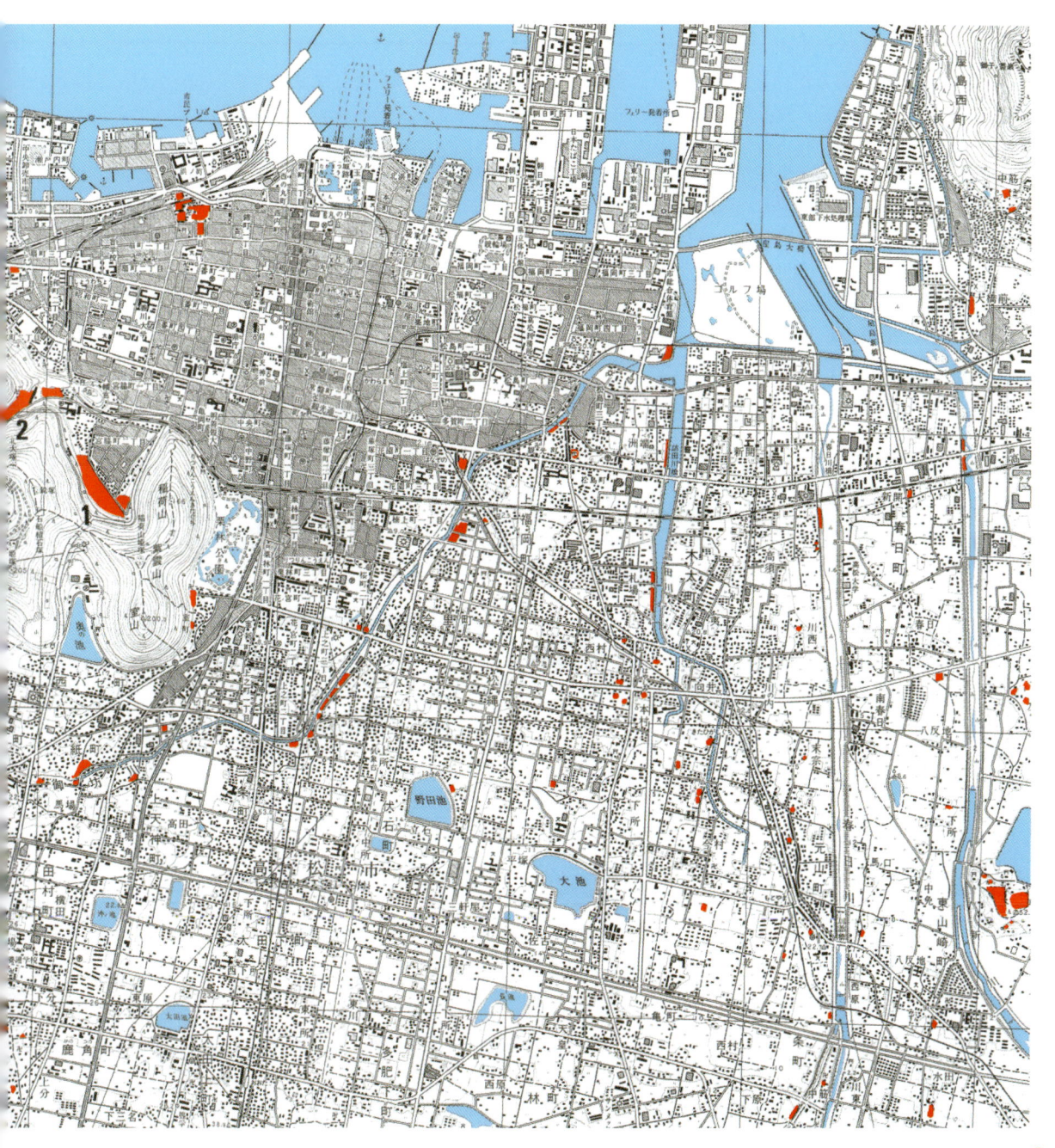

明治期地方都市の商店街を探る
—今市と鳩ヶ谷—

中島義一

　明治後期の刊行物に『営業便覧』というものがある。町並図の集成ともいうべきもので埼玉（1902）・群馬（1904）・栃木（1907）の3県の分が出ている。これを資料に100年前の商店街を探り、現況と比較してみよう。

　図1は栃木県の今市である。近世には日光道中の宿場町・市場町として栄え、明治期には薪炭の集散地であった。図1は中心通りでなく日光線の今市駅付近を示す。薪炭商8戸、木材商6戸を数える。当時この地域で駅前に薪炭商が立地する駅は今市の他に3駅あったが、いずれ1〜2戸程度で、今市がとくに目立っている。運送店が6戸あるが、これも鹿沼とともに県内最多である。一方、駅前には旅館が1戸あるが、他の駅前にくらべ少なく、当時の今市が貨物主体の駅だったことがわかる。

　現状はどうか。エネルギー革命で薪炭の需要は皆無に等しくなった。日光線の貨物扱いも廃止された。今は同地区に薪炭商も材木商も皆無。灯油を主とする燃料商が1戸あるが、明治期の薪炭商の後身ではない。運送店もない。駅前に日光線通運という会社があるが、運送業をやめてタクシー会社になっている。今も駅前旅館が1戸あるが、明治期のものとは別である。

　日光への観光客の交通も後発の東武日光線と自動車に重点が移った。今のJR日光線は地元住民の日常的利用が主のさびしいものになっている。戦前は上野－日光間に急行が走り東武と競争していたが、今はその面影もない。各駅停車の電車が走るのみである。

　図1の外であるが、杉並木と追分の地蔵尊に街道交

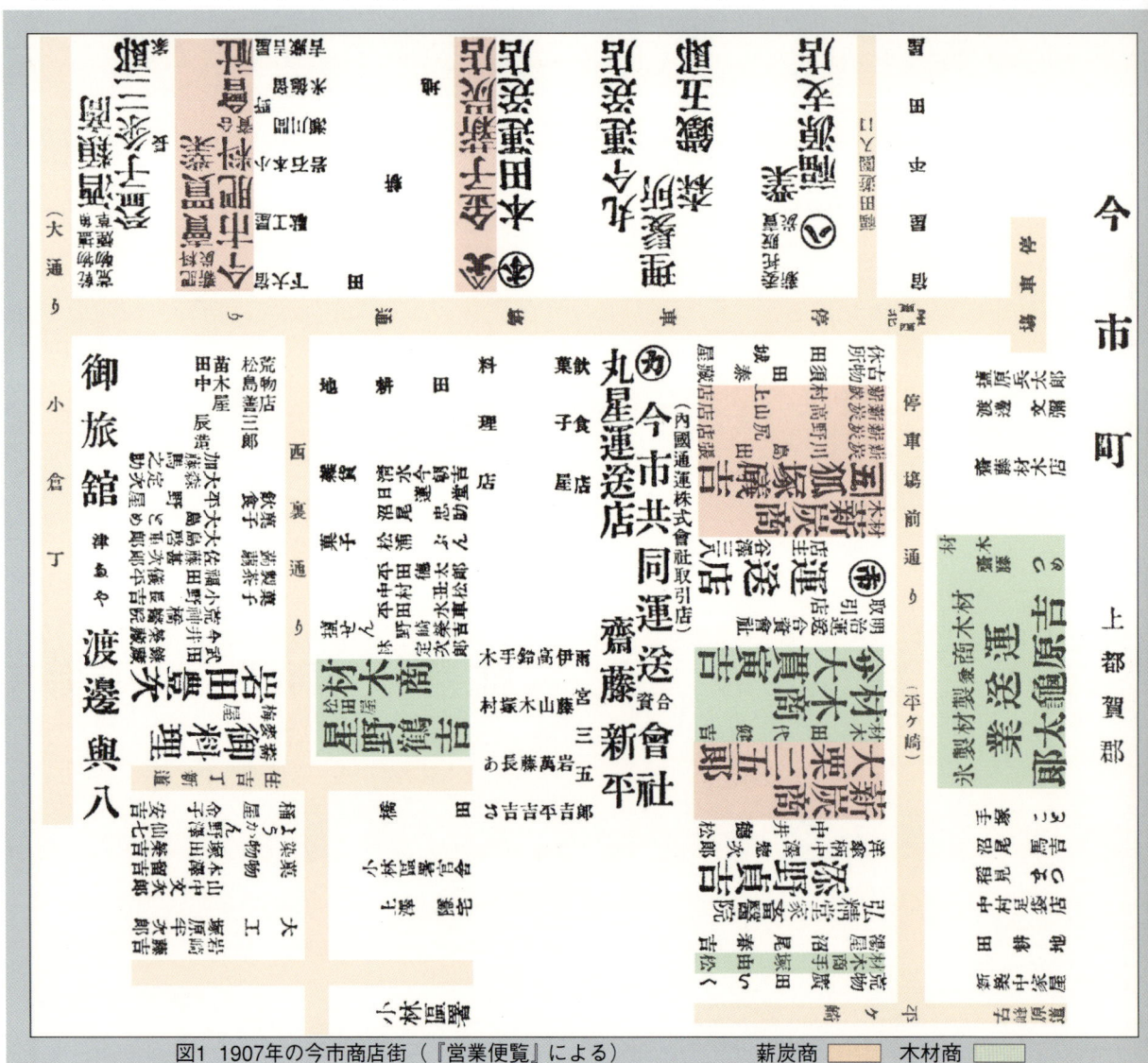

図1　1907年の今市商店街（『営業便覧』による）　　薪炭商　　木材商

通の昔をしのぶことができる。二宮尊徳の史跡もある。しかし、日光や鬼怒川を訪れる観光客のほとんどはただ通過するだけで、今市を訪れる人は少数である。

　図2は埼玉県の鳩ヶ谷市である。近世には日光街道の宿場町として栄え、3・8の六斉市の立つ市場町であった。明治後期はこの地の六斉市の全盛時代であった。

　当時の鳩ヶ谷の主な商業機能は、地元生産物である米穀と綿織物の集荷取引であり、両者が六斉市の主な取引物資であった。この取引の担い手であった米穀問屋や織物買継商を図2から多く見出すことができる。織物生産者に原料や器具を提供する糸商・機道具商もある。米穀商には肥料商を兼ねる者もある。農民から米穀を買い、農民に肥料を売るわけである。

　現在、これらの業者はすべて姿を消した。流通機構の変化もあるが、都市化の進展で水田が消滅し、綿織物生産も行われていない。今の鳩ヶ谷の商店は地元や近隣の住民に日用品を供給する小売業だけになっている。天保期には本陣・脇本陣が各1軒、旅篭が16軒あったが、明治になって鉄道の時代になると街道を歩く旅人はいなくなり、明治後期には図2に見える大坂屋と湊屋の2軒の旅館を見るだけになった。大坂屋はその後も永らく同地で旅館業を続けてきたが最近廃業した。旅館と料理店を兼業していた湊屋は、旅館をやめて料理店専業（うなぎが主）となり、今も同地で営業を続けている。

　図には記されていないが、路傍に市神の小祠がある。市が開かれなくなって久しいが、現在も地元の人たちにより祭祀が続けられている。2002年には多数の市民からの寄付金を得て解体修理工事を完了した。

　永らく鉄道に恵まれなかった鳩ヶ谷も2002年に埼玉高速鉄道が開通し、東京都心に40分で達することができるようになった。最近はマンションの建設が目立つ。ただし駅前商店街の形成は見られない。

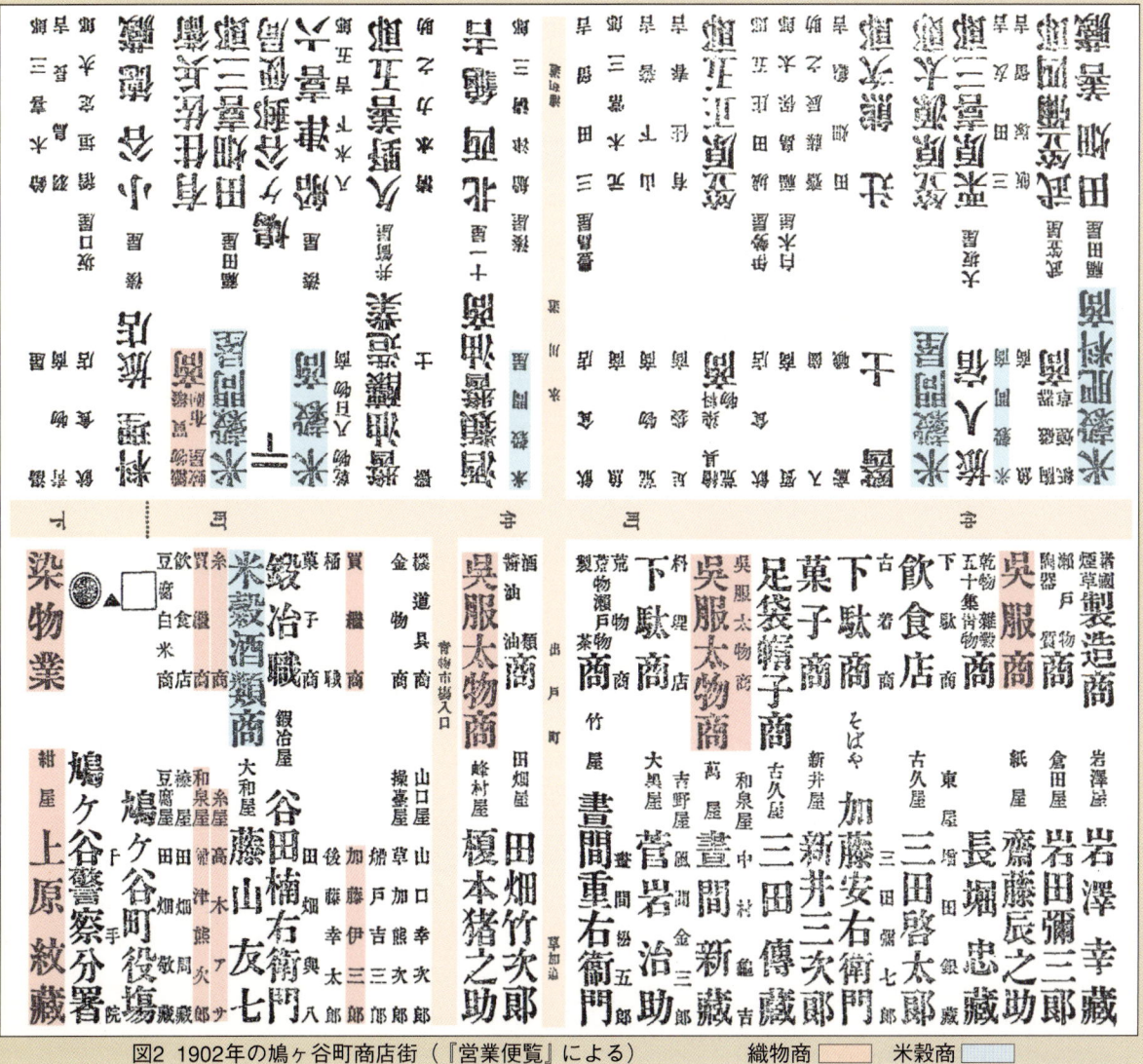

図2　1902年の鳩ヶ谷町商店街（『営業便覧』による）　　織物商　　米穀商

シンガポール植民地経営は「都市計画」から　矢延洋泰

地図は歴史の意図をあぶり出す。イギリスがシンガポールに上陸したのは1819年。直後から開発の槌音は高く、近隣地域から多くの人が強制的に、また自由意志で流入することになる。彼らを統治するためイギリスは、植民地政策のひとつ「分割統治」を実行すべく、"民族分断政策"を打ち出す。具体的には個々の民族が孤塁を築くよう民族別住み分けを求めたものだが、為政者の安全確保のために少数が多数を支配する便法として考えられたものであった。こうした事情を2葉の地図で探ってみよう。

上陸から3年ほど経った段階の開発状況と住み分けを示したのが図1である。シンガポール川の河口部から海岸線に沿って、開発の手が延びていく様子が窺える。河口部北岸には軍の宿営地と、その前面に海を向いて砲台が設置され、海岸沿いを北に向う先にマレー系海洋民族のブギス人集落が見える。また、河口部北岸からノース・ブリッジ・ロード（中国語で橋北路）につながるエルギン橋は地図に描かれていないが、1819年にシンガポール初のブリッジとして架けられているはずで、それを経て南に延びる"サウス・ブリッジ・ロード"（橋南路）も開通し、沿岸部に中国人街ができ始めている。

上陸時、百数十人といわれた島の人口は、3カ月後には早くも5,000人を超え、1824年に初めて実施された人口調査では1万人（内訳は中国系3,300人、マレー系6,400人、インド系800人、その他200人）を突破している。

それから6年後の、1828年に発表された図2のジャクソン大尉の都市計画図（1822年12月～1823年1月に立案）では、ヨーロッパ人、アラブ人、ブギス人、マレー人、中国人、インド人街の民族別区割りがよりはっきりと示されている。シンガポール川北岸の海岸沿いに設定された広場、その背後に政庁地区、隣接地にヨーロッパ人居住区がゆったりと広がる。政庁地区の西に植物試験場、ヨーロッパ人居住区の西は練兵場とされた。また、北にはスルタン・モスクを中心に、西にアラブ人集落、東にブギス人と、イスラム教徒の居住区が設定されている。

一方、シンガポール川南岸では海沿いの平場が商業・交易地区とされた。その西隣にかつては島最大であったクレタ・アヤー（牛車水）の中国人街、橋南路の西にインド人街が置かれた。

インド人集落はロチョー川中流部にも見られる。図に示したドービー村の"Dhobi"は、カーストの

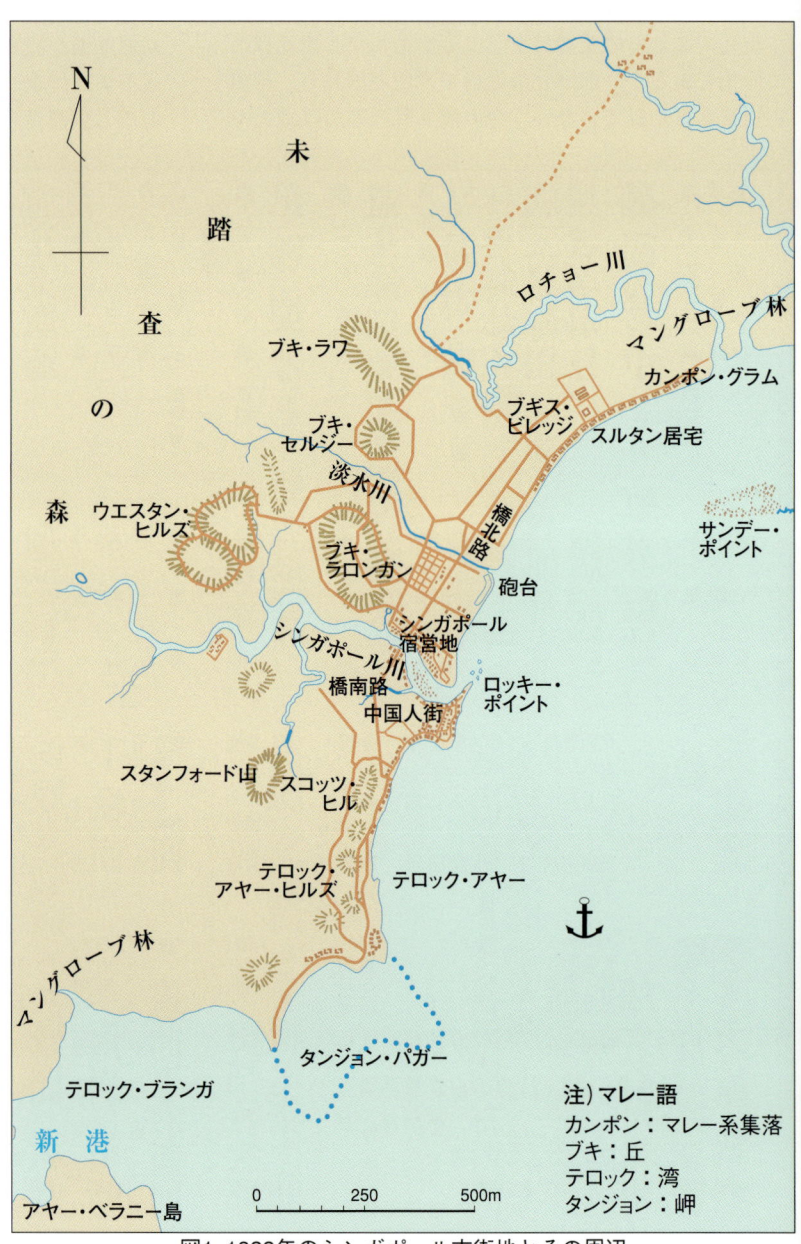

図1　1822年のシンガポール市街地とその周辺

注）マレー語
カンポン：マレー系集落
ブキ：丘
テロック：湾
タンジョン：岬

下層階級洗濯人層を指し、その彼らがロチョー川河畔で洗濯をしては空地に広げて干したという。クリーニング屋の先駆をなすものといえよう。ちなみに現在の地下鉄ドービー・ゴート（Dhoby Ghaut）駅はこれに由来する。ゴートは元々インドの言葉だが、英語化して「川岸の上がり場」を意味している。

そしてマレー系は、当初はロチョー川沿いや、その北のゲイラン地区に集落をつくっていたが、1823年にはシンガポール川の南に位置するテロック・ブランガ（マレー語でTelokは入江、Blangahは立ち寄る）に移されている。ブギス人たちは南海の産物である香辛料や白檀、熱帯の鳥など多彩なものを持ち込み、織布、金物類、アヘンなどと交換するために入江の周辺に居を構えた。

当初計画された住み分けも、徐々に移動がおこり始める。B.W.ホダーによると、まず1836年頃までにブギス人が海岸沿いに北上し、そのあとへジャワ人が進出した。19世紀中頃にはインド人街へマレー系が、そのインド人はシンガポール川西岸のかつての花卉街、現在はシンガポールの心臓部となるビジネス街のチュリア地区に移動。さらに1865年頃になると、ヨーロッパ人が市街から少しはずれた、当時は果樹園でしかなかったオーチャード・ロード周辺の丘陵地へ移動し、そのあとへは後からやって来た中国人が住みついた。

こうした人口の急増に伴う市域の拡大と、民族集団の移動はあったが、基本的にはその後も民族別住み分けは温存されたまま、1959年の自治政府誕生を迎えることになる。その後に続く1965年の完全独立へとむけて民族統一、国家統一は、政治的社会的安定確保に不可欠のものとなるが、それを進める政府にとって、この植民地遺制は大きな障害となった。

〈参考文献〉
Malaysian Branch of the Royal Asiatic Society（1973） Singapore 150 Years. Times Books International

Jayapal, Maya（1992） Old Singapore. Oxford Univ.Press

図2 ジャクソン大尉のシンガポール都市計画 1828年

紫式部の見た京都

高橋文二

一条戻り橋、鬼しばしば現る。
(今昔一六〜三二)

一条院内裏に盗賊。
(紫式部日記)

宴の松原にて鬼、女を食う。
(今昔二七〜八)

百鬼夜行に出会う
(今昔一四〜四二)

樹木が茂っていた(更級日記)

三善清行の化け物屋敷
今昔二七〜三一

賀茂

双ヶ丘

豊楽院・応天門のあたり
霊鬼出現

大内裏

朱雀門
しばしば倒壊、
また鬼現れる。

神泉苑(森と池)

東の京

しばしば氾濫

桂川

池亭記(九八二)には
荒れはてて廃墟のようだとある。

西の京

沼や池ばかり

朱雀大路

羅城門
九八〇年倒壊。
以後再建されず。

教科書などで紹介されている京都（平安京）の絵図は碁盤の目のように整然と区画され、視野の開けた明るい清潔な街の印象であるが、実際の平安京はどうだったのか。慶滋保胤の「池亭記」(982年)には西の京は当時、荒れはて、まともの人の住む場所ではなかった、とある。紫式部と同時代に生きた菅原孝標の娘の日記(「更級日記」)には都心の住まいの様子が、都のうちとも思えぬほど樹木が鬱蒼と暗く茂っていた、と記されている。鬼や化け物はいたるところに出現し、春から夏にかけて疫病は蔓延して死ぬ者も多く、盗賊は跋扈し、火事はしじゅう樓閣や屋敷を焼き払い、暴風雨で樓門なども倒壊し、例えば羅城門は紫式部の少女の頃、倒壊したまま二度と造られなかった。「今昔物語集」には、西の京に住む男が夜半、大内裏の中を横切り、応天門の樓上に化物を見ている。庶民も夜半に通り抜けが出来るほど、紫式部の生きた時代より少し後のことだが、十一世紀末には無防備で荒れ果てていたということだ。

平安京は私達の常識とはずいぶん異なった様相を呈している。

高野川

鴨川

河原に遺棄死体。しばしば氾濫。洪水はしじゅう。

河原院

源融の死後、その霊現る。「源氏物語」で光源氏の恋人「夕顔」があやしき「霊」にとり殺された某の院のモデル。

地図はたのしや

変化した平安京の北西部のかたち

片平博文

　徒然草の舞台として知られる双ヶ丘(ならびがおか)のほとりに、法金剛院(ほうこんごういん)という古刹がある。その境内は、現在ではJR山陰線(嵯峨野線)と背後の五位山(ごいやま)とに挟まれたわずかな範囲に限られているが、かつては山陰線の南側にまで及ぶ広大な寺域を占めていた。

　この寺は、大治4年(1129)、鳥羽天皇(のち上皇・法皇)の中宮待賢門院璋子(たまこ)の発願によって建造が始まり、翌年には一応の完成をみて盛大な供養が行われた。当初の寺域は、正方形で区画されるA－B－C－Dの範囲であったが、さらに南側にもいくつかの堂舎が造営され、保延5年(1139)頃にはE－Fあたりにまで拡大していたものと推定されている。後に北側の五位山も含まれることになった寺域の境界は、現在でも細い道路となってその名残をとどめている。

　法金剛院造営の状況については、『中右記』をはじめとする貴族の日記に詳しい。その大治5年10月29日条には、「掘大池」とあり、寺域の中央付近に、船遊びが楽しめるほどの大池が掘られた。大池の掘削は、当時にしては相当な大工事であったに違いない。

　また、背後の五位山に接する池の北端には、その建造にあたって待賢門院自らが指示するほど力を注いだ青女滝も造られた。法金剛院創建当初の大池は、その後次第に狭まり、現在ではわずかに小さな池が残っているにすぎないが、かつては現花園駅の西側一帯を占める非常に大きなものであった。

　一方、江戸時代の写しではあるが、かつての堂舎の分布を示すとされる『法金剛院古図』によると、寺域の東・南・西側には、それぞれ御門が配置されていた。このうち東側の御門については、その位置から考えて西京極大路に面していたことが確実である。

　ところが、10世紀初頭に作成された『延喜式』の「京程」に基づいて復原される西京極大路は、その西側の部分が法金剛院の寺域と大きく重なってしまう。1997年、京都市文化財研究所によって実施された発掘調査では、法金剛院東側における西京極大路の幅は約15mであったことが確認された。これに対して、「京程」に載る同大路の道幅は10丈(約30m)であるから、計算上では、ほぼその半分が法金剛院の寺域に含まれることになる。

　さらに、五位山の東には、待賢門院の娘にあたる上西門院《統子(むねこ)内親王＝鳥羽天皇の第二皇女》の御陵が位置している。かつて賀茂社に奉仕する賀茂斎院でもあった上西門院は、晩年、母が創建した法金剛院に入寺したが、文治5年(1189)に没した後、同御陵に葬られた。この御陵の場所についても、その一部が西京極大路の復原プランと重なってしまう。こうした景観の重層は、平安時代初期に施行された条坊制が、そのまま形を変えずに機能を持続していたとすれば、決して生じることはない。「京程」に記載されたとおりのプランが実際に施されていたと考えれば、西京極大路の道幅は、少なくとも法金剛院が創建されるまでに、あるいは創建された時点で狭められたことになる。

　また、法金剛院の北東には、妙心寺が立地している。この場所は、平安京の北西端にあたる。妙心寺は、花園上皇がこの地にあった離宮を禅寺としたもので、建武2年(1335)～暦応元年(1338)頃に開創された寺院である。応仁の乱などで一時衰退するものの、寺の発展とともに境内には多くの塔頭(たっちゅう)が造られていった。

　初期に開基されたことが明らかな塔頭として、天授6年(1380)創立の天授院、応永2年(1395)の退蔵院、文安5年(1448)の養源院、寛正3年(1462)の大愚庵(如是院)などがある。これらの創立と前後する永享4年(1432)、寺院創建期に功績のあった関山の墓所である微笑庵(みしょうあん)が、妙心寺の一部として返付された際の請取状には、「請取申花園妙心寺内微笑庵敷地事　四至東限河、西限大道、南限大道、北限堀」(『妙心寺文書』)と記されている。微笑庵の具体的な場所は明らかではないものの、そこが東側の「河」(おそらく宇多川)と西・南側の「大道」とに区切られていたことがわかる。

　「大道」とは、その方向や道の規模から判断して条坊制の道路の一部であった可能性が高い。初期の頃に創立された塔頭のいくつかは、当時まで残存していた条坊のプランに沿って建てられていたと考えられる。

　しかし、例えば慶長3年(1598)創立の玉龍院、承応2年(1653)の慈雲院などは、平安京の西京極大路と無差小路とにそれぞれ重なってしまう。こうした事実から、江戸時代に入る頃になると妙心寺付近には、条坊制プランに基づく景観はもはや見られなくなっていたことが明らかである。

　ある時代の景観は、他の時代の景観を解明するための有力な手がかりでもある。このように、重層する過去の景観を地形図上に復原することによって、かつての空間のありさまが鮮やかによみがえる。

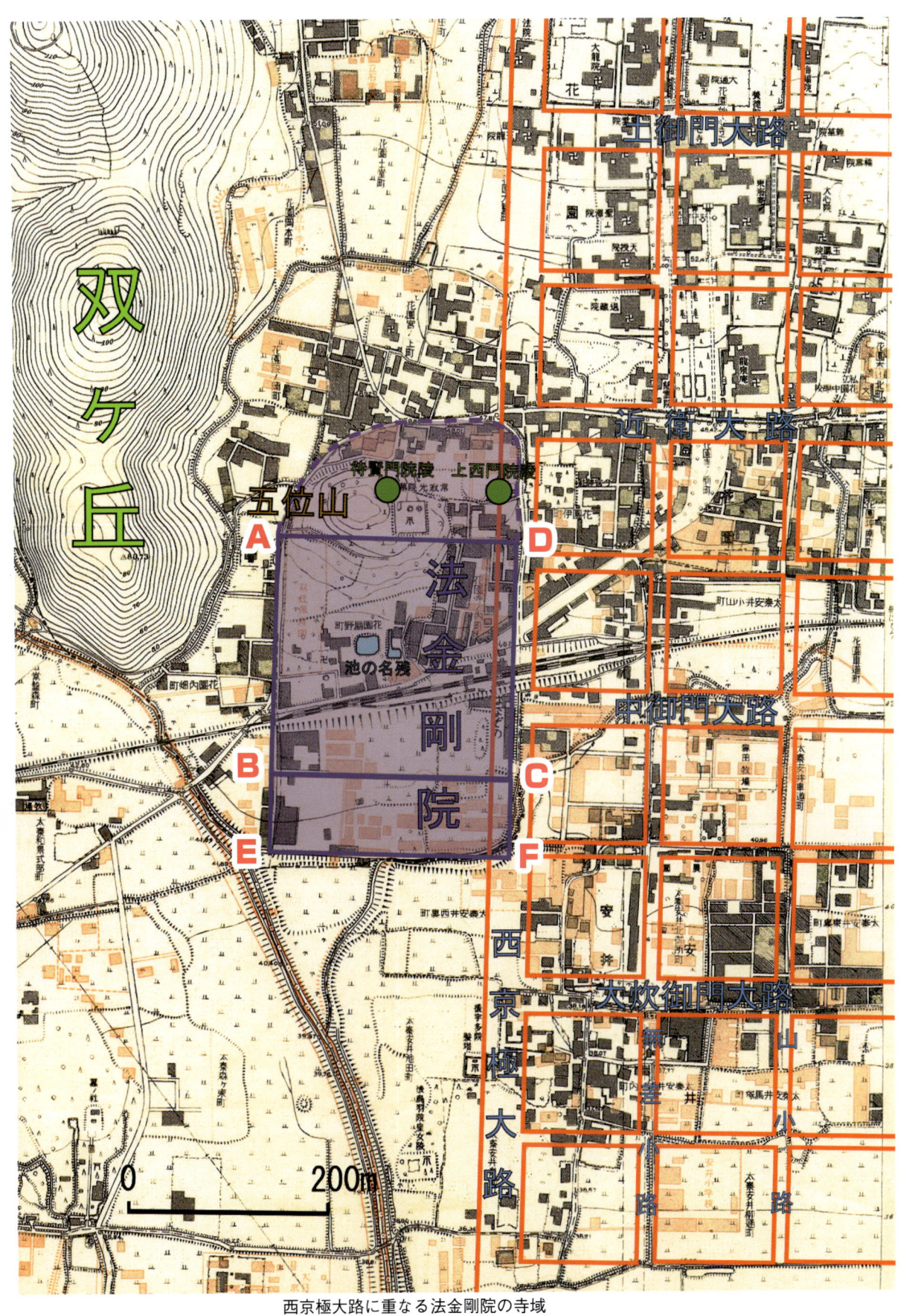

西京極大路に重なる法金剛院の寺域
3000分の1「京都市都市計画図」（大正11年測図）を縮小

デジタル地図から景観シミュレーションへ
大文字山の眺望：四条大橋からの送り火観賞

矢野桂司

　京都市は、市街地における景観の維持、向上を目指して1972(昭和47)年に全国に先駆けて「京都市市街地景観条例」を制定し、美観地区、特別保全修景地区などの制度で、京都の特色ある歴史的な町並みの整備に努めてきた。また、2004(平成16)年12月の新しい景観法の施行に伴い、景観やまちづくりへの関心がさらに高まりつつある。

　京都の景観の重要な要素には、寺社仏閣はもちろん戦前に建てられた京町家や近代建築物などに加え、東山・北山・西山の三山がある。そして、四季折々の季節が、1200年を越える歴史都市京都の景観にアクセントを加える。

　しかし、長い歴史の中で育まれてきた景観も、京町家の消滅や新しい高層マンションの建設などによって大きく変貌した。14世紀から現在まで受け継がれてきた祇園祭の山鉾巡行では、高さ約25mもある山鉾がビ

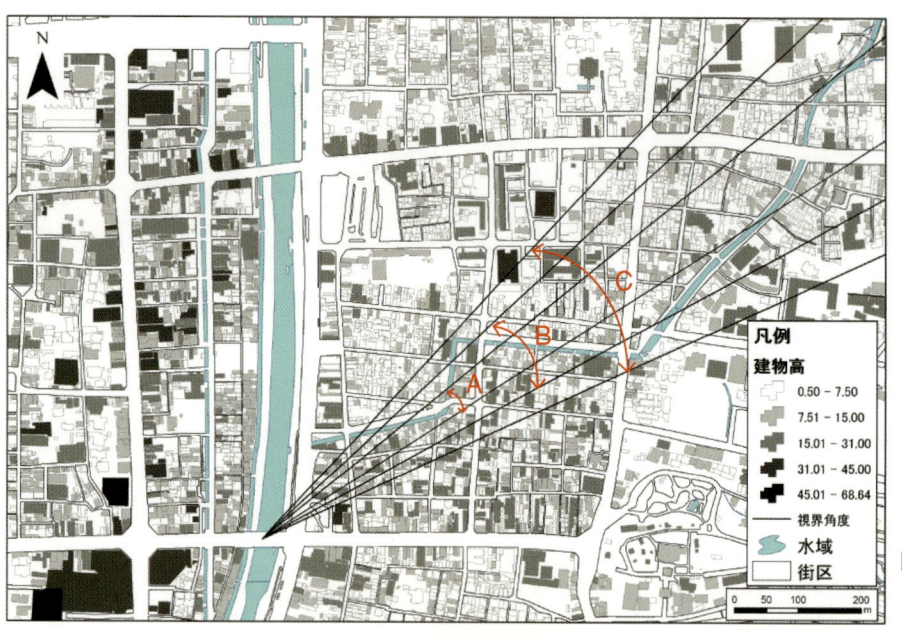

　四条大橋の中心から大文字の「大」の字が見える水平視角を基準として（図中A）、両側へ8度（片側4度）広げた視角（図中B）、さらに両側へ8度（片側4度）広げた視角(図中C)を設定した。

図1　京都都心部の高層建築の空間的分布

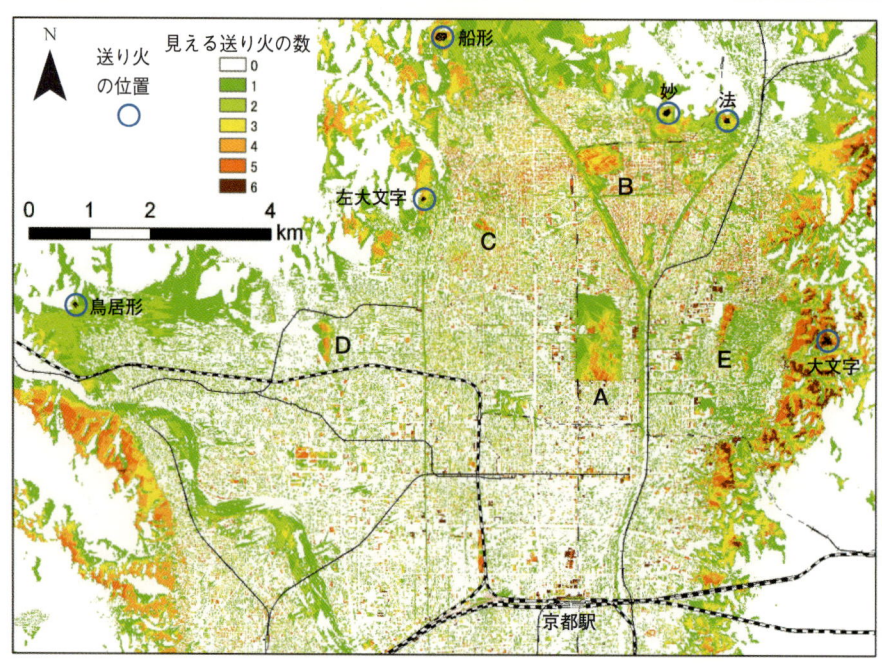

A：京都御苑

B：府立植物園

C：船岡山

D：双ヶ丘

E：吉田山

図2　五山送り火の可視領域

ルの谷間に埋もれてしまった。そして京都の暑い夏の終わりを告げる伝統行事の1つで、その起源は平安初期にまでさかのぼるとされる五山の送り火は、高層建築物が林立するまでは街中のあらゆるところから見ることができたといわれる。

このような京都の景観をGISを通して地図化してみよう。まず、京都市域の上空からセスナ機に搭載されたレーザ・プロファイラによって、地表や地物の高さを計測する（約2.5m間隔、高さ精度±15cm）。そして、2次元の住宅地図と重ね合わせ1つ1つの建物高を特定する。その結果得られた2次元のデジタル地図が図1である。建物高は、都市計画の用途地域規制によって定められた容積率や高度制限によって、上限が定められる。それらの線引きは、これまで街区などをもとに面的に行われてきた。しかし、近年では、特定の景観が見えるか否かによる眺望に関する景観評価も重要となってきている。

この建物高も含めた地表面の高さをもとに、五山（大文字、鳥居形、妙法、船形、左大文字）の可視領域をGISを用いて示した（図2）。この可視領域は10mの解像度で、建物の屋上あるいは地表面から五山の送り火がいくつ見えるのかを示している。複数の送り火が見える場所は、船岡山、双ヶ丘、吉田山のような高台や、京都御苑や植物園などの広い敷地、そして、高層建築物の屋上に限られていることがわかる。

さらに、四条大橋の上から東山の大文字の眺望の景観シミュレーションを3次元GISを用いて行うことにする。2次元地図からだけでは、どの建物が眺望の妨げになっているかを容易に特定することはできない。しかし、3次元のGISを用いれば、実際に、どのような景観になるのかを、バーチャル空間において視覚化させることができる。

四条大橋から大文字を望む視角内の建物高を7.5mに抑えた場合の眺望をシミュレーションする。当該範囲に含まれるいくつかの建物高を下げることにより、四条大橋から大文字山を望むことができるようになる。当該地域は、主に都市計画では「商業地域」であり、高度制限は31mである。図中の網掛けに含まれる建物高を次の建替え時に7.5mに抑えることができれば、景観の「修景」が可能となる。景観は京都の貴重な観光資源の1つであり、歴史都市京都の再生に不可欠な要素の1つである。

a）現状

b）図1の視角A内に対して建物高7.5mの高度制限を設定

c）図1の視角B内に対して建物高7.5mの高度制限を設定

d）図1の視角C内に対して建物高7.5mの高度制限を設定

図3　大文字の送り火の眺望シミュレーション（四条大橋の中心付近から）

小説を読んで、地図を描く

角田清美

"国電蒲田駅近くの横丁だった。間口の狭いトリスバーが一軒、窓に灯を映していた。"という書き出しから始まる小説は、松本清張の名著『砂の器』である。続いて"十一時過ぎの蒲田駅界隈は、普通の商店がほとんど戸を入れ、スズラン灯の灯りだけが残っている。これから少し先に行くと、食べもの屋の多い横丁になって、小さなバーが軒を並べているがそのバーだけはぽつんと、そこから離れていた。"

ここまで読み進むと、いつの間にか、蒲田駅近くの状況が、自分の頭の中に描き出されている。松本清張は小説を書くに先だって、現地をくり返し訪れ、取材を重ねた小説家として、広く知られている。『点と線』『ゼロの焦点』など、現地を熟知していなければ書けないストーリーである。

安部公房の代表作である『砂の女』の最初付近にある、"ズボンの裾を靴下のなかにたくしこんだ、ネズミ色のピケ帽の男が一人、S駅のプラットホームに降り立った。"なども同じであるが、現地の状況がリアルに描写されることによって、読者は読者としてではなく、いつの間にか、事件を担当する刑事、あるいは描かれている当事者の一人として、小説の中にのめり込んでいける。読書を趣味の一つとする人は、ことのほか多い。文章の行間に描かれている風景を空想しながら、登場人物の動きや行動、あるいは心の微妙な変化を知る。自分だけの楽しみである。

読書の楽しみを、一人でも多くの高校生に味わせるため、冬休みを利用して、「指定された図書の中から1冊を読み、内容に合った地図を作製しなさい」という課題学習を行っている。これまでに指定した図書は、『砂の器』『東方見聞録』『ガリバー旅行記』

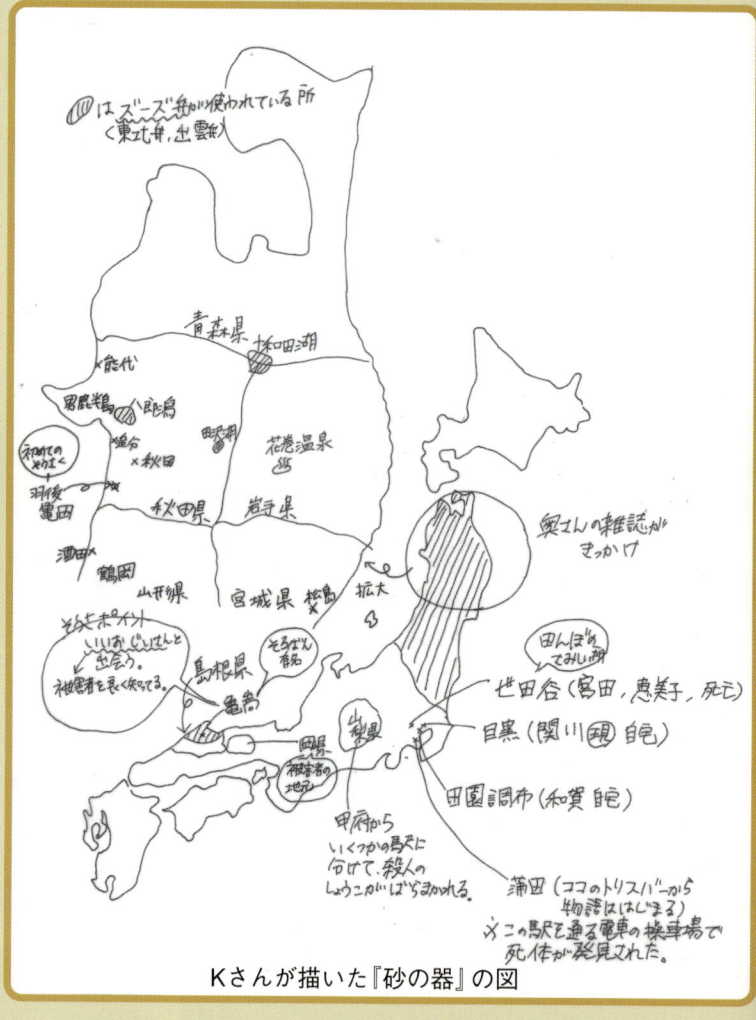

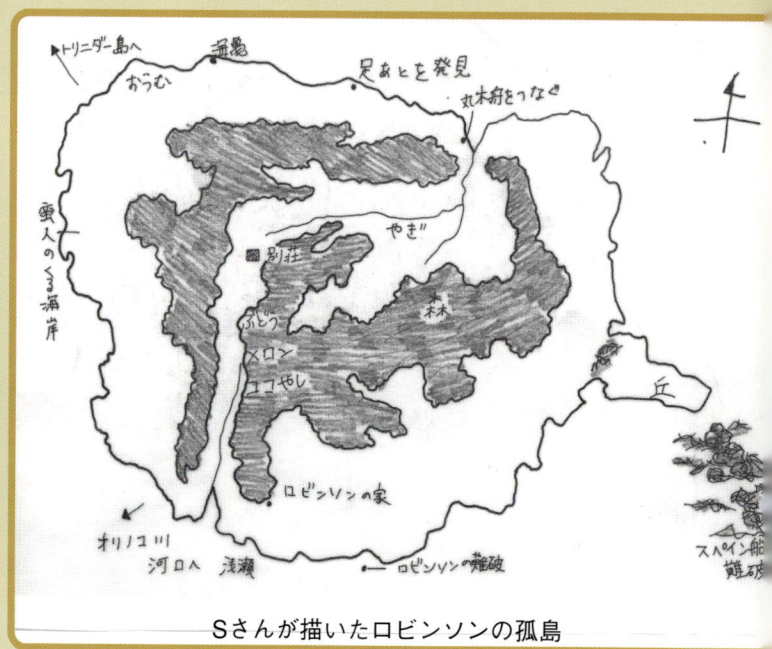

Kさんが描いた『砂の器』の図

Sさんが描いたロビンソンの孤島

『八十日間世界一周』『ロビンソン・クルーソー』『宝島』『アンクルトム物語』などである。当然のことだが、同じ本を読んでも、感じ方や地図の描き方は変わる。

下に掲げた2枚の図は、二人の生徒が描いたロビンソン・クルーソーが過ごした孤島である。

提出された地図には、30～50文字程度の感想文を添付させた。それには、「物語から、場所の地図を想像するのが難しかった」「ストーリーが楽しかったので、地図を描く時も色々と想像しながら書けて、とても面白かった」「はじめは、単に長いだけだーと思っていたが、呼んでいくうちにすごくハラハラして来て、とても面白かった」「長いようで、短い本でした」「小説の内容を地図に描くのは大変だったが、意外と面白かった」などとある。

39年前の4月、佐賀県から上京したばかりの私は、名著を片手に蒲田駅近くの狭い通りを歩いていた。

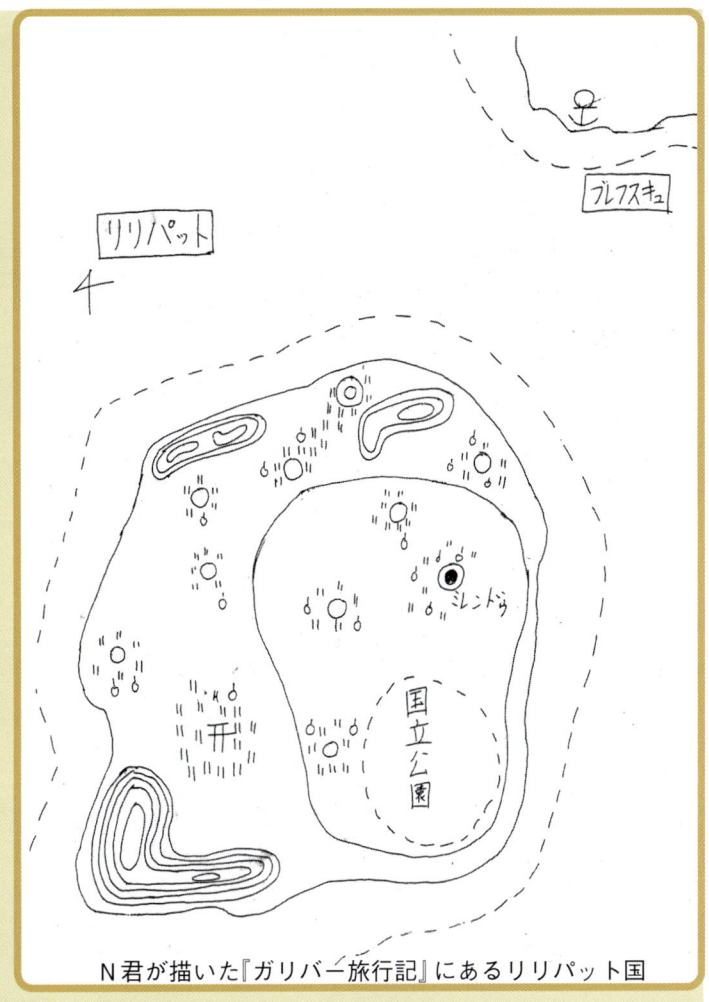

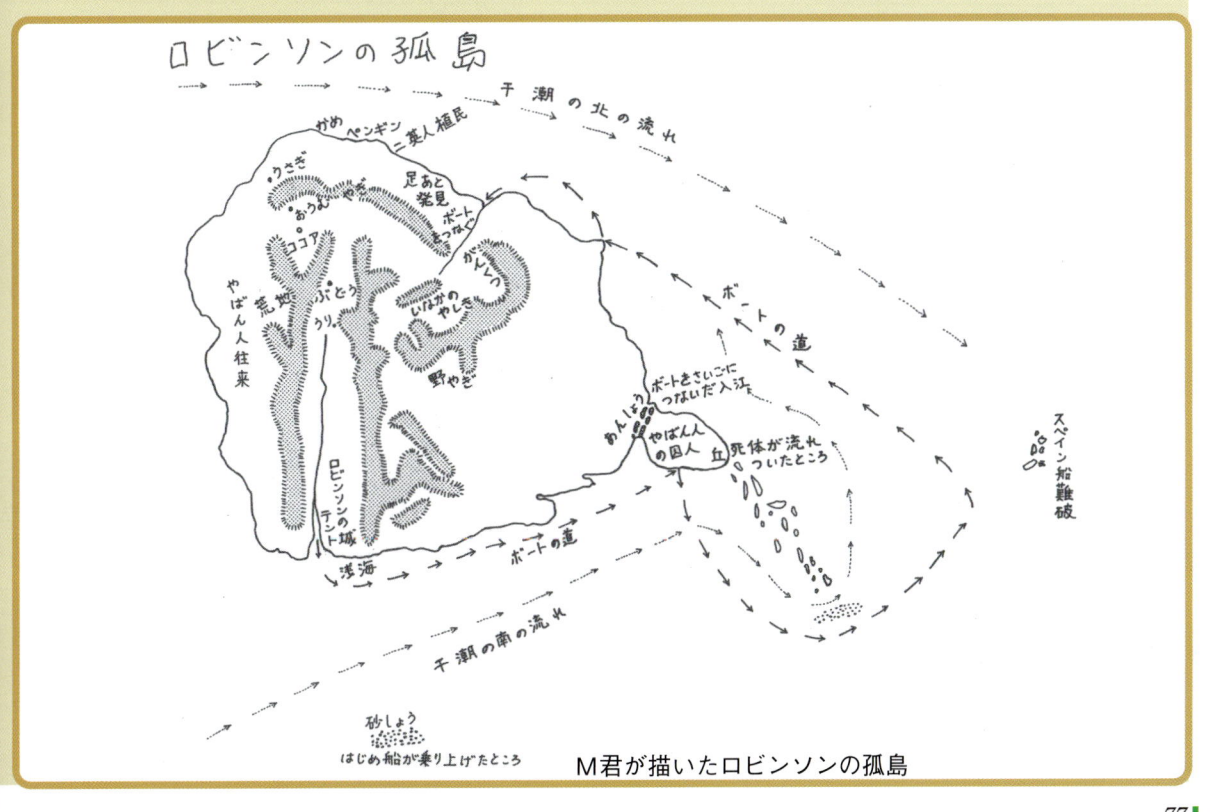

N君が描いた『ガリバー旅行記』にあるリリパット国

M君が描いたロビンソンの孤島

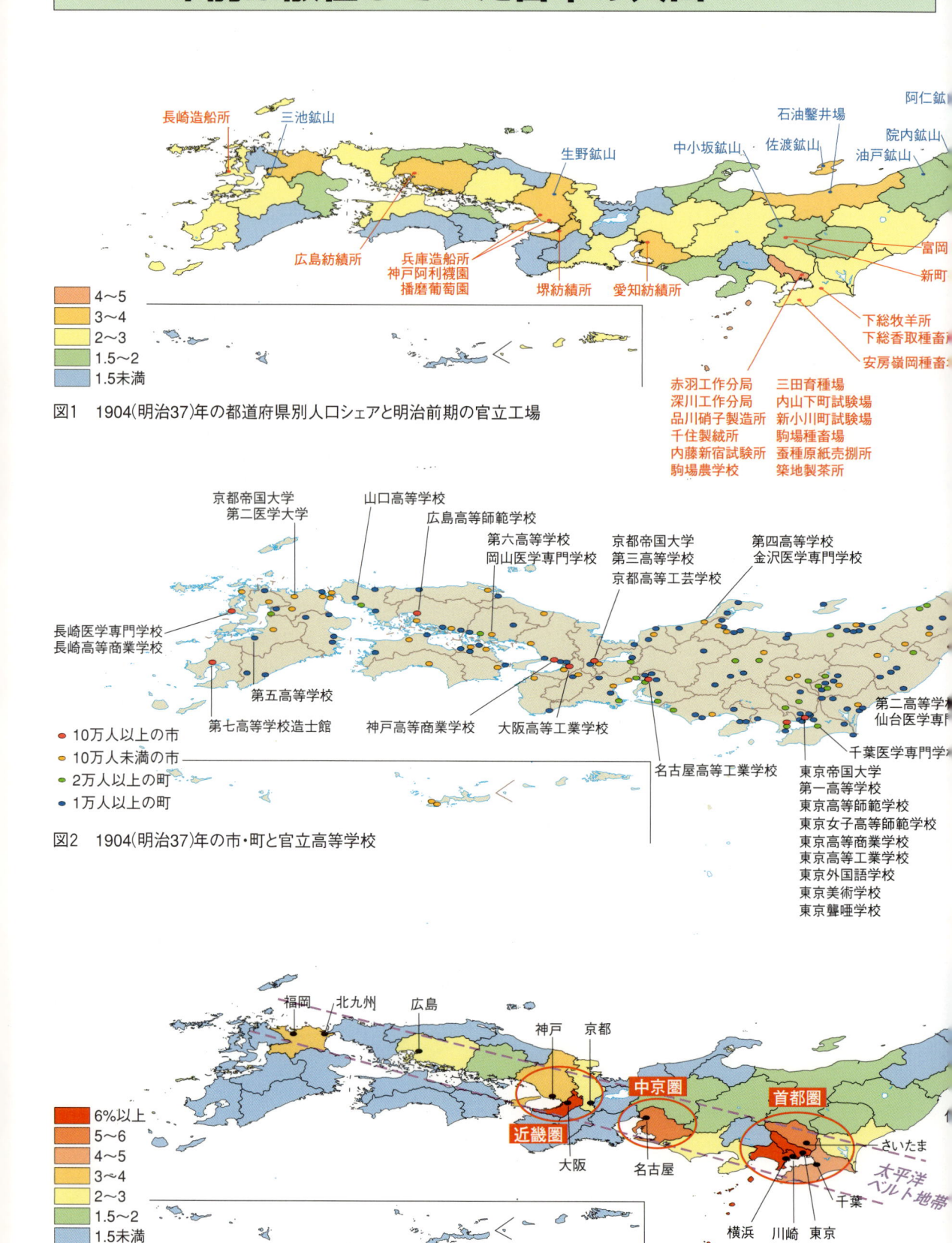

100年前は散在していた日本の人口

水谷一彦

図1 1904(明治37)年の都道府県別人口シェアと明治前期の官立工場

凡例：4～5／3～4／2～3／1.5～2／1.5未満

主な官立工場・施設：長崎造船所、三池鉱山、生野鉱山、中小坂鉱山、佐渡鉱山、石油鑿井場、院内鉱山、阿仁鉱山、油戸鉱山、富岡、新町、広島紡績所、兵庫造船所、神戸阿利襪園、播磨葡萄園、堺紡績所、愛知紡績所、下総牧羊所、下総香取種畜、安房嶺岡種畜、赤羽工作分局、深川工作分局、品川硝子製造所、千住製絨所、内藤新宿試験場、駒場農学校、三田育種場、内山下町試験場、新小川町試験場、駒場種畜場、蚕種原紙売捌所、築地製茶所

図2 1904(明治37)年の市・町と官立高等学校

凡例：
- 10万人以上の市
- 10万人未満の市
- 2万人以上の町
- 1万人以上の町

官立高等学校：長崎医学専門学校、長崎高等商業学校、第五高等学校、第七高等学校造士館、京都帝国大学第二医学大学、山口高等学校、広島高等師範学校、第六高等学校、岡山医学専門学校、神戸高等商業学校、大阪高等工業学校、京都帝国大学、第三高等学校、京都高等工芸学校、名古屋高等工業学校、第四高等学校、金沢医学専門学校、千葉医学専門学校、東京帝国大学、第一高等学校、東京高等師範学校、東京女子高等師範学校、東京高等商業学校、東京高等工業学校、東京外国語学校、東京美術学校、東京聾唖学校、第二高等学校、仙台医学専門学校

図3 現在(2004年)の都道府県別人口シェアと政令指定都市

凡例：6％以上／5～6／4～5／3～4／2～3／1.5～2／1.5未満

政令指定都市：福岡、北九州、広島、神戸、京都、大阪、名古屋、横浜、川崎、東京、千葉、さいたま

三大都市圏：近畿圏、中京圏、首都圏

太平洋ベルト地帯

78

岩内炭坑　幌内炭坑

紋鼈精糖所

小坂鉱山
大葛鉱山
釜石鉱山

札幌農学校

盛岡高等農林学校

●札幌

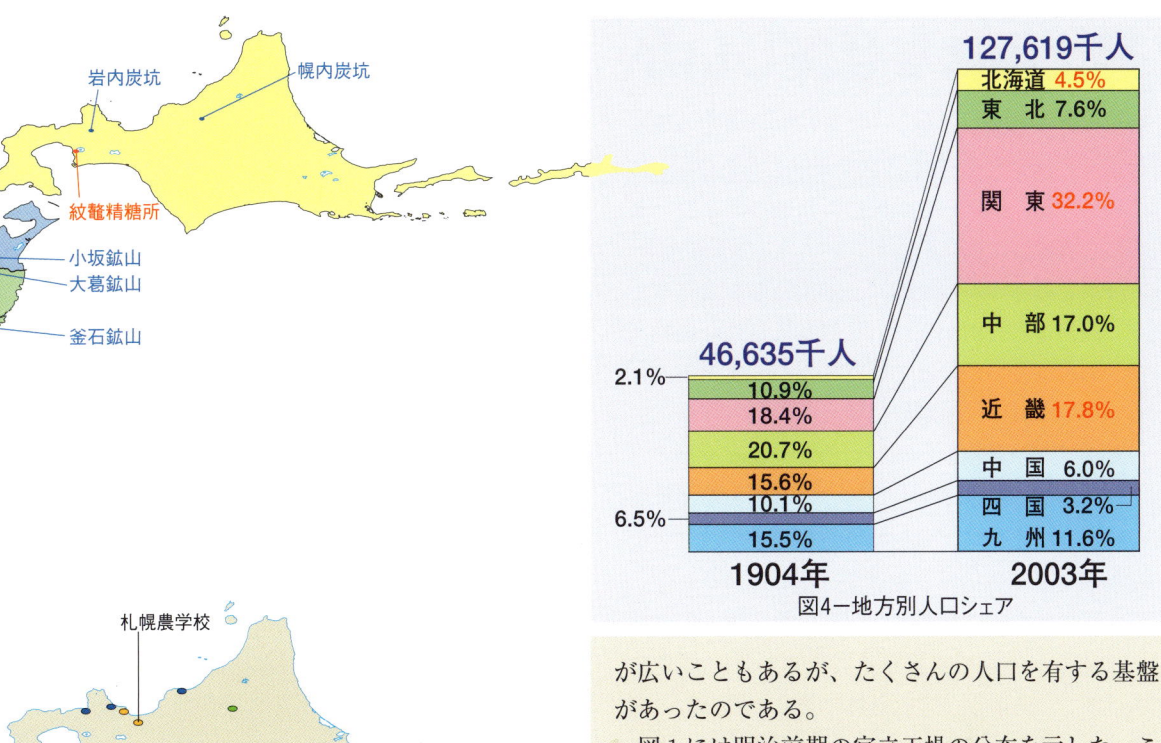

127,619千人
北海道 4.5%
東　北 7.6%
関　東 32.2%
中　部 17.0%
近　畿 17.8%
中　国 6.0%
四　国 3.2%
九　州 11.6%

46,635千人
2.1%
10.9%
18.4%
20.7%
15.6%
10.1%
6.5%
15.5%

1904年　　2003年
図4－地方別人口シェア

　100年前(1904〈明治37〉年)の日本の人口を地図で示すと、県別人口シェアでは意外と地方に人口が多いことがわかる。北海道はまだ入植途中段階なので少ないが、東北、北陸、山陰、四国、九州の人口シェアは高かった。県で見ると、とくに新潟県がきわだっている。地図は現住人口数で示してあるが、全国第2位、本籍地人口数では全国第1位である。面積が広いこともあるが、たくさんの人口を有する基盤があったのである。

　図1には明治前期の官立工場の分布を示した。この図から、鉱山系の産業が日本海側中心であるのに対して、人手を多く必要とする工場系の産業が太平洋側、とくに大都市に多いことが読み取れる。すでに明治の初期に、人口移動の要因が国によって進められていたのである。

　図2では100年前の市、町の分布を示したが、当時はまだ全国的に散在していた。現在と比べると、とくに東京近県の埼玉県・千葉県に市が皆無であったのには驚かされる。ちなみに現在、埼玉県は42市、千葉県も32市と、全国的にみても市が多い県である。また当時の官立高等学校の分布を示したが、太平洋側を中心とする大都市に学校が集まっている。これらの学校を目指して、全国から集まってきたのである。図には示さなかったが、軍関係の施設、港湾施設、また、そこに人を移動させる手段としての交通（特に鉄道）網も大都市中心へとなっていった。

　図3では現在の都道府県別人口シェアを示した。太平洋ベルト地帯が中心だが、細かくみると、首都圏、近畿圏、中部（中京）圏の三つのコアが見られる。また、図4では100年間の地方別人口数のシェア変化をグラフで示したが、関東地方の割合が大幅に拡大したのが目立つ。まさに一極集中であり、日本全体から眺めても、過疎・過密、地価、住宅、公害、環境の問題などが課題となった。

　地図には、時間軸とさまざまな項目を同位置で示すことができる特性がある。いろいろな組み合わせで、新たな地域の見方の発想が出てくるのである。

79

富士山はなぜ美しいか

藤田　香

　富士山はなぜ美しいか？　アメリカ合衆国の地理の雑誌『ナショナル ジオグラフィック』の日本版編集部にいた頃、その謎を地理学的に探ってみたことがある。普段富士山に関心がない人も、東海道新幹線で静岡を通りかかった際に、不意打ちを食らったように眼前に富士山が現れ、しばし見とれた経験をお持ちの方は多いのではないだろうか。富士山のいったいどこが日本人の琴線に触れるのだろうか。古くからあまたの日本人が詠んだ和歌や絵画を見てみると、天を突く高さや左右対称の形、広大なすそ野、雪の純白さ、そして、雲を抱いたり光を受けて変化する表情などを美しいと感じていることが分かる。

　確かに、富士山の標高は3776m、群を抜いての日本一である。宝永の噴火口や大沢崩れなど多少の"あばた"はあるが、左右対称の整った形は他の成層火山の追随を許さない。そして、優美な長いすそ野は南北44キロ、東西38キロにも及ぶ。赤富士やダイヤモンド富士など、色彩にまつわる愛称も多い。こうした美しさの特徴は、富士山の位置や、地質構造、独特の気象や植生と密接に関連していることが、じつは地図から読み取れる。

　日本列島の地図（図1）を見ていただきたい。日本には四つのプレートがひしめき合っているが、そのうちの三つ、北米プレートとユーラシア・プレートとフィリピン海プレートが近付きながら接触する「三重会合点」のその上に、富士山は位置している。

　しかし、三重会合点であればどこでも富士山のようなでかい山が出来るわけではない。富士山の場合は、ここにもう一つ偶然が重なった。東から太平洋プレートが沈み込み、その内部のトランスフォーム断層（横ズレ断層）がちょうど富士山の深部辺りを通るため、膨大なマグマが上がってきやすい条件が

図1　日本列島を取り巻くプレート

整ったというのだ。三つならぬ四つが重なる山は稀有なため、ある地質学者は富士山を「奇跡の山」と表現している。

では、左右対称の形や広いすそ野をもつ秘密は何か。それは噴火にあるらしい。富士山は10万年前に出来た山であり、この2000年間だけでも100回噴火している。火山灰を噴き上げる爆発的な噴火と、溶岩流を麓までだらだら流す非爆発的な噴火を絶妙なバランスで繰り返し、時には土石流を麓まで流してきた。まるでケーキ作りのように、火山灰、溶岩、土石流の三つが山全体にわたってまんべんなく"塗り固められ"、美しい円錐形に育ったのだ。現在、地元では富士山の将来の噴火が懸念されているが、科学的には「富士山の美しさは噴火によって保たれてきた」（静岡大学の小山真人教授）というのは何とも皮肉な話だ。

最後に、富士山の色や豊かな表情について考えてみよう。葛飾北斎の『冨嶽三十六景』の名作「凱風快晴」には、山頂部が真っ白に冠雪し、山腹は溶岩の赤を輝かせ、麓を緑にそめた富士山が描かれている。この白・赤・緑の色のグラデーションはどこから来るのか。

図2の地図を見ると、富士山は駿河湾からの湿った空気がもろにぶつかる位置にあり、絶えず雲や霧が発生している。富士山の麓と山頂の気温差は約20℃もある。このおかげで麓から山頂にかけて植物の垂直分布が、じつにきれいに形作られているのだ。麓から順にブナなどの落葉樹林、トウヒなどの針葉樹林が茂り、森林限界を抜けるとオンタデなどの草本植物、その上部には赤茶けた溶岩がむき出し、山頂部の雪の世界、永久凍土へと続く。色彩の美は、気象と植生が演出しているのである。

こんな風に地図を眺めながら、富士山の美しさの理由を解き明かす作業は楽しい。美しくもあり、昨今はゴミ問題にも揺れるこの山は、日本を代表する地理や自然教育、環境教育の教材だと言えるだろう。

図2　富士山周辺の俯瞰図　　　　（上図はカシミールを使用して作成）

立山カルデラの地図を描いて

原田康介

　9月下旬、私は立山カルデラに入る機会に恵まれた。このカルデラ内では日本でも最大規模の砂防事業が行われており、厳しい自然環境と背中合わせの危険な場所でもあるため、普段はなかなか砂防工事関係者以外が立ち入るのは難しい。

　この時、出発前に予習の意味を込めて作ったのが添付地図である。建造物などは参考文献からの転記、等高線は単に1/2.5万地形図からのトレースでは面白くないので、今回の作図では幾つかの試みを行った。その1つが、地形図の等高線から谷を読み取った水系図の作成（赤☆印のカルデラ最下部をボトムとした）である。次数が高くなるごとに線号を太らせてあるので、谷の発達具合が明確に分かるのではないだろうか。

　もう1つの試みとして、等高線間隔を計曲線（50m）ごとに間引いて省略する代わりに崖記号（等高線の省略記号と言うこともできる）を排除しての描画がある。しかし、いくら間隔を間引いたとは言え、決して大きくない崖記号部分に等高線を数本突っ込む芸当は、とてもアナログ作業でできるものではないと感じた。また、等高線のみの表現でメリハリがつかなくなった部分もあり、一長一短である。ご覧になっての皆さんの率直な感想はどうだろうか。

　本図の趣旨とは関係ないが、最後にこの図では、ある挑戦もしている。実は描画されている線のすべてが、直線で描いてあるのだ。もちろん描画ソフトでは曲線を描くことができるし、忠実なトレースに曲線は付き物である。また、この図において直線にこだわる特段の理由もないのだが、あえてこれだけのボリュームがある図で、直線表現がどこまで通用するのか、どのくらいのレベルまでなら曲線に見せることができるのだろうか、その程度の挑戦である。目を皿のようにして図と睨めっこすれば、この図が直線だらけの図であることは見えてくると思われるが、どうだろうか。

上図：幾重にも重なる
　　　スイッチバック
　　　で高度をかせぐ
　　　砂防用軌道

下図：崩壊が進む
　　　常願寺川沿い
　　　の山稜

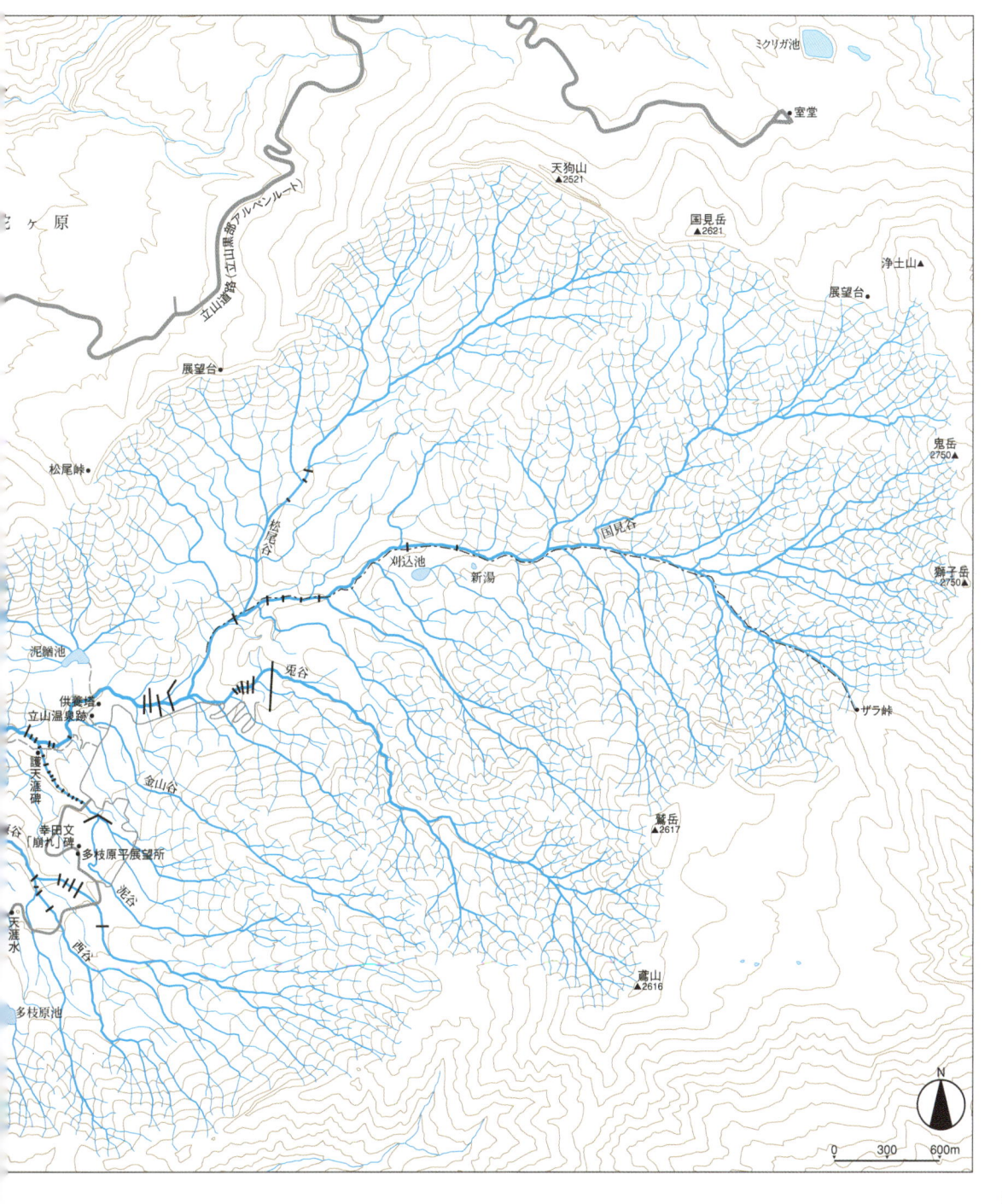

83

地形図の生命線：等高線

鈴木喜雄

　今日、地形図はほとんどが航空写真測量により作成されています。図化機に60％ずつ重複して撮影した航空写真をセットして立体像を作り、立体像の中に浮かんでいる浮標（メスマーク）を一定の高さに固定し、立体像と接するところをなぞっていけば等高線となります。しかし、地形図はあくまで地表面を表現するものですから、森林のように地表面が見えない個所はどうやって図化しているのか、疑問が湧いてくるのではないでしょうか。

　その場合は、図化する人が樹高を写真判読で推定して、浮標を樹高分だけ立体像の中に沈めて描画しています。しかし、一律に高さを下げただけでは地形は出てきません。当然ながら、樹高は一本ごとに違いますし、樹種によって形状もさまざまです。細かな尾根・谷は樹木の中に埋もれてわかりにくくなっています。それらに惑わされずに尾根・谷のつながりを考えて、樹木の下の地形を推定していきます。そして、地形を浮き上がらせるために、尾根は丸め、谷は尖らせるよう意識して図化します。

　編集図に比べ、実測図は規則に縛られ機械的に作成しているという印象を持っている方が多いかも知れませんが、作成者の地理的な目（大げさかも知れませんが）が試される面も多々あるのです。

　このような手法を用いているため、同じ場所であっても、図化する人が違えばもちろん、同じ人でも、図化するたびに等高線の形状は少しずつ違ってきます。修正測量では元の地形図から変化した個所だけを描き直して新しい地形図を作るわけですが、元の地形図を図化した人の持ち味をいかに生かしつつ地図を修正するかに腕前が試されるわけです。

　一見、ただの模様のように見えている等高線も、あらためて見てみると、幾何学的な曲線で代用することもできないし、平行線を並べていけば良いわけでもありません。コンピュータ化された今日でもほとんどの

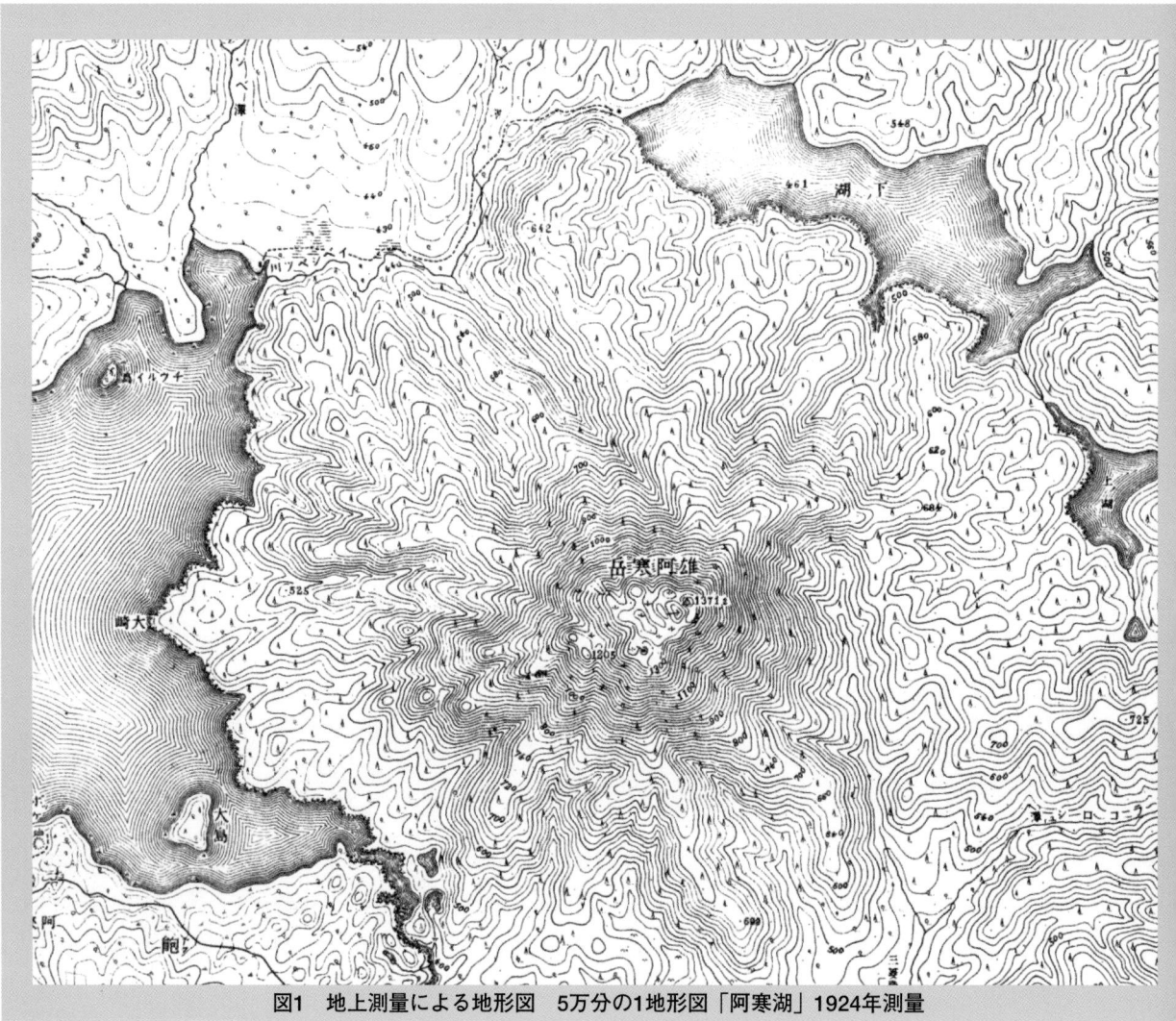

図1　地上測量による地形図　5万分の1地形図「阿寒湖」1924年測量

場合、点と線だけで等高線のカーブを表現しており、大変な手間を要しています。

　職人芸的な作成方法がとられてきた地形表現の世界ですが、コンピュータの時代となった今、等高線だけが地形表現の手段ではありません。例えば、国土地理院からは、縦横50m間隔の標高データが発行されています。これらの作成は等高線のような熟練を要しません。データを処理すれば、等高線が読めない人にも図2のように簡単に地形を伝えることができます。

　ただ、印刷物地図では等高線に勝る地形表現は現れないでしょうし、等高線の技術も守り続けていきたいものです。

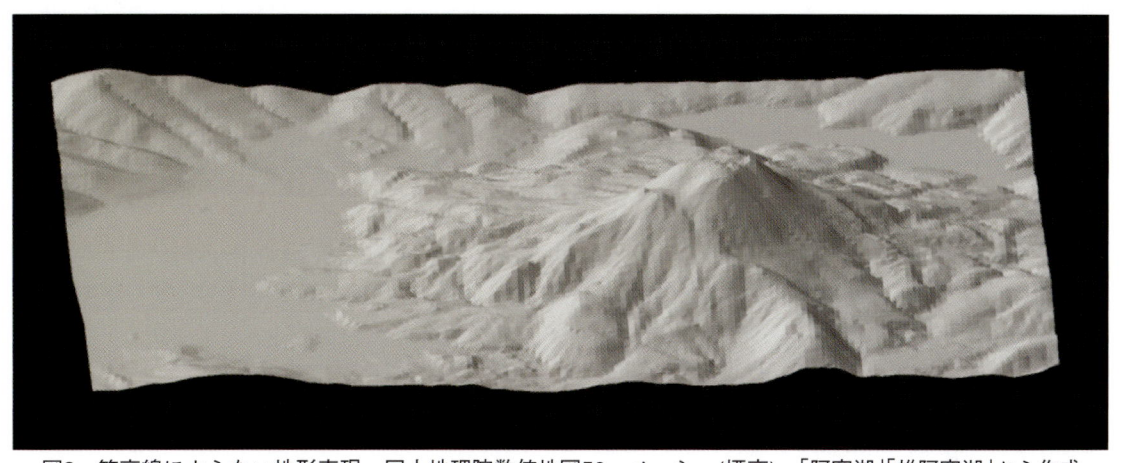

図2　等高線によらない地形表現　国土地理院数値地図50mメッシュ(標高)　「阿寒湖」「雄阿寒湖」から作成

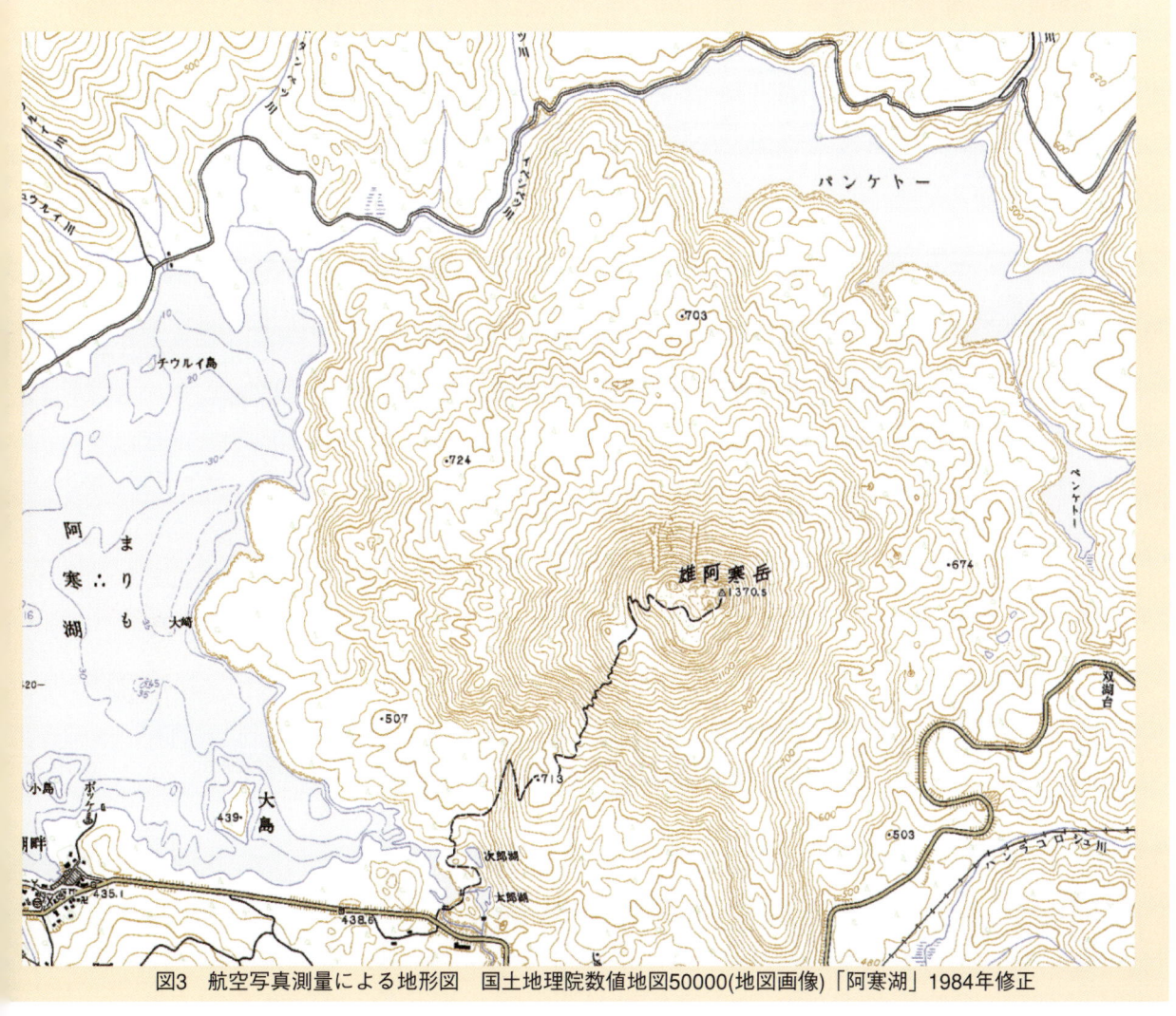

図3　航空写真測量による地形図　国土地理院数値地図50000(地図画像)「阿寒湖」1984年修正

世界地図の歪みを小さくするための工夫　　大山洋一

　世界全図のような広範囲を扱う地図において、まず、角の歪みを軽減するための調整方法を考えてみたい。対象は、角の歪みが宿命となる正積図法とする。既知の投影法になんらかの変形を行うことで、より歪みの小さな図法を得ることが可能である。変形には、いろいろな方法が考えられるが、今回は、カールハインツ・ワグネル(Karlheinz Wagner)がサンソン図法に対して行ったとされる変形を、比較的角の歪みが小さいネル・ハンメル(Nell-Hammer)※図法に適用してみた。

　方法は、「元図の一部に新たな経緯線網を作り直し、さらに、正積性が保持されるよう、変換式を調整する」というものである。

　変形後の図は、元図のネル・ハンメル図法と比べて、角の歪みを平均で10%程度減らすことができる。

　この歪みは、正積擬円筒図法の中では角の歪みが小さいエケルト(Eckert)第4図法などと比較しても、より良好な値と言える。

　元図(左)と変形した地図(右)における角の歪みの分布を示す。青系が歪みの大きな部分、赤系が歪みの小さな部分である。左図に比べ右図では、赤道長が短縮、中央経線と平極部が拡大され、全体として見やすい上に、歪みが軽減されている様子が示されている。

　ちなみに、広範囲の地域を対象とする場合には、角の歪みは形の歪みとは意味合いが異なる。

　形の歪みを測る尺度としては、十分な数のサンプルがあるならば、距離の方が適当であるとも考えられる。

　試しに、ランダムに30,000の始点、終点を定め、それぞれの地球上の距離と地図上の距離を計測し、歪みの平均値や分布状況を求めてみた。今回の変形

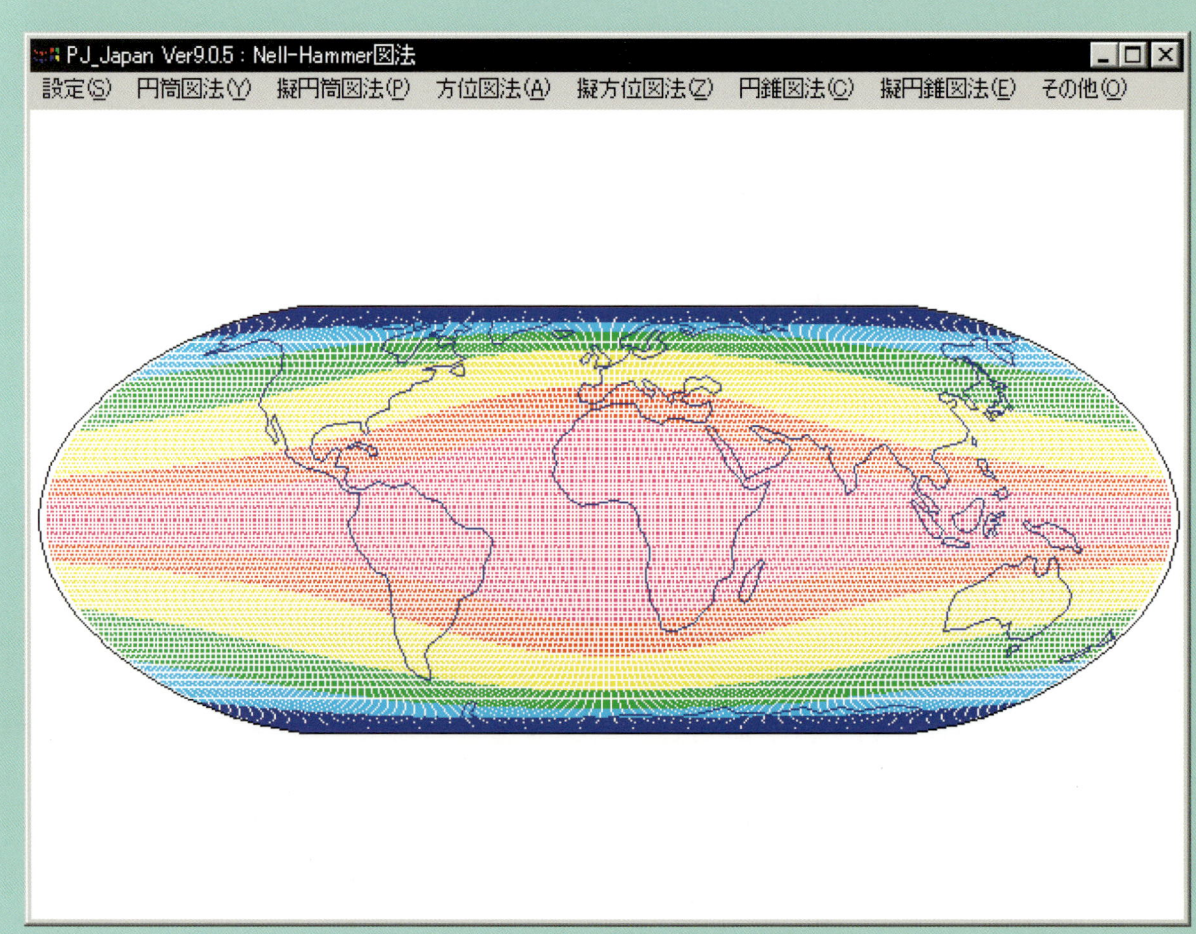

図1　ネル・ハンメル図法で描いた世界地図

では、この値にも改善が見られ、結果的には形の歪みも軽減されたと言ってよいようである。

　左図では、正積性を保持することを条件としたが、世界全図などでは、正積にこだわるあまり、角の歪みの増大を招くという欠点を生ずることがある。こういった場合には、ある程度の面積の歪みを故意に加えることで、角の歪みを抑え、全体に平均化するという手段が有効である。

　たとえば、前記ネル・ハンメル図法の変形の際に、緯度±60度に20％の面積の歪みを許容することにより、角の歪みは、さらに10％程度減少する（この際、面積の歪みは、平均して10％～15％になる）。

　一般図ばかりでなく、正積図が最適とされる行政区分図などにおいても、あまりに面積以外の歪みが大きな正積図よりは、多少正積性において劣るものでも、形や角の歪みが小さなものを採用するという選択肢もあるのではないだろうか。

　歪みを中心に検討をしてきたが、実際の地図作成においては、歪みを軽減するだけでなく、方位や同緯度性など、それぞれの図における条件、制限があった上での調整になるため、大きな効果が得られない場合もあろう。

　ただ、投影変換においては、変換式も、その調整法も多様であり、また、設定項目も多岐にわたる。作成した図の歪みを数値や等値線図で把握し、試行錯誤を繰り返すことにより、良好な、または、意外な結果を得ることができるかもしれない。

　なお、今回使用したプログラムは開発途上であり、歪み計算の方法にも課題が残されていることをご了解いただきたい。

※x座標をサンソン図法と正積円筒図法（標準緯線0度）の平均値とし、正積性が保持されるようy座標を調整した図法。

Canters,F.（2002）Small-scale Map Projection Design, New York: Taylor & Francis

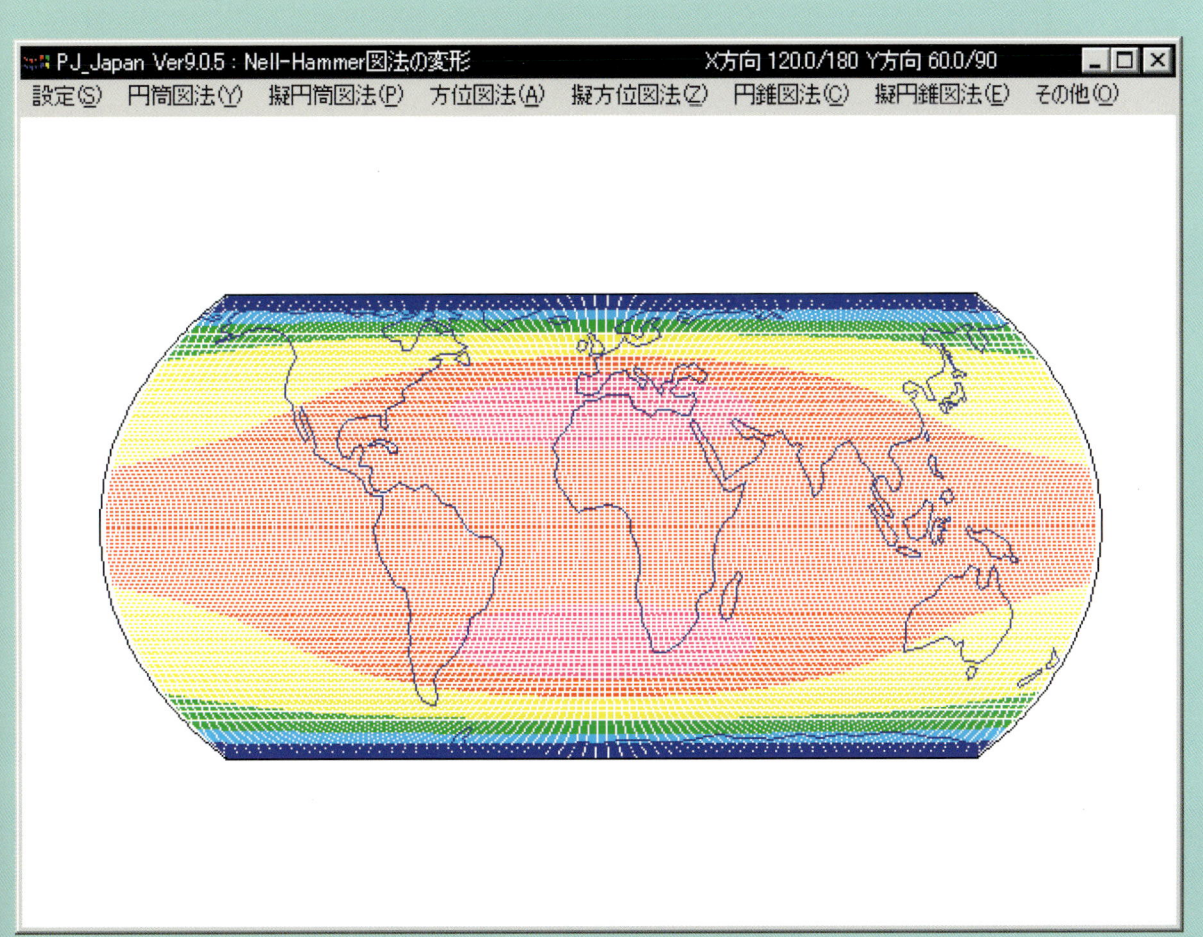

図2　ネル・ハンメル図法の変形

地図に現れた「台風街道」

平井史生

　2004年は台風の厄年であった。上陸は10回に及び、観測史上最多となった。これまでの年間最多記録は6回であったので、大幅な記録更新である。2004年の特徴を調べるために、年間台風接近数の分布図を作成してみた。なお、「接近」とは台風の中心が300km以内に近づいたことを意味する。

　2004年は、南西諸島から西日本にかけての接近数が多く、中国地方では9個の台風が接近したところもあった。個々の台風経路はさまざまだが、それらを合成して分布図にすると明瞭に浮かび上がってくることがある。

　沖縄の南方より、南西諸島を経て、西日本から本州の日本海沿岸にかけて、「台風街道」と呼べるようなはっきりとした道筋が見て取れる。メッシュの大きさは緯度経度1°となっている。接近数5回以上を目安とすれば、九州付近での「街道」の幅は、経度で8°（約750km）となる。巨大な台風を通す道路なのだから、やはり、それなりの幅員が必要なのだろう。

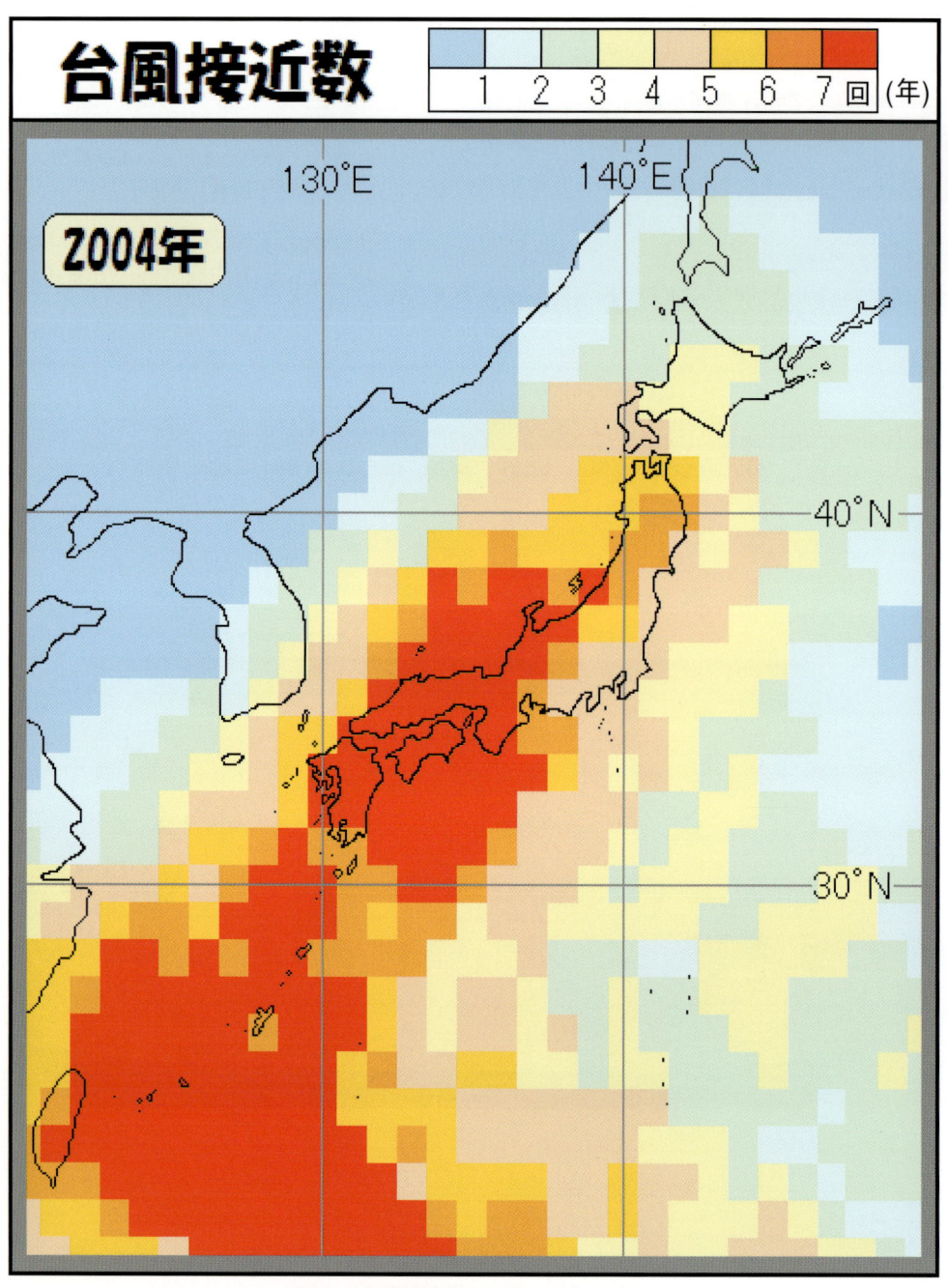

図1　台風接近数＜2004(平成16)年＞

2004年の特徴をつかむために、過去53年間における年平均接近数の分布図を作成してみた。台風接近数についての気候図であり、例年ならどの程度台風が接近するかを表現したものである。

　南西諸島はふだんから台風の接近数が多い場所であり、過去53年間の平均接近数は3回以上となっている。本土への接近数は緯度と深い関係があり、北緯32°（南九州）で3回、北緯36°（関東）で2回、北緯42°以北（北海道）では1回以下となる。台風は暖かい海から蒸発する水蒸気をエネルギー源としているので、北上した台風は「餌」が無くなり、やがて衰え、そのため、北海道への台風接近数は南西諸島の3分の1以下になるのである。

　日本の南方をくわしくみると、沖縄より南では、東西の接近数に違いがみられる。図の範囲内では西側の接近数が多く、東側の接近数が少なくなっている。これは夏季には小笠原近海が亜熱帯高気圧の「なわばり」となることが多く、高気圧を避けて通る台風の癖が図に表現されているといえよう。

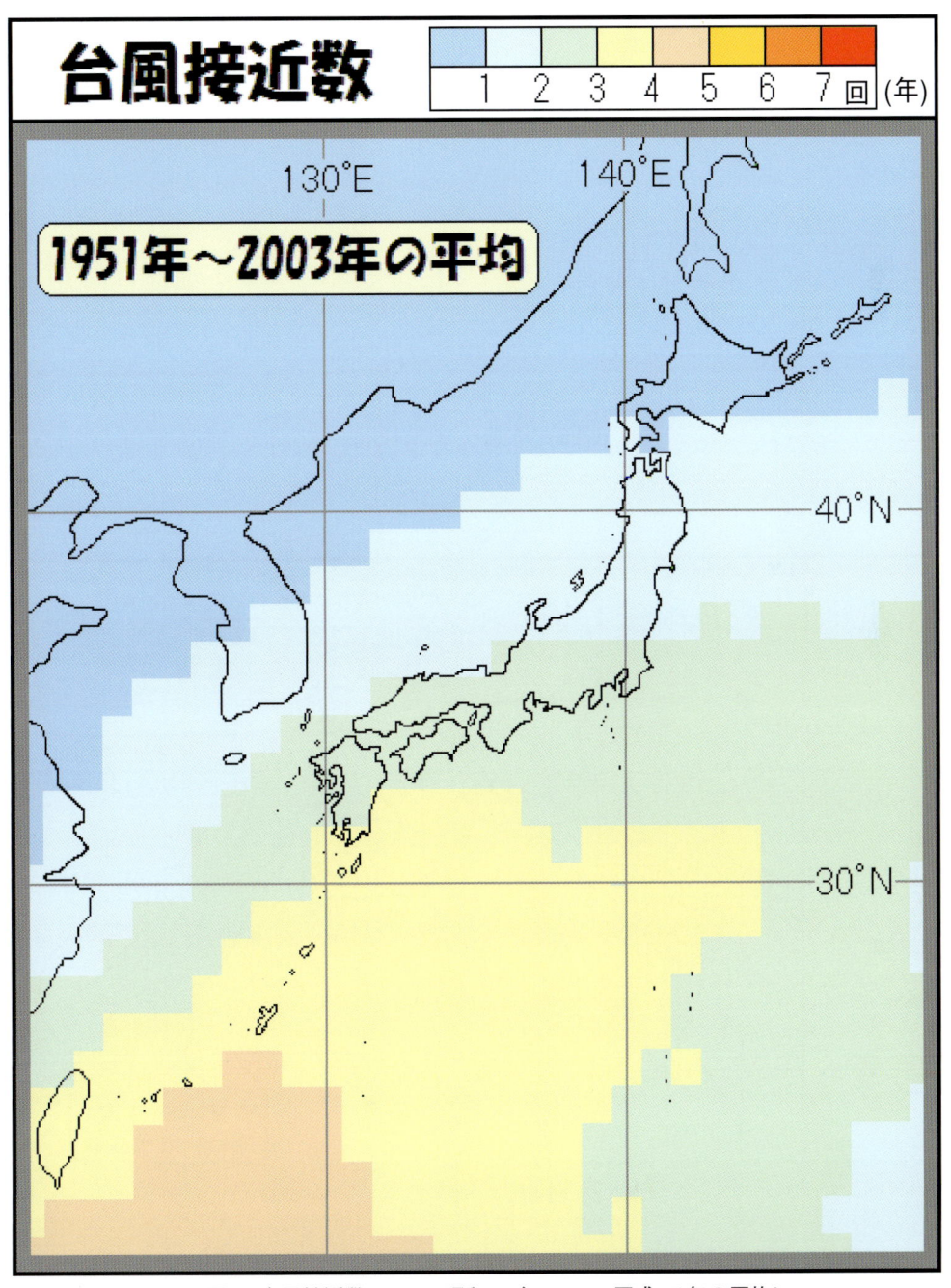

図2　台風接近数＜1951(昭和26)年～2003(平成15)年の平均＞

住民とつくるハザードマップ

安藤　清

　図1に描かれている地域は、千葉県銚子市の、JR銚子駅から西へ2kmほど離れた地区である。西と南から流れてくる小さな河川が合流して利根川へ注ぐ八幡川の流域では、局地的ではあるが、昭和40年代から浸水被害が出はじめた。1971年9月や1992年10月の集中豪雨による被害がとりわけ大きなものとして記憶されているが、その他にも頻繁に被災している地域である。

　図1は住民によって描かれた水害の被害図である。

　これはいつの水害の地図？

「たいてい同じような浸水状況だから、最近起こった"いつもの水害を描いた"。」

ここには浸水被害の状況、水流の方向、さらに考えられる原因もメモされている。

「この地域は、台風でなくても低気圧等の集中豪雨で浸水する。雨が止むと利根川の潮位の関係もあるが、たいてい短時間で水が引く。」

「一応、八幡川の浸水状況の全体を描いたつもりだけれど、やはり自宅を中心に考えているから、各所の水の動きの細かいところはわからないね。」

自宅の周辺はよくわかる？

「（地図の中央にある）国道よりも上流部（地図下部）で、自宅の周辺、特にF菓子店付近では、水が三方から流れ込んで

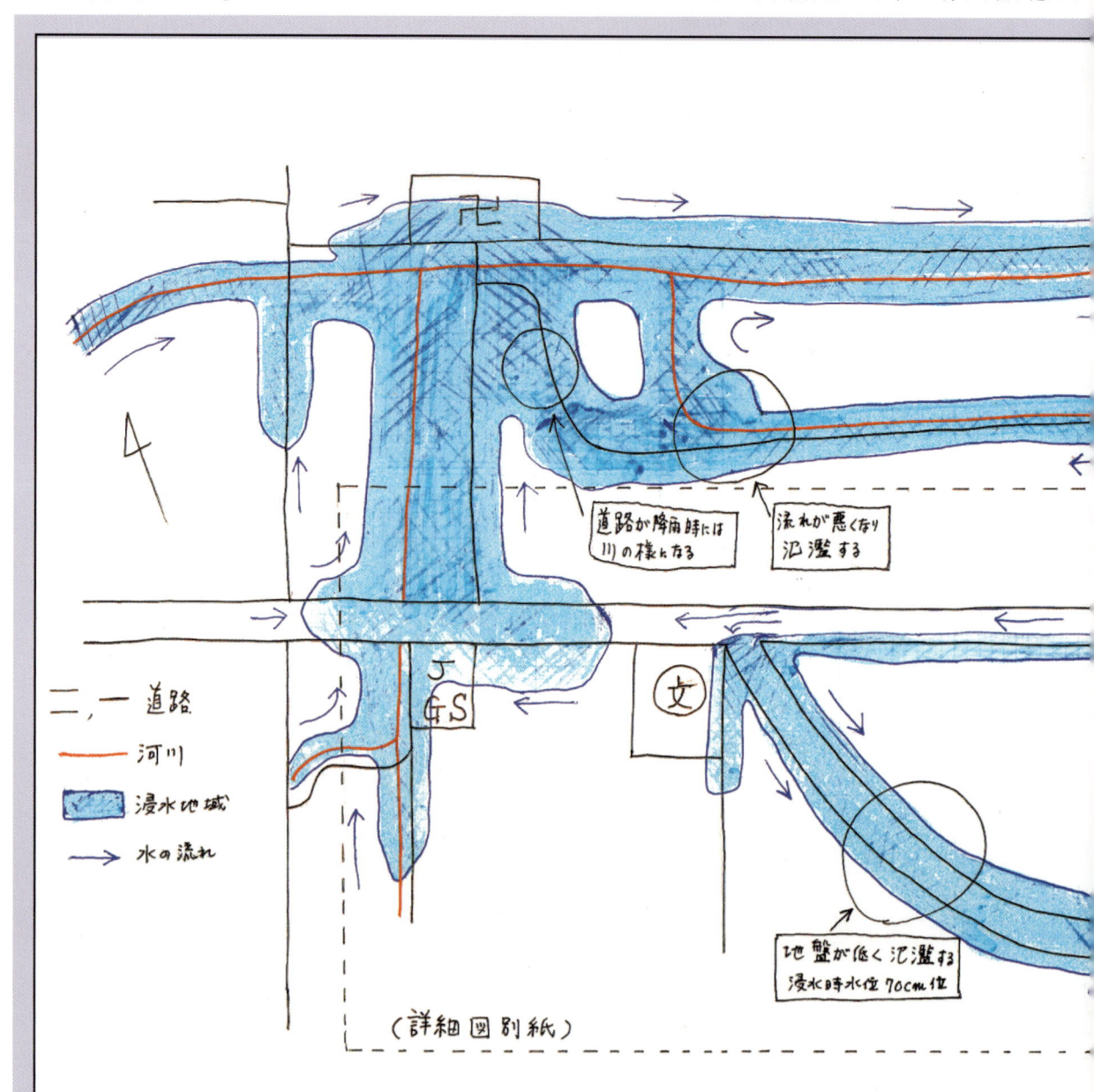

図1　住民が描いた水害地図（吉原尚英氏作成）

くるため浸水がひどい。」「でも、ここに集まる水が下流部（地図上部）に流れるように川幅を拡げたりすると、下流部の浸水が激しくなるだろうね。」
「水害のときに、流域の各地点で浸水の状況等を同時に観測して、それを組み合わせれば、この川の水害の全体像がわかるかもしれない。」
浸水の全体像がわかる地図が求められている。

他にどんな地図を用意するとよいのだろうか。水害が起こらなかった頃の地形図をみてみる（図2）。
「古くからあった屋敷とは別に、浸水している家は、もともと低くて水田だった場所に、後から建てられたということが地図からわかる。なるほどね。」
住民の多くはこう考えている。

「水が出るようになったのは、上流の農地が宅地化されたり、川がちゃんと整備されていないからじゃないか。」「水は、集中豪雨と利根川の満潮とが重なったときに出るようだ。」
流域全体をみて、その中で水害をめぐって起こっていること、及びそれらの関係を示す地図が必要になるだろう（図3）。

住民が地域の災害に関わるさまざまな疑問を整理しながら、ハザードマップをつくる。それは災害という現象をその中に含み込んだ自分たちの住む地域自体を知ることである。地域で住民が取り組もうとする課題があるとき、そして「地理屋」が住民とともにそれを考えようとするとき、地図は一般に深く受け入れられ、地理は社会の中で一定の役割を果たすにちがいない。

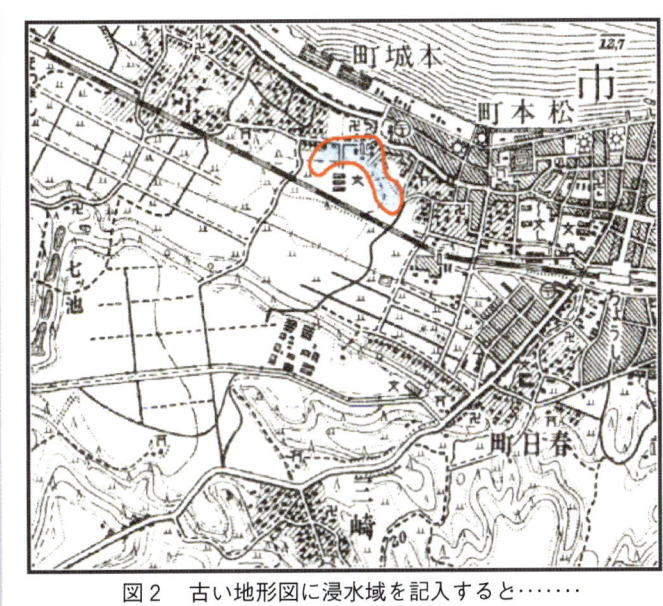

図2　古い地形図に浸水域を記入すると……
（5万分の1地形図　国土地理院昭1955年発行を拡大）
赤線の範囲は、最近の水害による浸水域

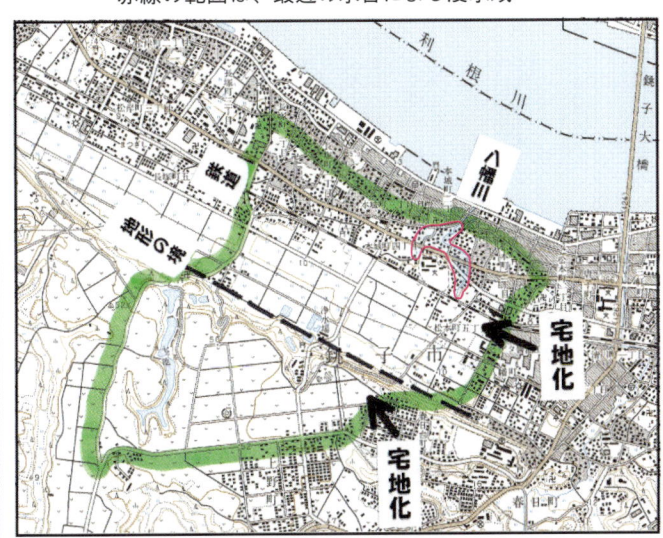

図3　八幡川流域の土地利用はどうなっている
（2万5千分の1地形図　国土地理院2000年発行を縮小）
赤線の範囲は浸水域、緑線の範囲は八幡川流域（集水域）

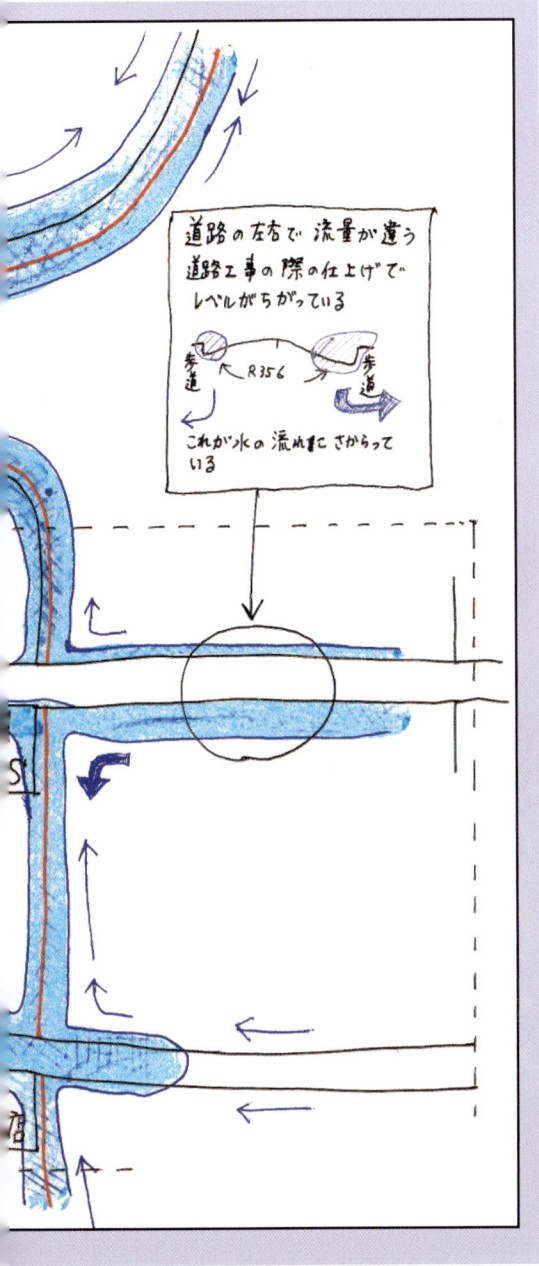

地図を楽しく見せる工夫

増田宏之

　地図をより分かりやすく、たのしいものにするか‥‥　地図を作成する立場には、つねにつきまとう難しい問題であ
西東京市商工会より、合併を記念して商店街マップ作成の依頼を受けた。マップを作成するにあたり、次の問題点が浮上し
①お店の業種が多種多様
②狭い範囲にお店が密集している
まず、大きな地図上にお店の指示点と、名称を落としてみた。（図1）

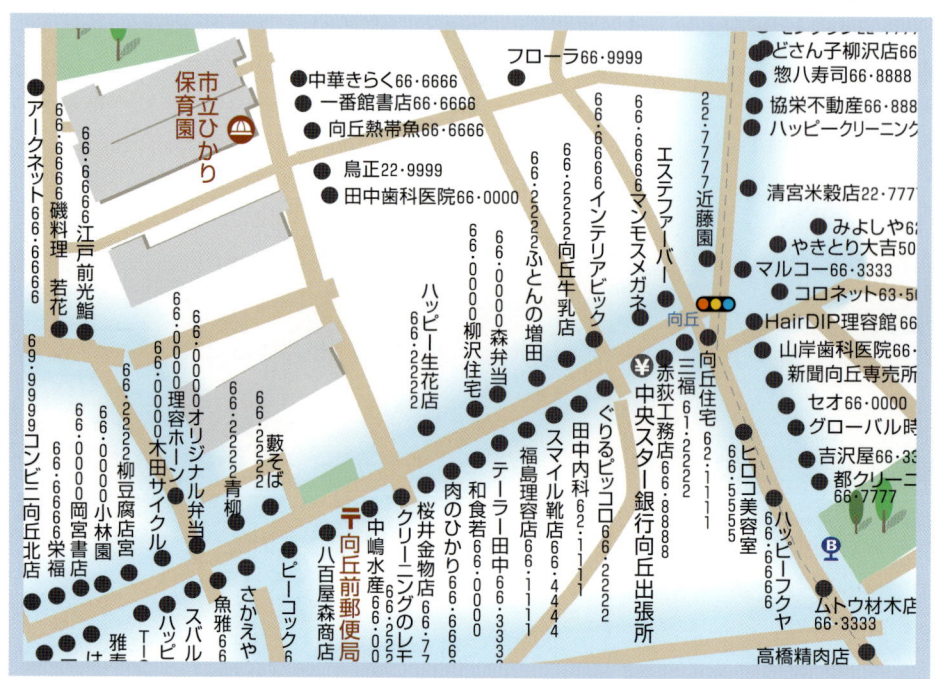

図1
（店名・電話番号は
架空のものです）

しかしこれでは、よく文字情報を見ないと、そのお店が何屋さんか分からず、使い勝手が悪い。
そこで、お店の業種別に色分けをしてみた。（図2）

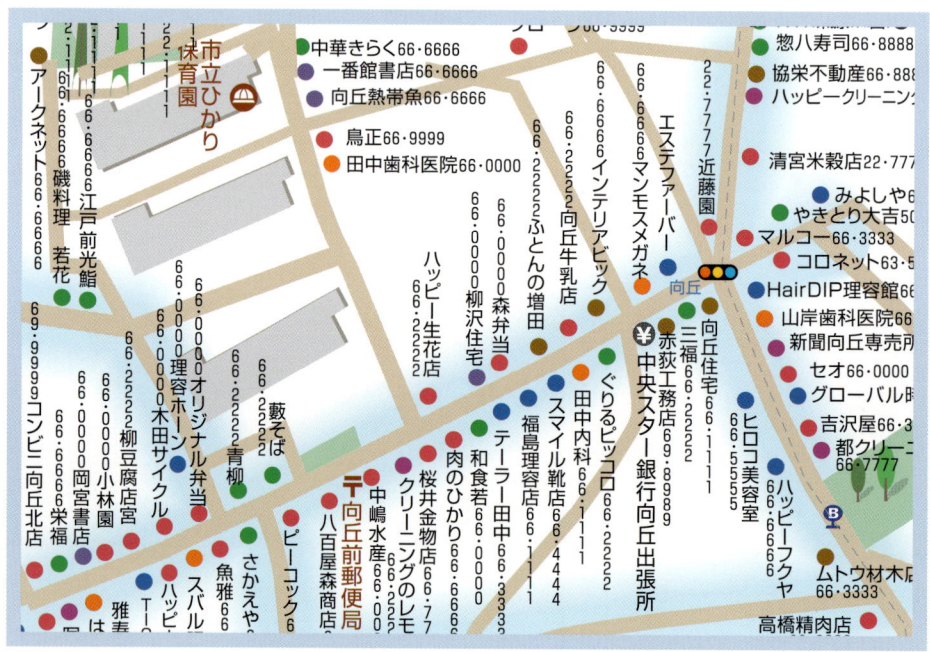

図2
（店名・電話番号は
架空のものです）

これにより、業種については判別がつくようになり、多少見やすくなったが、
①実際そのお店が豆腐屋なのかうどん屋なのか分からない。
②その色は何の業種を表すものなのか、凡例をそのつど見なければならない。

など問題点が多く、まだ見やすく使いやすい地図とはいえない。

そこで、業種別の色分け表現を活かして、そのお店が何屋さんであるか、容易に連想できる以下のような絵記号（ピクトグラム）を作成し、地図に配置してみることにした。

ここにあるピクトグラムは小さくて、シンプルであるが、ここは、デザイナーの腕の見せどころ。識別性が高く、かつ楽しく、一目見て何屋さんであるか分かるように工夫されている。

識別性が高く、楽しいピクトグラム（絵記号）
→ピクトグラムを見ただけで、そのお店が何屋さんかわかりますか？。

食品		趣味	おしゃれ	お食事
	大型店舗	塾・教室	理容	和食
スーパー・コンビニエンスストア		カラオケ	美容	中華・ラーメン
茶・海苔　パン　青果		ペットショップ	衣服・呉服	レストラン・洋食
弁当・惣菜　酒　食肉		楽器・CD	靴・カバン	寿司
豆腐　米　海産物		おもちゃ	時計・アクセサリー	そば・うどん
菓子　牛乳　生花		ガーデニング・造園	化粧品	焼肉・ステーキ

このピクトグラムを落とした地図が（図3）である。図1、図2と見比べて頂きたい。
このマップの方が、はるかにお店の情報を理解しやすいことがお分かり頂けるかと思う。

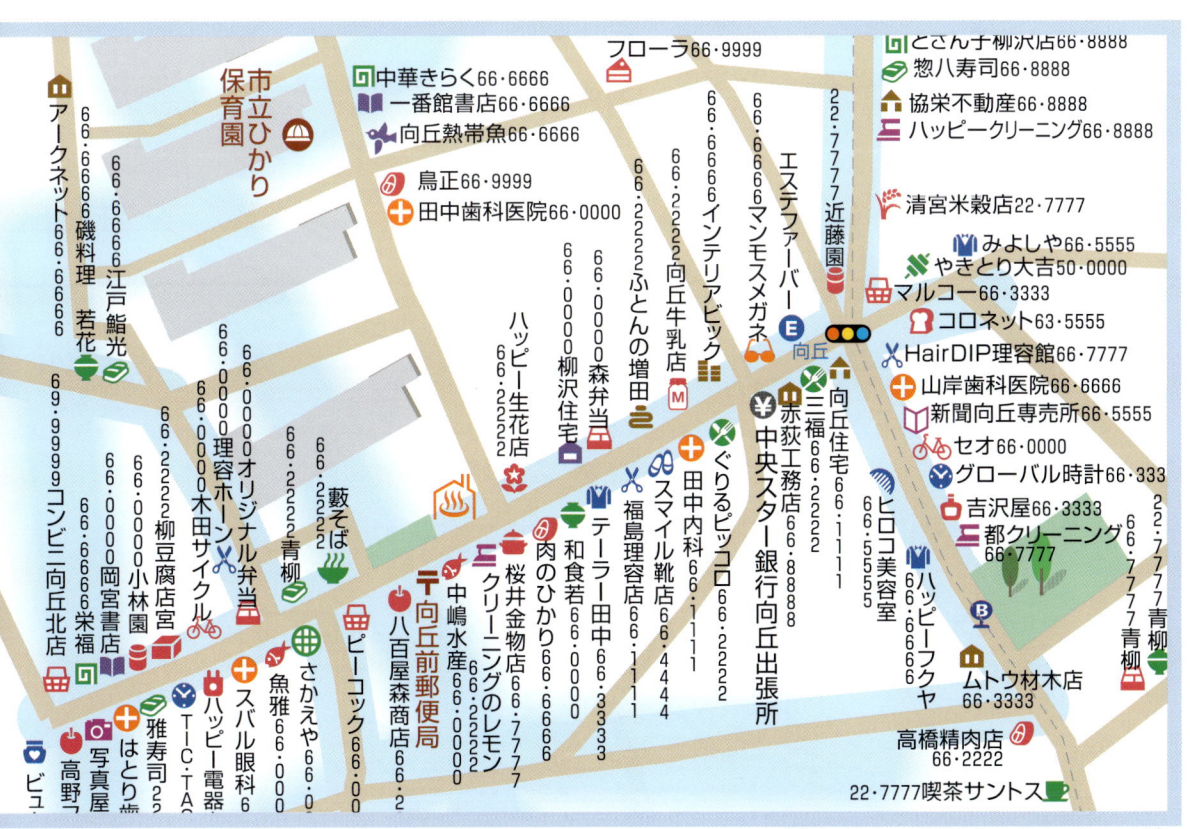

図3（店名・電話番号は架空のものです）

この地図には、地理の授業でならった地図記号はまったく使かわれていないが、地図としての機能を十分果たし、見やすい。地図は、それを作成する道具の進化、新しい感覚の作成者によって、より理解しやすい、使いやすいものに進化している。

西東京市商店街マップ：企画編集　西東京市商工会　編集協力　西東京市産業振興課　発行年月日　平成13年12月
　　　　　　　　　　地図作製　株式会社中央ジオマチックス　デザイン　インターデザイン　奥田時宏

口コミ探訪 より道マップ

矢部順子

マスコミで働いている私にとって、地図情報は必需品です。遠くに取材に行くときにはロードマップを使い、ある地域に行くとなれば、観光パンフレットなどを使用して情報を収集します。

岩手朝日テレビで私が担当している「楽茶（ラクティマ）」という情報番組の中に、「口コミ探訪 より道マップ」というコーナーがあります。そこでは、県内58市町村（2005.6.1現在）を毎週1つずつまわり、ガイドブックには載っていないような「口コミ」レベルの情報を地元の人から教えてもらい、およそ1年かけて1つずつ地図を作成するというものです。

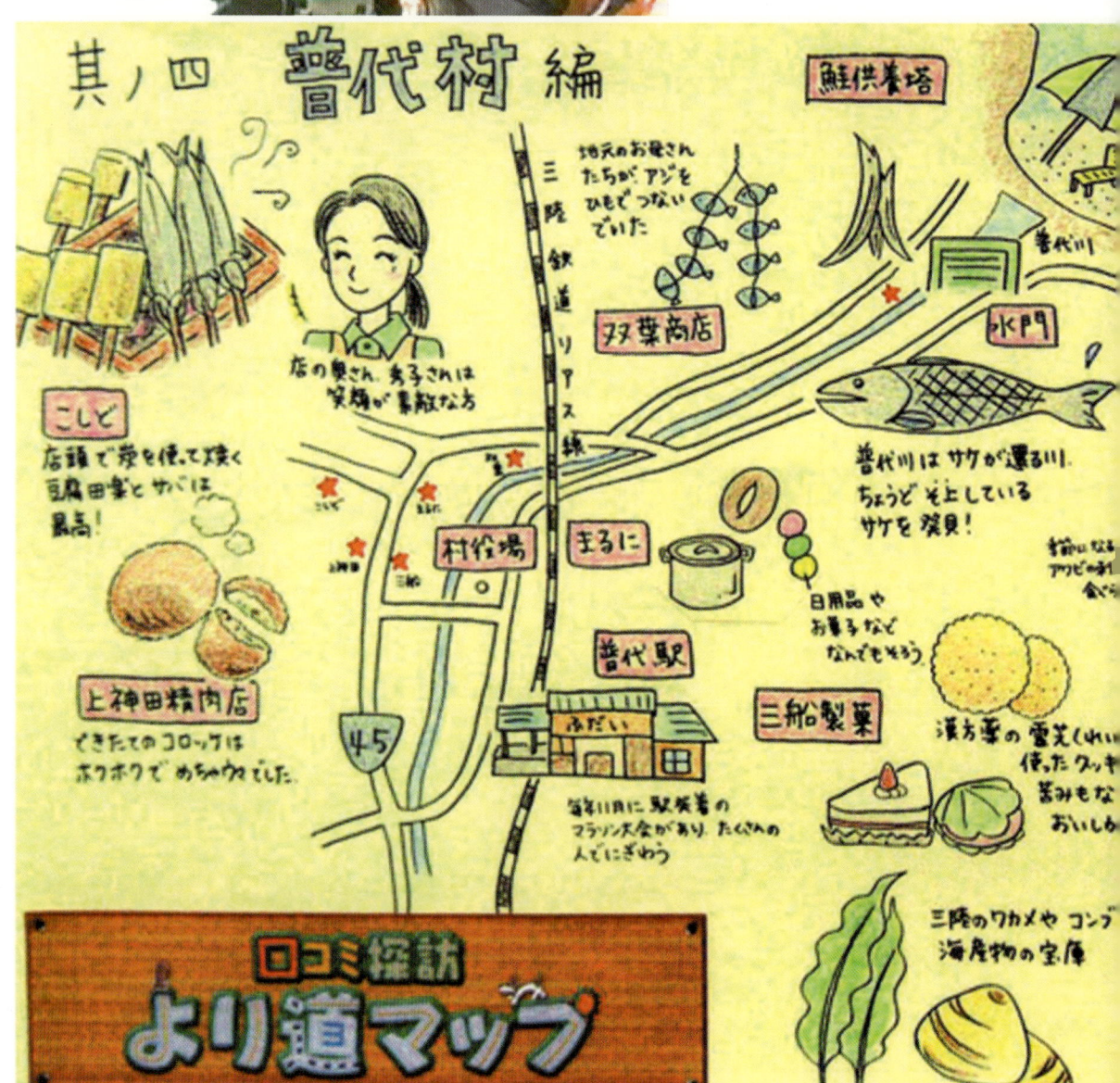

2004年11月のある日、陸中海岸の一角に位置する普代村(ふだいむら)に行きました。商店街を歩いていて、偶然通りかかった地元中学校の校長先生に、太平洋を望みながら豪快に「磯ラーメン」が食べられるお店を紹介してもらったり、街を散策していると、漢方薬の霊芝(れいし)を使ったクッキーを販売している創業100年にもなる和洋菓子店を発見したりと、こんなお店がこんな場所があるんだ！と驚きの連続です。

観光地図に載っていない情報を探し、自分の足で発見したことをもとに地図を作る。これが何よりの楽しさです。これから訪れる市町村にはいったいどんなおもしろい人や楽しい場所、物があるのか、期待が高まります。

写真：撮影風景

上図　普代村完全攻略ＭＡＰ(普代村「青の国」より)
左図　口コミ探訪より道マップ(筆者作成)

写真と地図にたどる山村の変化

石井　實

1974年

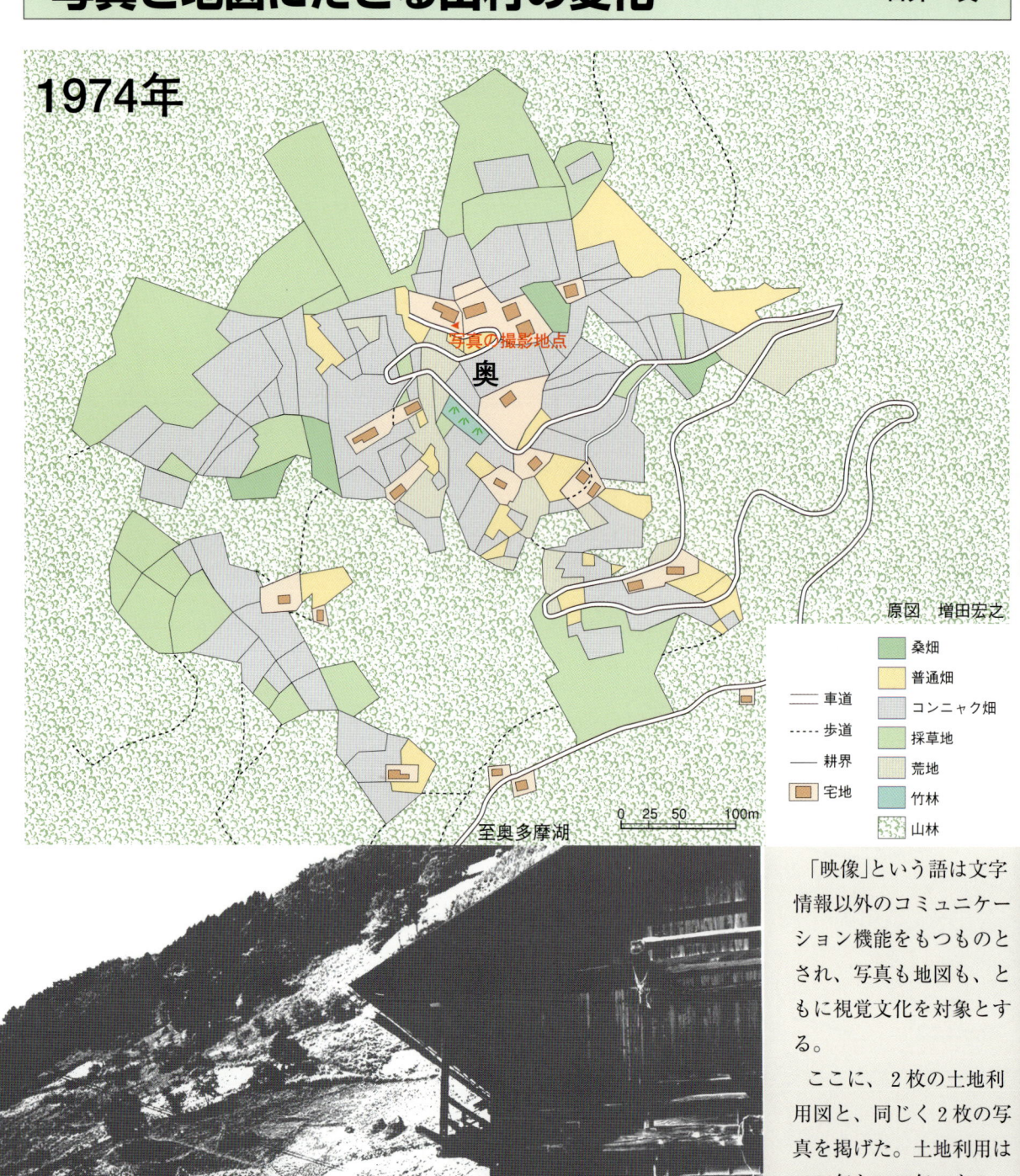

原図　増田宏之

凡例：
- 車道
- 歩道
- 耕界
- 宅地
- 桑畑
- 普通畑
- コンニャク畑
- 採草地
- 荒地
- 竹林
- 山林

至奥多摩湖

写真1　1974年

「映像」という語は文字情報以外のコミュニケーション機能をもつものとされ、写真も地図も、ともに視覚文化を対象とする。

ここに、2枚の土地利用図と、同じく2枚の写真を掲げた。土地利用は1974年と1995年のもの、写真は1974年と2000年のものである。いずれも場所は東京都の西端、奥多摩町留浦。地形図上では「奥」と示されている小さな集落である。

1995年

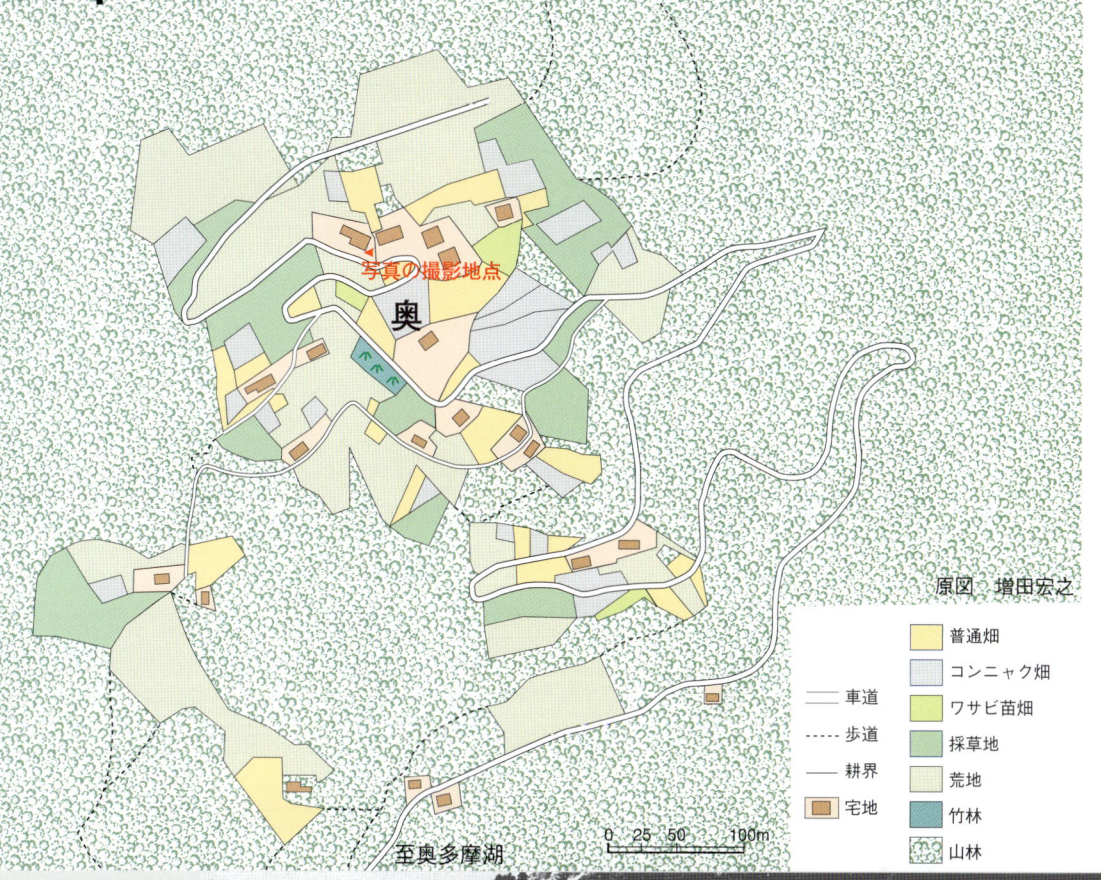

原図　増田宏之

至奥多摩湖

0　25　50　100m

凡例：
- 普通畑
- コンニャク畑
- ワサビ苗畑
- 採草地
- 荒地
- 竹林
- 山林
- ── 車道
- ---- 歩道
- ── 耕界
- 宅地

地図と写真を見て、20年の間にこの地域がどのように変化したかを比較していただきたい。そして、地図から読み取れる変化と、写真から読み取れる変化とはどのように異なるのか。それぞれがもつ特色を考えると、両者が補完関係にあることなどに気づくだろう。

さらに、どうしてこのように風景を変えたのかなど、さまざまな思いをめぐらせて欲しい。

写真2　2000年

97

地理教育者・釜瀬新平の地図からの発想　　長野　覺

万国博覧会出品「九州模型」（10万分ノ1）完成　1904（明治37）年1月11日、博多東中洲　古川震次郎撮影　左端は製作責任者の釜瀬新平

米国聖路易世界大博覧会出品「大日本帝国交通地理模型」落成式　1904（明治37）年2月13日、博多東中洲　古川震次郎撮影

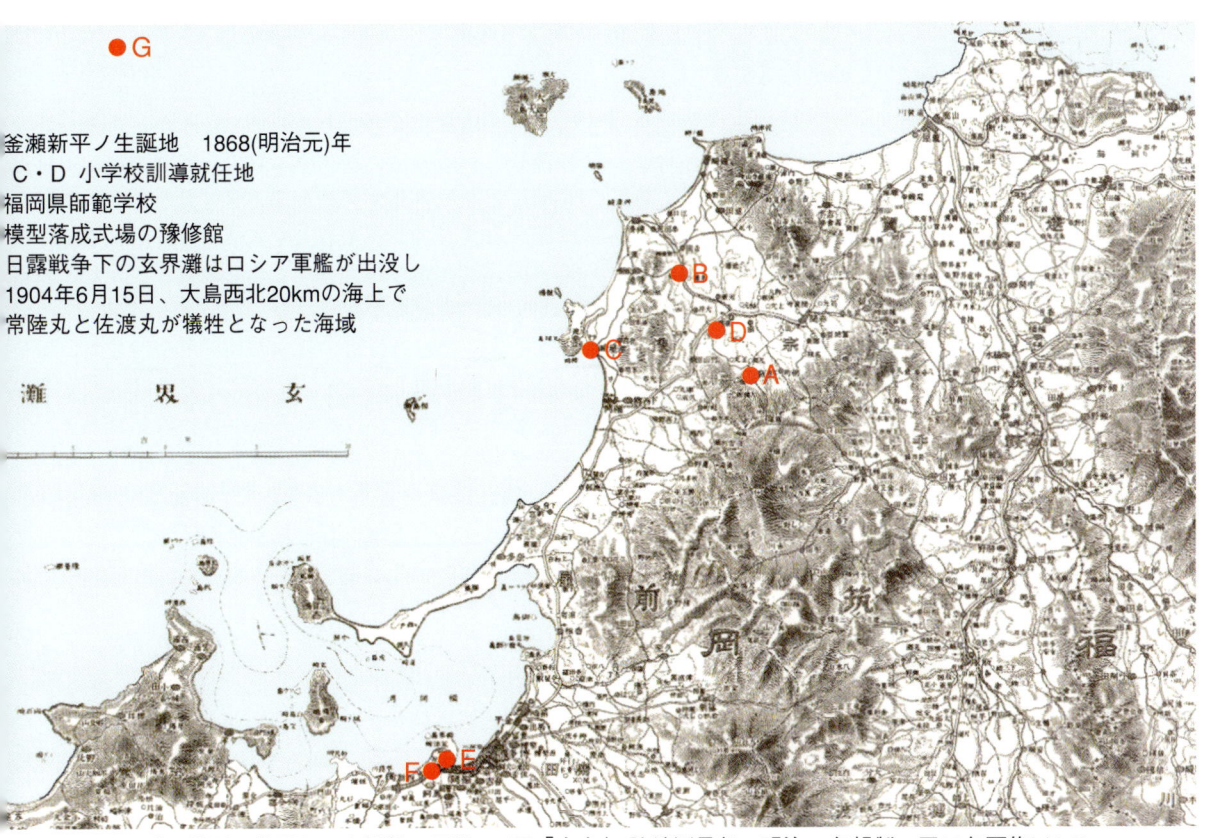

A 釜瀬新平ノ生誕地　1868(明治元)年
B・C・D 小学校訓導就任地
E 福岡県師範学校
F 模型落成式場の豫修館
G 日露戦争下の玄界灘はロシア軍艦が出没し
1904年6月15日、大島西北20kmの海上で
常陸丸と佐渡丸が犠牲となった海域

図　地理模型の基図とした輯製20万分ノ1図「小倉」(陸地測量部　明治22年輯製　同32年再修×0.6)

1868(明治元)年生まれの釜瀬新平は、福岡県師範学校生のとき、東京の帝国博物館(現東京国立博物館)や教育博物館(現国立科学博物館)でドイツ、ロシア製の美しくわかりやすい地図模型を見て感動し、模型を自作して地理教育の効果を高めたいと考えた。

1892年に師範学校を卒業して最初に赴任した小学校では、運動場の片隅に北海道から九州まで長さ約11mの日本地理模型(20万分の1)を粘土で作った。日本海と太平洋は深さ15cmの水面にして、魚の泳ぐ手足洗場とした。山地は緑の苔、都市は玩具屋形、鉄道は銅線、港には舟を浮かべ、児童は楽しみながら日本地理を学んだ。これが評判となり、近隣から見学者が訪れたという。

釜瀬は地理教育において「地図は最高尚の教具」とされているが、内容が抽象的で初級児童は理解しにくい。教材選択の順序は、①実物・実地の観察、②標本・模型③絵画、④図面(地図)と考えた(『小学校地理教授私見』1902年自家版)。そして地理模型を量産普及させるため、1903年に公職を辞して地理模型研究所と豫修館(進学塾)を設立。ここで万博出品の「大日本帝国交通地理模型」(10万分の1)を完成させた。当時の日本領域のうち、展示面積の都合で千島列島と琉球・台湾は分割展示とし、北海道から九州までを39.8mに収めた。

セントルイス万博出品の目的は日本の自然美と交通・産業の躍進を世界にアピールすることで、外国人の観光誘致が期待された。大阪商業会議所の委嘱と農商務省の協賛で、釜瀬が制作責任者となった。模型の基図は当時最も正確な輯製20万分の1地図を、6名の製図職が2倍に拡大(面積は4倍)、山の高さは平面の3倍とし、起伏は和紙に布海苔を加えた練紙を考案し、乾燥すると軽量・堅固な模型となった。

海には水色の甲斐絹を貼り着け、陸地の農耕地は淡黄、山は緑で火山頂は褐色にするなど、彩色の指導は東京美術学校和田英策教授に仰いだ。鉄道線路には遊覧客や地域の特産物を満載したミニSL列車を、航路には船会社が識別できるミニ汽船を浮かべ、都市と主な町村は人口に応じた大きさの建物で示すなど、ミニ模型はすべて博多人形師が腕を振るった。

1904(明治37)年4月30日の万博開幕に向けて、150日足らずの間、昼夜兼行で延べ約1万人の職人を動員し、同年2月13日に完成式(左下写真)。当初予定していた大阪での公開は日時の余裕がなく中止となり、日露戦争の真最中に、博多駅から神戸港〜サンフランシスコ〜大陸横断鉄道でセントルイスに輸送された。万博では12月1日の閉会まで約2,000万人の入場者を記録し新生日本の姿を印象づけた。

閉会後は、日露戦争下の海運と経済事情のため、模型は現地で解体処理され、全体像は幻となった。ここに掲載したわずかな部分写真や試作品と自筆の記録などは、釜瀬新平が1906年に創立した福岡市・九州女子高等学校歴史記念館に保存されている。

この境界は何の境界？

阿部晃子

　図1に日本の白地図を示しました。誰でも一度は目にしている地図です。授業において与えられた題材を指示どおりに着色をしたり、作業をしたりした方もおられるでしょう。図1の白地図を利用して、日本を自由に区分すると想定してみると、まず初めに都道府県をもとに区分した行政区分（図2）が思い浮かびます。47都道府県を8つの地方に区分したり、東日本と西日本と2区分したもの、6つに分けられたJR旅客会社（JR北海道・JR東日本・JR東海・JR西日本・JR四国・JR九州）なども容易に思いつくのではないでしょうか。

　では、少し視点を変えて日本を考えてみましょう。行政によって、便宜上区分された都道府県の境界線とは関係なく区分することもできます。それは、等質地域といって、地域区分を行うとき、自然的現象や社会的現象に同じ性質が認められる範囲で示したものです。これをすることで、地域や範囲がもっている独自の特色が見えてくる場合が多く、他の地域と比較することによってその特徴がいっそう明らかになってきます。自然的現象による区分の例では、県境界とは関係なく日本を気候で区分したものがあります。日本は、日本アルプスや奥羽山脈などの脊梁山脈があるため、冬の降水量の多少によって日本海側と太平洋側とに大別され、さらに細かく区分されています。社会的現象の例では、お正月のお雑煮に欠かせないお餅の形（丸餅と切り餅）など食文化や日本の方言（いる・おるなどの言語の地域性）でも区分できます。

　次は、図3の地図を紹介したいと思います。この地図は何を題材に区分したものでしょうか。地形や地質に通じている方は、新潟の糸魚川と静岡の富士川付近を結んだフォッサマグナと諏訪湖付近から九州中部を斜断するメジアンライン（中央構造線）による地体構造の区分だと思うかもしれません。もしそうだと判断したなら、佐渡島や佐渡島周辺部はどう説明するのでしょうか。実はこれは、日本の地下で生活しているモグラの分布地図なのです。地域によっては、モグラのことをモグラモチ、ウグロ、ムグロ、ムグロモチ、ツチモグリ、ジネなど様々な呼び方があります。そんなモグラはほとんどが地下で生息しているものですから、なじみのない生き物かもしれません。では、このモグラの分布がなぜこのように至ったのか、阿部永の研究に従ってその経緯を記します。

　日本は数回にわたる氷期と間氷期のたびに、大陸との接続と分離を繰り返してきました。大陸と接続した際に、まずセンカクモグラ（*Nesoscaptor uchidai*）やミズラモグラ（*Euroscaptor mizura*）などが日本列島に渡ってきました。その後、アズマモグラ（*Mogera imaizumii*）が大陸から進入し、ミズラモグラのような古い系統の種を駆逐しながら分布域を広げてきました。その結果として、現在のミズラモグラの生息域は本州の山岳域に限られています。さらに遅れて、大型のコウベモグラ（*Mogera wogura*）が大陸から上陸し、コウベモグラよりも小型のアズマモグラを西日本各地の平野や低山帯から駆逐し、本州の中央部まで追いやっている段階です。双方の境界線となっている木曽谷

図1 日本の白地図

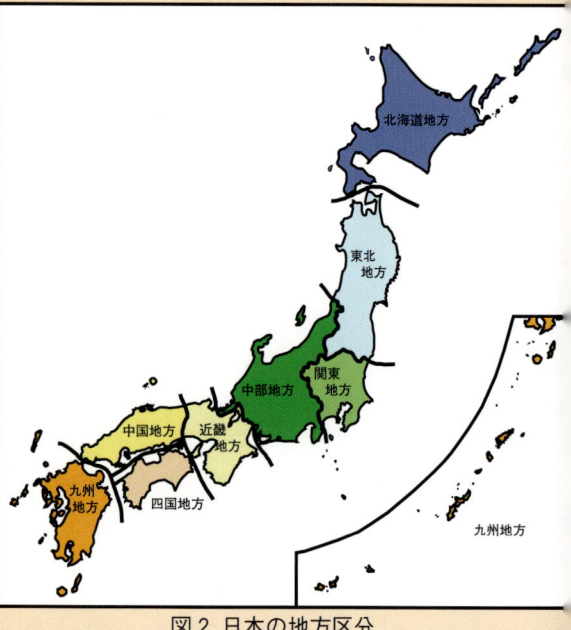

図2 日本の地方区分

や伊那谷においての研究によると、広大で肥沃な土壌が分布している地域では、コウベモグラの生息地拡大の速度が加速され、アズマモグラを排除しながら分布境界線が移動していると見出されました。それとは別に、狭い峡谷部や小石の多く混在する腐植層がうすい地域では、コウベモグラの生息域の拡大速度は遅くなります。これは、小型のアズマモグラのほうが大型のコウベモグラよりトンネルも縄張りも小さいので、労力を節約でき、環境条件によっては適応力があるアズマモグラの分布が有利であるといえます。

　現在のモグラの分布は図3のようになりますが、地質とは別に人間活動による生息環境の悪化はモグラの分布に影響を与えると推測できます。小型のアズマモグラとコウベモグラとの関係がまさにそれを示しています。人間が森を開発し、水田耕作をさかんに行うとともに大型のコウベモグラの分布拡大速度が急速に早まり、アズマモグラはどんどん分布域を縮小していったのです。具体例として、小豆島北部低地のアズマモグラ孤立個体群は、人間による宅地化とコウベモグラの影響を受け、生息状況が危機的状況であると報告されています。モグラだけでなく、生物分布図は人的影響を少なからず受け、分布状況が日々変化していくことは容易に想像できるでしょう。なお図3の凡例1はミズラモグラ（→サドモグラ）、2はアズマモグラ、3はコウベモグラです。

　白地図はつくり手のアイディアでさまざまな地図が完成する、いわばキャンバスと同じなのです。もしかしたら、その地図は世界で1つしかないあなただけのオリジナルの地図になるかもしれません。それほど、白地図は無限大の可能性を秘めた表現方法なのです。地図の中にあなたが体験した、経験した、様々な発見や疑問を表現してみると、新しい地域性が見えてくるかもしれません。

＜文献＞Abe, H. 1996. Habitat factors affecting the geographic size variation of Japanese moles. *Mammal study* 21： 71-87.

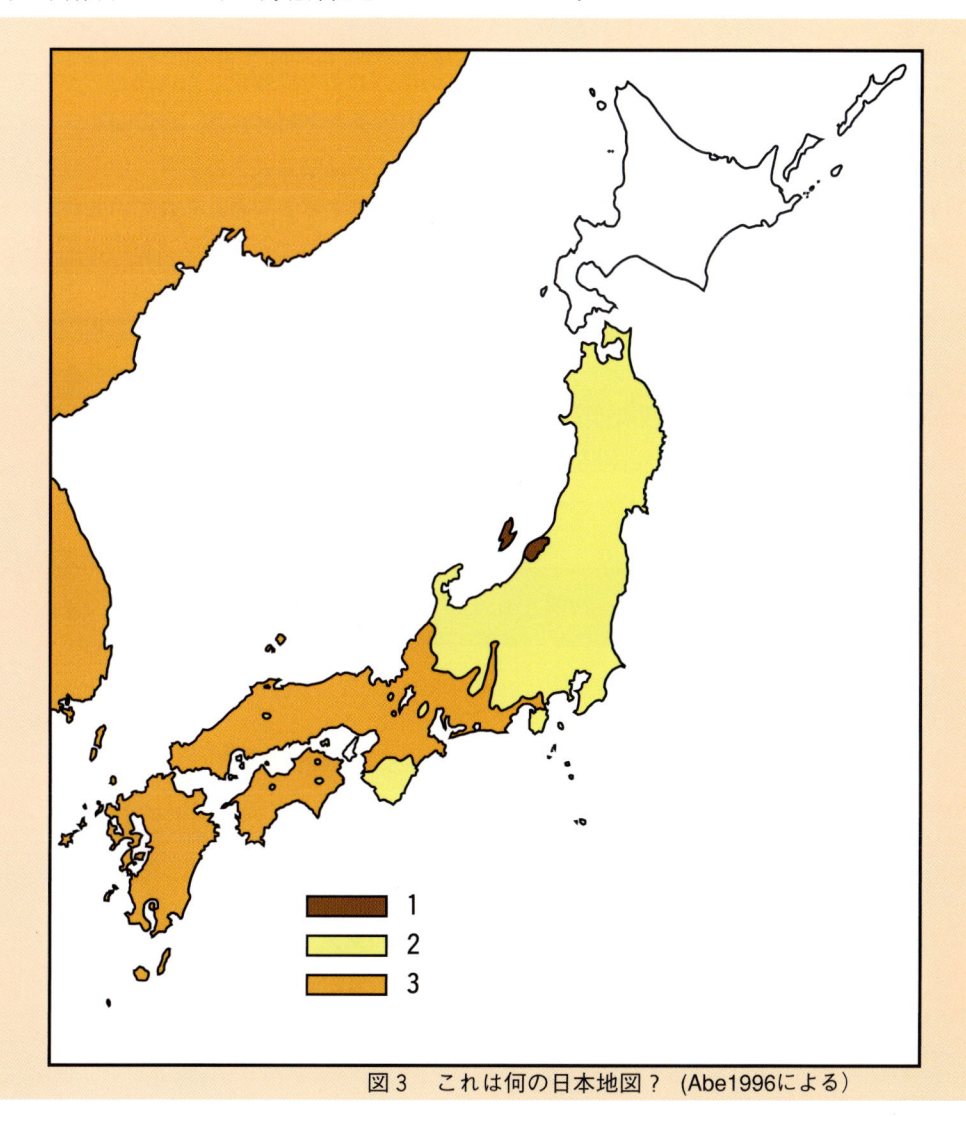

図3　これは何の日本地図？（Abe1996による）

標高150mで高山帯の植生
—阿寒国立公園川湯硫黄山の不思議—

藤田陽子

　阿寒国立公園内の屈斜路カルデラのほぼ中央に位置する川湯硫黄山（アトサヌプリ 512m）は、異常に低い高度で高山帯の植生が見られることで特異である。

　右ページの図2は林野庁が1966年に撮影した空中写真（1/2500）から作った植生図である。

　川湯硫黄や間の北斜面では、標高150m以下には針広混交林が分布し、この上にイソツツジ－シラカンバ群落が現れ、約155mからはハイマツ－イソツツジ群落が一面を覆っている。斜面の勾配が急に変化する遷緩線付近は裸地となっているが、さらに高く登るとふたたびハイマツ－イソツツジ群落が現れる。

　温量指数によると、この地域のハイマツ下限高度は約1700mと算出されているので、150mでハイマツが出現するのは異常である。

　一方、東斜面と南斜面の高度による植生変化は本来の硫黄山の植生分布と考えられ、北斜面の植生だけが特異な植生景観であると判断した。

　北斜面の登山道に沿って50m間隔で植生・地形・土壌などを調査して、図1のような植生断面図を作成した。横軸は基点からの距離である。北から500mまでは針広混交林であるシラカンバ、ミズナラ、アカエゾマツなどが分布し、その林床にはササ類が目立つ。イソツツジは北から350m地点で現れ、500m地点からハイマツがパッチ状にみられる。800～1400mではイソツツジ－シラカンバ群落が広がる。（写真1）イソツツジの下に見られるのがハナゴケやガンコウランで、高度を増すにつれてガンコウランが多くなる。

　1400～1900mはハイマツ－イソツツジ群落となる。（写真2）　最初パッチ状に姿を現したハイマツは、1600m地点からは一面ビッシリと生育し、樹高、胸高直径もこの斜面ではこの高度で最大となる。1900mからは植生破壊を受けており、2150m付近のハイマツは炭のように黒く枯死していて、その周りに若いイソツツジが姿を現している。（写真3）

　硫黄山は石英安山岩の溶岩円頂丘である。噴気口の周りに露岩が目立っていて、大雨時と融雪時に土砂が流れやすい。遷緩線付近の裸地は硫黄山とかぶと山の間の谷から細粒化した細礫などが土石流として運ばれてきたと解される。（写真4）

　イソツツジは噴気による影響で他の植生ができない環境に生育するとも考えられているが、不安定な土石流堆積物の上にイソツツジがパイオニア的に生育し始めることにより土壌が安定し、そこに山頂のハイマツの球果がホシガラスによるか、または降雨による土砂と共に運ばれてハイマツ群落を成立させたのではないかと推論した。

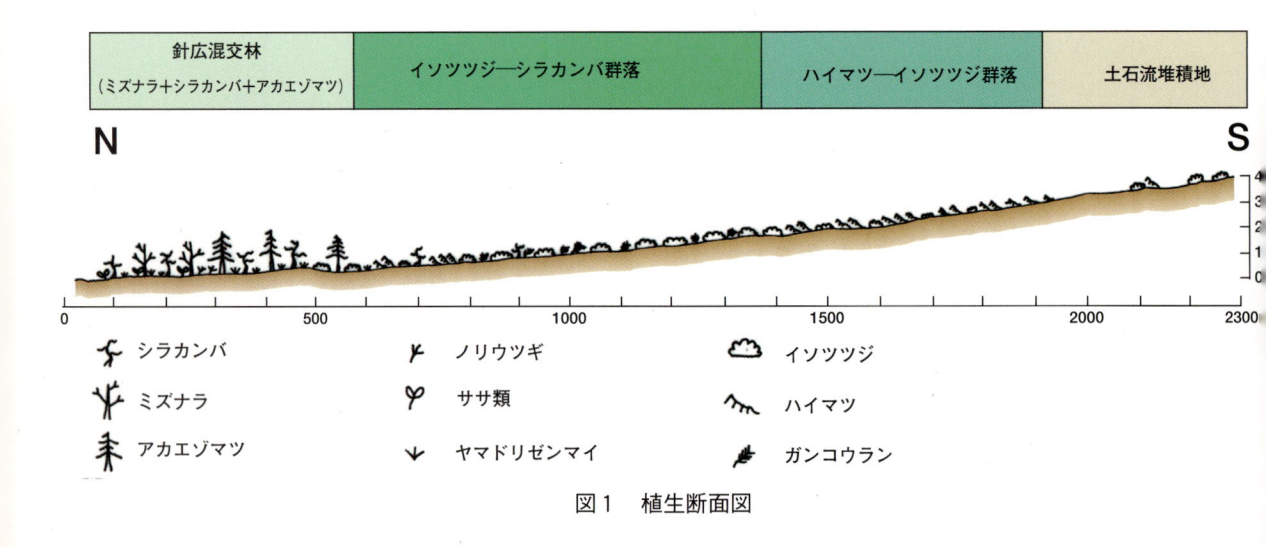

図1　植生断面図

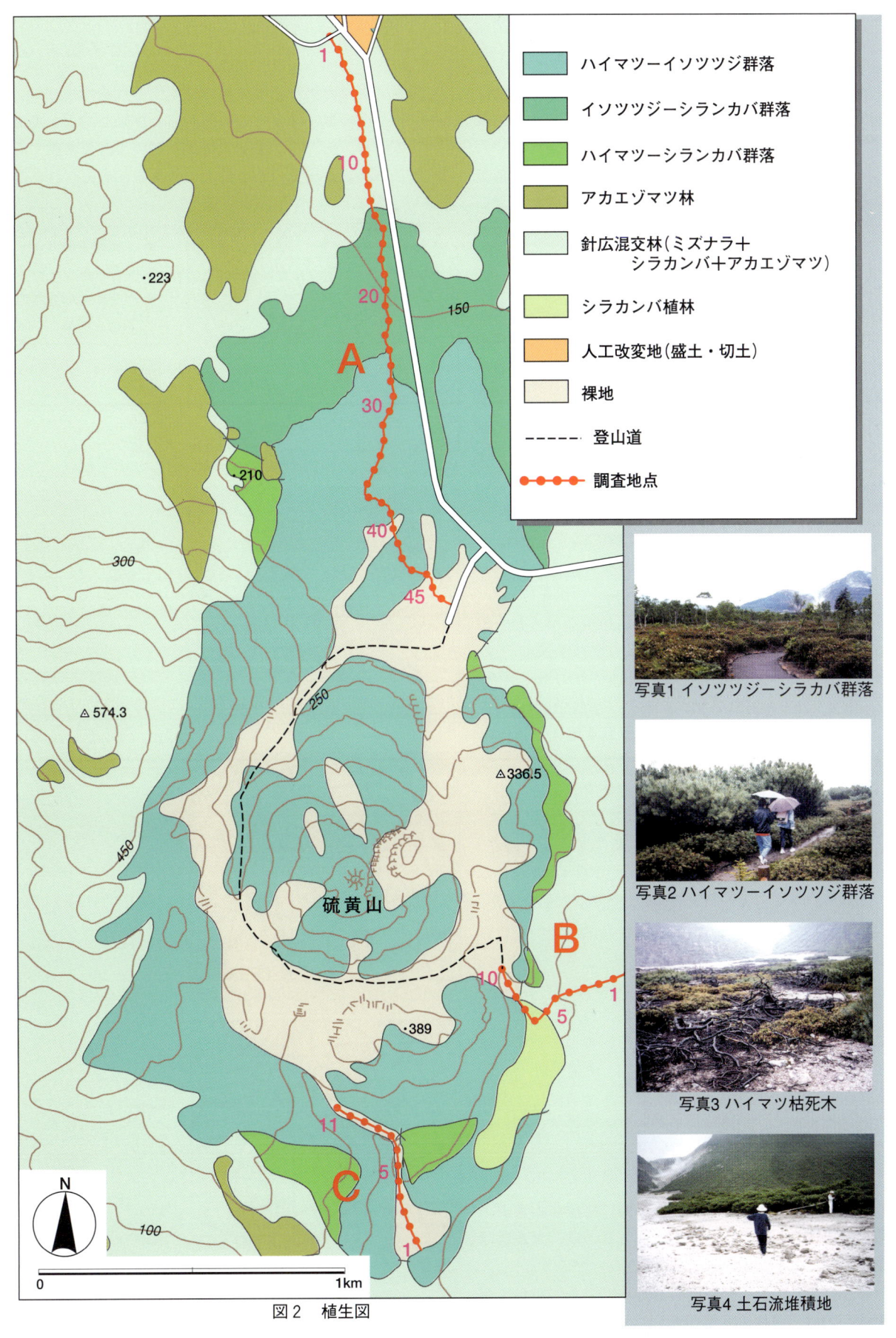

凡例	
	ハイマツーイソツツジ群落
	イソツツジーシラカンバ群落
	ハイマツーシラカンバ群落
	アカエゾマツ林
	針広混交林（ミズナラ＋シラカンバ＋アカエゾマツ）
	シラカンバ植林
	人工改変地（盛土・切土）
	裸地
---	登山道
●―●	調査地点

写真1 イソツツジーシラカンバ群落

写真2 ハイマツーイソツツジ群落

写真3 ハイマツ枯死木

写真4 土石流堆積地

図2　植生図

津軽平野の冬の風

宮本航大

　青森県津軽平野は周囲を1000～1600m級の山地（岩木山・白神山地・八甲田山など）に囲まれた北西に開けた平野である。特に平野南東部（弘前付近）はいわゆる盆地状の地形を形成している。このような地形条件から冬季の北西季節風などが平野部に侵入しやすいことが容易に推測される。ところが弘前付近における冬季の卓越風向は南西である。

　そこで筆者は冬季、津軽平野でどのような地上風系が形成されているのかについて総観気候学的な立場から考察を行った。また、上層風の解析等から盆地状に近い地形が大気に与える影響とその結果生じた特有の局地的地上風系についても考察を行った。なお、地上風系を分類するにあたっては、対象について制約がなく、計算の上でも制約の少ないクラスター分析法を使用した結果、4つのクラスター（図）に分類された。

　これら4つのクラスターのうち、クラスター2を除いた3つのクラスターでは、風速が比較的強く、西成分の風を伴った風系という点で共通性が認められる。一方、クラスター2は風速が弱く、南成分の風を伴った風系である。西成分の風を伴った風系（クラスター1、3、4）の中では、クラスター3が最も風速が強く、真西の風が多い。クラスター1では北西寄りの風、クラスター4では南西寄りの風になるという点で違いがみられる。また、すべての地上風系で最も風速が強いのは青森であり、最も弱いのは弘前である。

　気圧配置型と各クラスターとの関係をみると（表）、クラスター1、3、4は西高東低型、若しくは北日本を低気圧が通過する型の場合に出現頻度が高く、西高東低型の時にクラスター3の出現頻度が最も高い。一方、クラスター2の場合には各気圧配置型において出現頻度が10～15%であるが、移動性高気圧型の場合には26%となっている。

　このようにこれらの地図から、気圧配置型の違いにより冬季、津軽平野では異なった地上風系が形成されていることが読み取れる。すなわち、冬型が強まるほどクラスター3の出現頻度が高まり、津軽平野では西風が強まる。一方、冬型が弱まるとクラスター2の出現頻度が高まり、山地等の地形の影響を受けた弱い南寄りの風になる。

　また、山地の標高に大きな違いがあるものの、西成分を伴った風に対して、同じ風下側に位置する青森、弘前で風速に大きな違いがみられることは、大変興味深い結果であった。

　著者は併せて上層風の解析も行っているが青森で風が強いのは、西高東低型、若しくは北日本を低気圧が通過する型の場合に高頻度で発生する乱流によって、平野上空の風が地表付近に伝わった結果であると推測している。ただし、弘前で風速が弱いことを考慮するとこの現象は規模の小さいものであると考えられる。

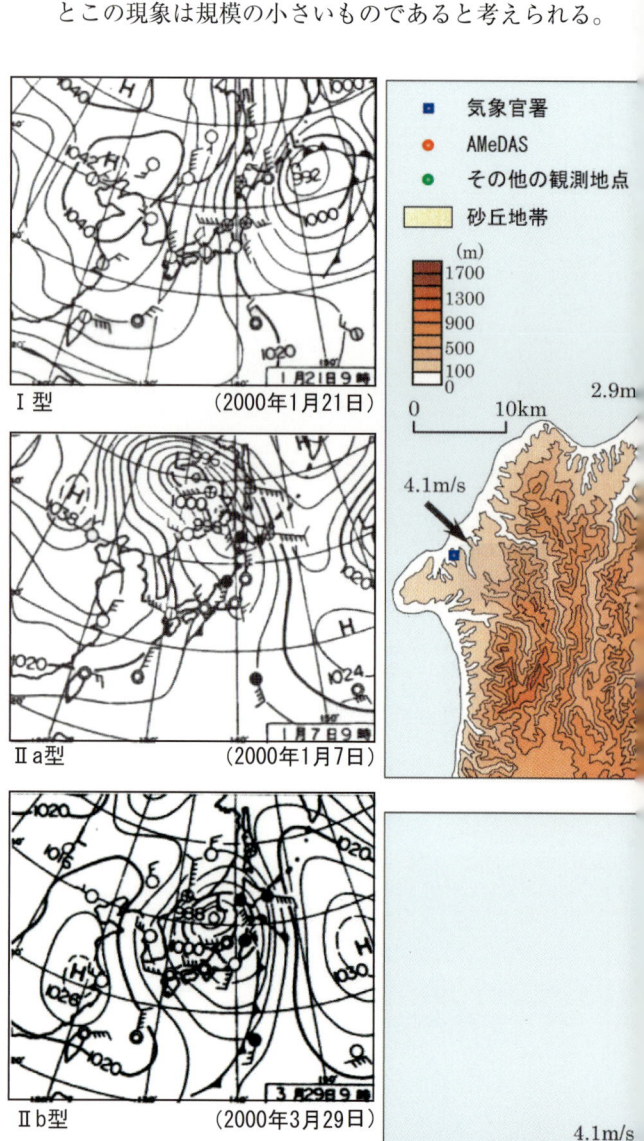

Ⅰ型　　　　　（2000年1月21日）

Ⅱa型　　　　　（2000年1月7日）

Ⅱb型　　　　　（2000年3月29日）

Ⅲ型　　　　　（2000年3月2日）

表　気圧配置型における各地上風系出現頻度

	I	IIa	IIb	IIc	IId	III	総数
ster 1	41%	19%	7%	17%	6%	11%	52
ster 2	16%	17%	15%	8%	17%	26%	112
ster 3	59%	31%	3%	2%	5%	0%	65
ster 4	48%	19%	2%	0%	15%	16%	82

I　：西高東低型
IIa：低気圧型—低気圧が北海道またはサハリン付近を東に進む
IIb：日本海低気圧型—低気圧が日本海から北東に進む
IIc：南岸低気圧型—低気圧が台湾から日本の太平洋岸を
　　　　　　　　　東～東北東に進む
IId：二つ玉低気圧型、または日本海と太平洋に低圧部が存在する型
III　：移動性高気圧型

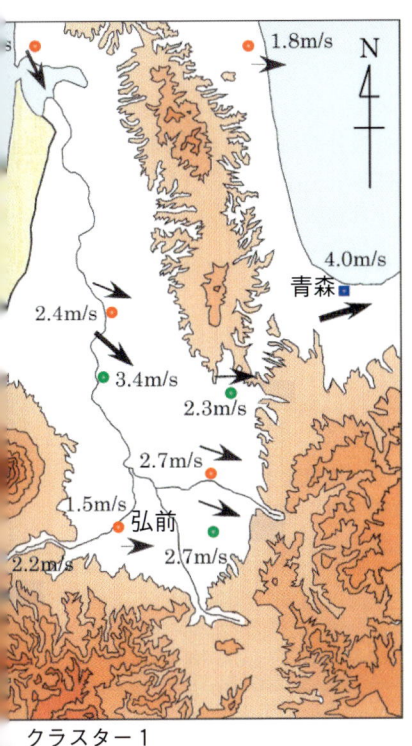

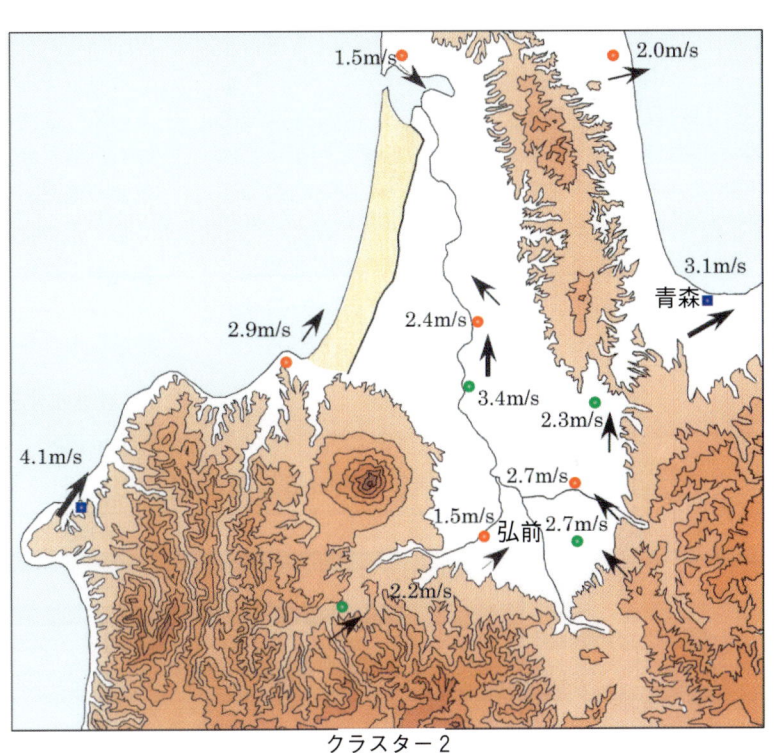

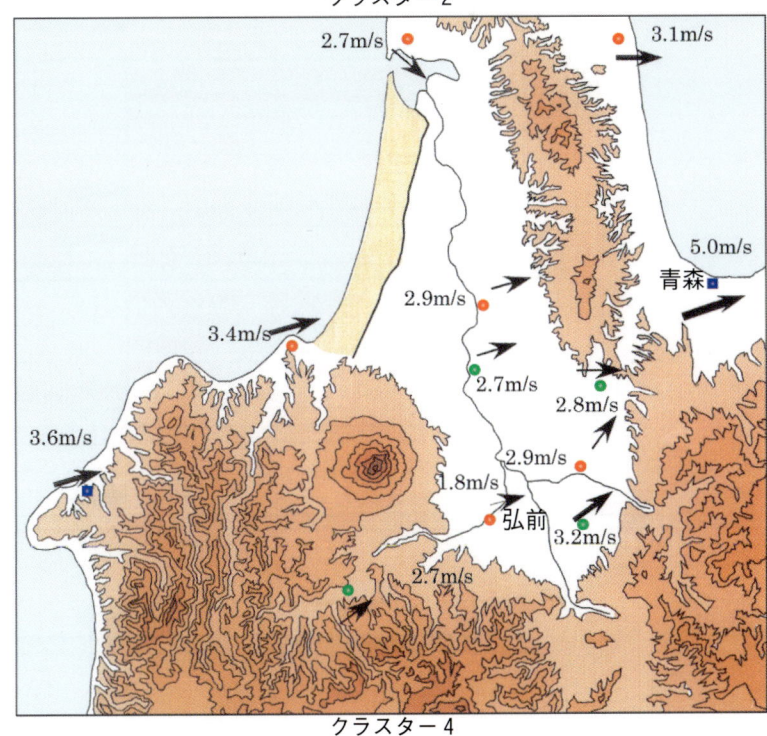

図　冬季津軽平野で形成される地上風系のクラスター分析

地下鉄で吹いている風はどんな風？

麻田典生

　皆さんが普段利用する地下鉄で、風を感じることはありませんか？その風はどこから吹いてくるのでしょうか。その風には強弱があったり、風向が変わったりすることに気がついていますか。

　私は、学生の時に日本や海外で地下鉄の風を不思議に思ってきました。そして、実際に地下鉄から許可をもらって乗客の少ない時間帯に駅のホームや出口付近などで風速と風向を観測してみました。観測した結果は秒単位で折れ線グラフにして分析しましたが、ここではわかりやすくするため、イラストを使った図で紹介します（図1）。

　図1からわかることは、列車の動きと風が連動していることです。列車が図の左から右へ駅に入ってくる場合は、停車する前後に列車の進行方向と同じ向きの風が少し強くなります。列車が右から左へ進む場合には、駅に接近する時にトンネルの中の空気を押し出し、発車直後にはトンネルに吸い込まれる風が非常に強くなっています。数分間隔での風速の変化は、このように列車のやってくるタイミングや運行頻度によって複雑な様相を呈します。

　秒単位で描いた折れ線グラフは省略しましたが、地上の駅で観測したのでは現れない小さなギザギザが目立ち、地下鉄の風は数秒間隔で小さく変動していることが特徴だとわかりました。なぜでしょう？

　地下鉄は、実際に目に見える部分はほとんどありませんので地形図で調べてみると、大部分は道路の直下に建設されていることがわかります。道路は地下鉄の建設前から存在し、古いものでは中世にさかのぼるも

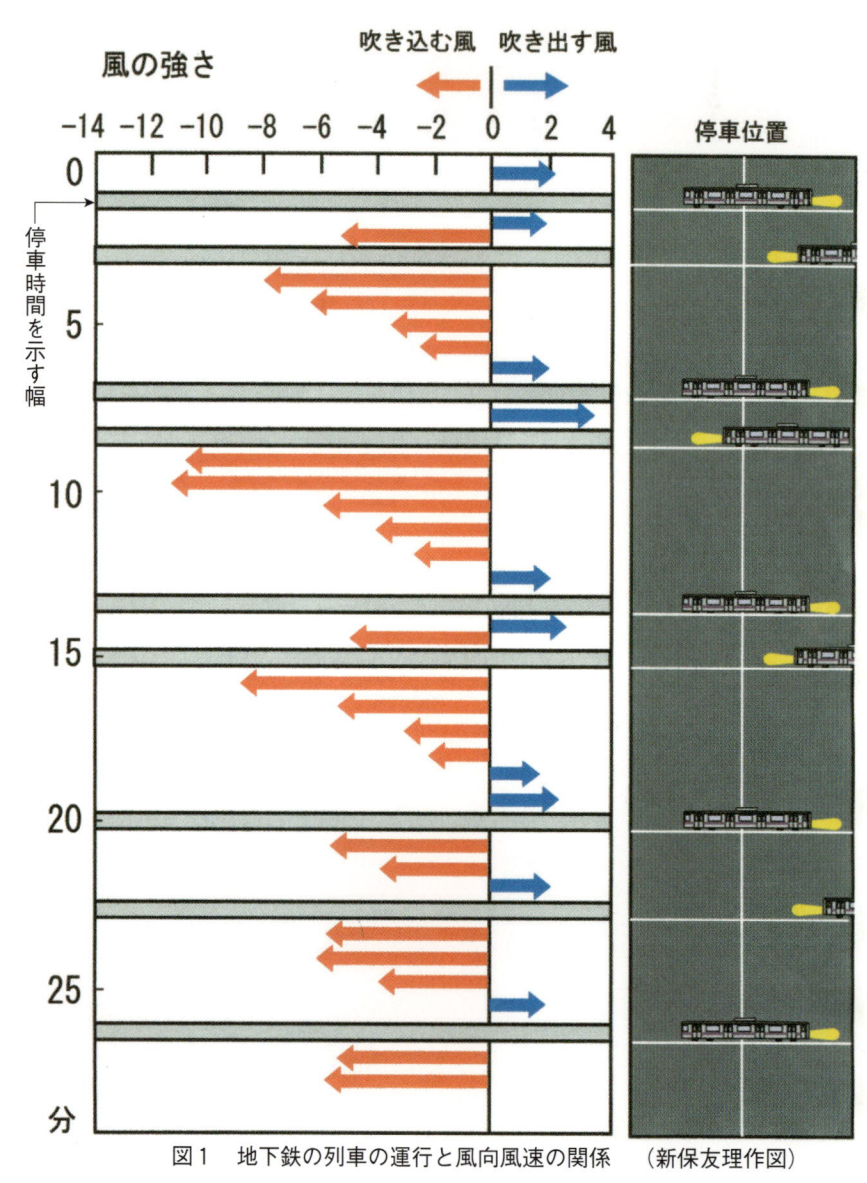

図1　地下鉄の列車の運行と風向風速の関係　　（新保友理作図）

のもあります。そのため、道路は曲がりくねっています。

地下鉄は、多くは昭和40年(1965)年代以降に建設されました。そのころは都市化が進み、道路の直下に建設されるようになってきました。そのため、地下鉄は道路に合わせて小さなカーブがたくさんあります(図3)。また、東京は小さな谷が刻まれた台地にあるため、左右のカーブに加え、上下の起伏があります（図4）。

地下鉄のトンネルの形状にも、風を増幅させる原因があります。古い時代の地下鉄はあちこちに換気口がありますが、1960年代後半以降はチューブ状の形状(シールド工法)で建設されています。そのため断面は筒型でピストン形状で、古い地下鉄では起こらなかったような強い風が発生するようになりました。郊外列車が相互乗り入れをするようになった路線では、列車のスピードが増して一層強い風が吹くように思います。これに地形の制約(上下・左右)が加わって微妙に列車のスピードに強弱が発生するのです。秒単位で風速が強くなったり弱くなったりするのはそのためだと考えられます。森井宣治教授（沼津高専）は、風洞実験によってトンネルの直径と列車断面の率（閉塞率）と、トンネルの風の強さとの相関関係が高いことを証明しています。

鉄道会社では現在でも様々な風に対する工事をして安全に配慮しています。

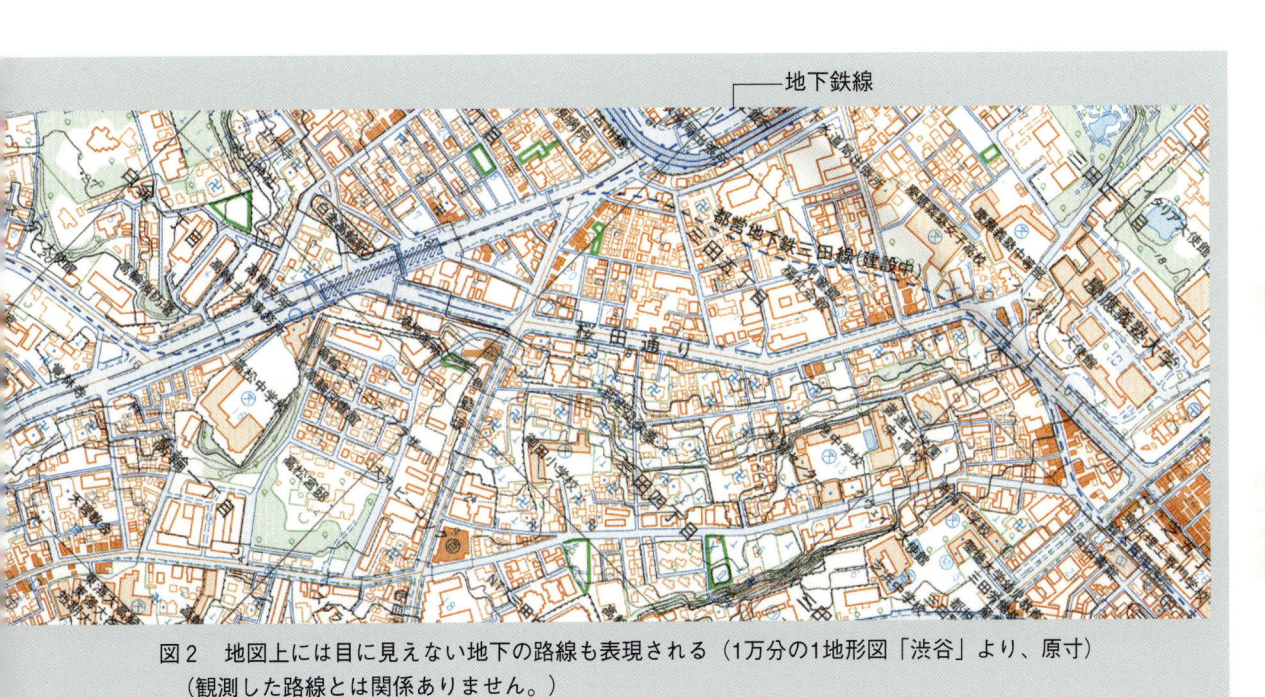

図2　地図上には目に見えない地下の路線も表現される（1万分の1地形図「渋谷」より、原寸）
（観測した路線とは関係ありません。）

図3　武蔵野台地の下を走る東京の地下鉄路線とトンネルの形状

小笠原諸島父島の松枯れ拡大図

清水善和

　筆者は1970年代後半より小笠原諸島をフィールドに島の植物の生態・進化について研究をすすめてきた。ハワイ諸島をはじめ大洋中に孤立した島々では、昔から外来種の侵入と在来種の絶滅が大きな問題となっており、小笠原も例外ではない。

　世界各地の侵入の事例を扱ったエルトンの著書『侵略の生態学』には、ある外来種がある地域に侵入した後、どのように分布を拡大したかを示す多数の図版が掲載されている。何年にどこまで広がったか地図上で色分けされたり、等高線のような形で範囲が示されたりしている。島で侵入の問題を扱っている筆者としては、こうした図をいつか自分で作ってみたいと考えていた。

　1979年にその機会が訪れた。この年、本土で猛威を振るっていたマツノザイセンチュウが小笠原諸島父島にも侵入し、小笠原のリュウキュウマツが枯れ始めたのである。小笠原にはもともと在来のマツはなく、リュウキュウマツは戦前に沖縄から導入されたものである。戦後の米軍統治下の時代（1945～68年）に、このマツと在来種のムニンヒメツバキが、放棄された戦前の畑跡に進出して広大な二次林（マツ・ヒメツバキ林）を形成していた。

　筆者は1979年に松枯れを確認すると、翌年から毎年年末に、父島全体をカバーできるように見晴らしのよい山頂や尾根を回って、地図上にその年に枯れたマツ（鮮やかな赤茶色の枯葉をつける）の位置を記録していった。

　松枯れの進行は予想以上に速かった。マツ侵入後2年目の1980年は、夏に雨がほとんど降らず記録的な旱魃となったこともあり、乾燥と虫害でダブルパンチを受けたマツが大量に枯死した。これで一挙に勢いをつけた松枯れは、その後も分布を拡大し続け、4年目の1982年にはほぼ父島全域に広がった。この当時、全山が枯れたマツで真っ赤に染まり、まるで落葉広葉樹林の紅葉をみるようであった。

　マツは枯れると3年目ぐらいには葉や小枝を落とし、その後は幹の樹皮がはがれて「白骨状」になる。5,6年を過ぎると根元から折れて倒木となるものも現れる。一時は積み重なる倒木で林内が歩けないほどにもなった。食料の増加でシロアリが繁殖し、初夏の交尾期には大量の羽アリが発生した。

　松枯れはマツノマダラカミキリとマツノザイセンチュウとの共同作業で引き起こされる。ザイセンチュウの感染によって弱ったマツにカミキリが取り付いて食害を加え、その際にカミキリの体内に入り込んだザイセンチュウがカミキリの移動とともに新しいマツに運ばれて、新たな感染を引き起こすのである。

　そこで、1979年から1982年まで記録した枯れマツの分布図をもとに、松枯れの分布拡大図を作成した。カミキリが前年の枯れマツから最短距離で当年の枯れマツに移動したと仮定して、一番近い枯れマツ同士を矢印で結んでいった。こうしてできたのが右図である。この図をみると、松枯れはまず西海岸の車道沿いに広がり、その後各地の谷筋を遡って拡大していったことがわかる。

　松枯れにより当時のマツ親木の約80％が枯死したので、当時のマツ・ヒメツバキ林の多くは現在、マツの欠けたヒメツバキ林として再生しつつある。

写真1　躑躅（つつじ）山北方の松枯れ以前の景観（1977年撮影）
広大なマツ・ヒメツバキ二次林が山腹斜面を覆っていた。

写真2　躑躅山北方の松枯れ状況（1982年撮影）
赤茶色の樹冠は当年に枯れたもの、白っぽい樹冠は前年に枯れたもの。

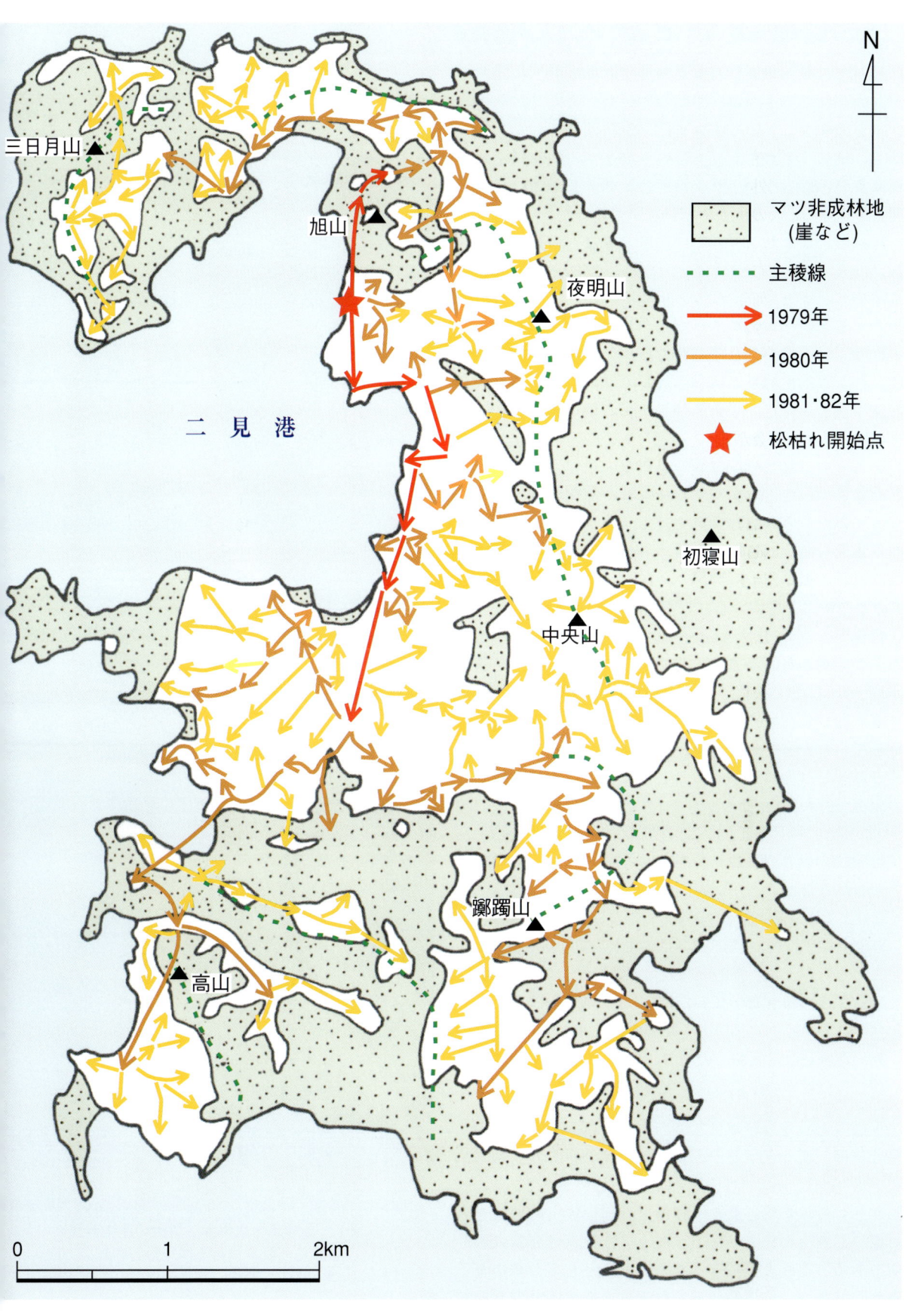

図 松枯れの分布拡大図

空港建設地をかえた地図

中井達郎

　1987年、私は沖縄県石垣島の白保サンゴ礁上に建設が計画された空港問題に関わっていた。当時「アオサンゴを守ろう」というスローガンが叫ばれていた。しかし、単に「アオサンゴ」というひとつの生物種を守れば良いのだろうか。サンゴ礁のシステムあるいは生態系を守ることが重要なのではないだろうか。

　1988年、アオサンゴ群集に配慮することが織り込まれた計画の変更がなされた。しかし、2500mあった滑走路をアオサンゴ群集の部分をはずすように南側500m短くするというものであった。さて、本当にこれで、アオサンゴ群集が守れるのだろうか。そして、この地域のサンゴ礁生態系が保全されるのだろうか？それを判断するためには、この地域のサンゴ礁生態系の特質を把握する必要がある。

　それまで、私はサンゴ礁地形研究の中で、各地のサンゴ礁について、空中写真判読を行い図化する作業を行ってきた。とくに与論島では、サンゴ礁上の微地形や生物の分布、あるいは堆積物の挙動を調べ、空中写真に表れる微地形配列のパターンが、海水と堆積物の動きを示すことを明らかにしていた。

　白保サンゴ礁についても、空中写真判読を行い、微地形の配列から、海水と堆積物の動きのパターンを読み取った（図1）。さらに、既存の資料から生物分布や海水流動に関するデータを重ね合わせた（図2）。そして、わかってきたのは、次のようなことであり、その結果を社会に提示することなどによって建設位置の変更が行われた。

　1）図3に示したようにこの地域のサンゴ礁は、海水・堆積物の動きや生物の分布から3つのユニットに区分されること。

　2）とくに空港計画地の南半分が重なるユニットでは、卓越する海水や堆積物の動きは、北から南であること。

　3）したがって、空港計画地は、このサンゴ礁における保全対象となっていたアオサンゴ群落や、ハマサンゴのマイクロ・アトール群の「上流」側にあたり、空港建設を実施した場合、これらの保全対象を含むこの地域の生態系に多大な悪影響が及ぶこと。

　生態系というと往々にして、物質循環や生物間の関係は把握しようとするが、現実の空間の中での生物－環境間の関係、場の特性の把握は見落とされがちである。しかし、環境影響評価や環境保全計画は現実の地域を対象にしたものであり、上記のような視点は非常に大切である。それを把握するための手法として、空中写真判読結果や、位置情報を含むデータを地図上で重ね合わせることは、大変に有効なのである。

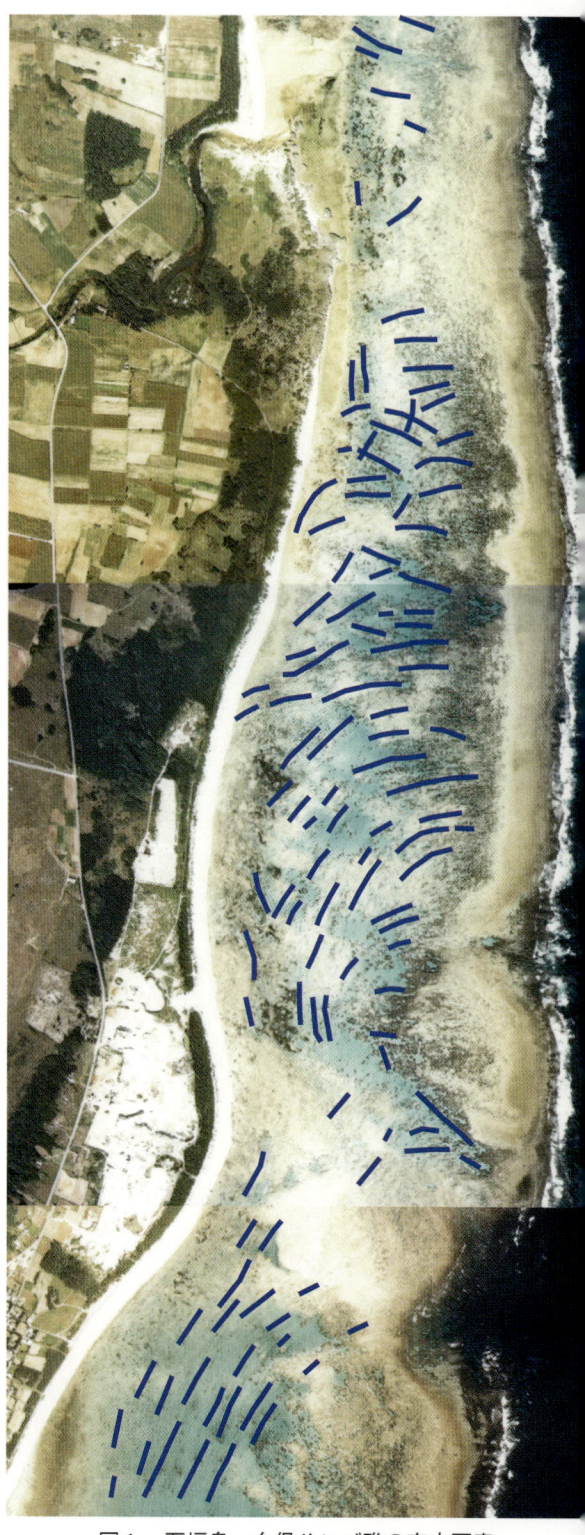

図1　石垣島・白保サンゴ礁の空中写真
青線は、写真から読み取れる微地形等の配列方向の一部を示した。空中写真は、国土地理院1977年撮影。

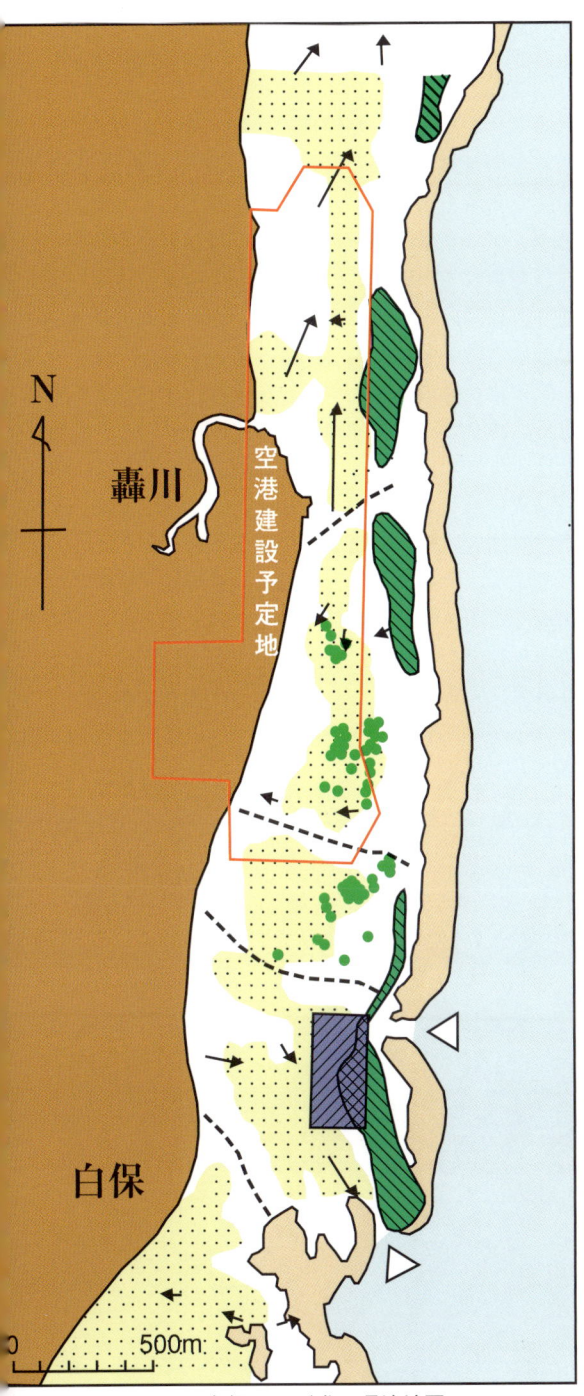

図2　白保サンゴ礁の環境地図

1. 礁嶺：低潮時に干上がる。
2. ワタンジ：浅い露岩地 低潮時に浜から礁嶺に渡ることができる。
3. 砂質底
4. 生きているサンゴ被度が40%以上の地域
5. アオサンゴが「多い」区域
6. 大型マイクロアトール（主にハマサンゴ）
7. 海水の流れ（下げ潮時）
8. 水路

1～3、6は渡久地・目崎(1987)による。
1、5、7は新石垣空港建設にかかわる埋立事業、環境影響評価準備書(沖縄県 1988)による。

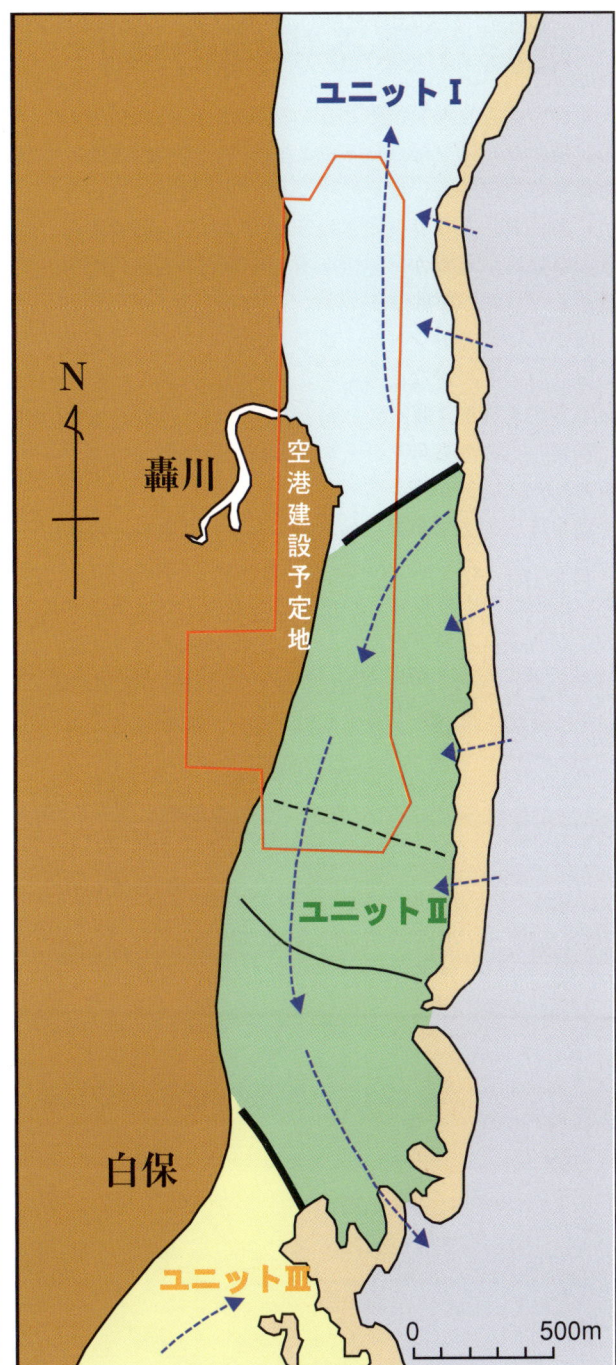

図3　自然地理的ユニット地図

ワタンジ
- 海水流動を境するワタンジ
- アオサンゴが「多い」区域と大型マイクロアトール分布域を境するワタンジ
- その他のワタンジ

海水流動パターン
- 空中写真判読と観測値からみた卓越的な海水の動き

図2、図3は、日本自然保護協会（1991）の図を一部改変

地図が語る疾病の流行

中谷友樹

　疾病の流行を地図に落としてみると、その疾病の対策に重要な知見を得られることがある。その伝説的とも言える実例は、19世紀のロンドンで医師ジョン・スノーの作成したコレラ患者の分布図であり、医療関係者のみならず地図の可能性を考える多くの人々の心を魅了してきた（中谷ほか，2004）。スノーは、彼の住む場所からほど近いソーホー地区での激しいコレラ流行に直面し、その対策に奔走する。その成果の1つが、コレラ患者（死亡者）の分布と、当時の人々が日常的に利用していた公共水道ポンプの分布を重ねた地図である。

　図1は、スノーが残した地図からコレラ患者と水道ポンプ、街区線を取り出し、GISを用いて現代のロンドン市街の空中写真に重ねたものである。コレラ患者の広がりをみると、その中心に、1つの水道ポンプが位置している。これは、コレラ菌という存在が認められていなかった1850年代であっても、「汚染された水によるコレラ流行」を説得的に提示せしめるものだった。この地区での流行では10日あまりの間に500人を超える死者を出したが、スノーの勧告により問題の水道ポンプの利用は停止され、流行はほどなく収まったと伝えられている。この1km四方の街区ソーホーの町並みは当時と大きく変わったが、空から見える通りの形態は当時からほとんど変わっていない。

　次に流行地域の拡大する様を描き出す地図をみてみよう。図2の一連の地図は、新たにHIV（ヒト免疫不全ウィルス）に感染した人々の数（推定値）を、都道府県別に示したものである（Nakaya et al., 2005）。各都道府県は人口規模に比例した大きさの白い円で表現されている。その内側の赤い円は、新規HIV感染者数に比例した大きさで描かれている。白い円と赤い円のスケールは異なるが、白い円に対する赤い円の大きさをみれば、大都市圏でとくに感染した人々の割合が大きいことが見て取れよう。このような円によって何かの

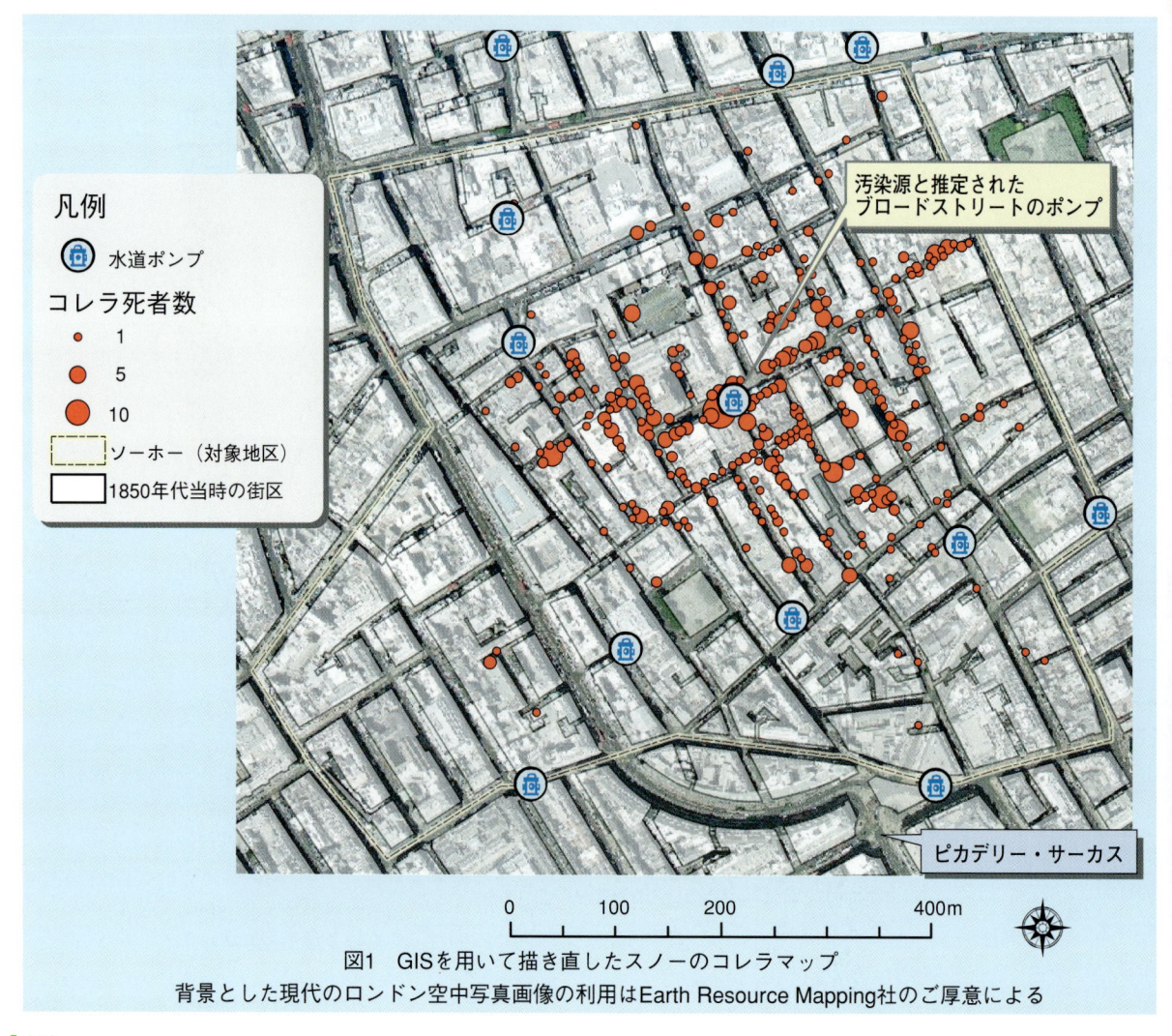

図1　GISを用いて描き直したスノーのコレラマップ
背景とした現代のロンドン空中写真画像の利用はEarth Resource Mapping社のご厚意による

規模を表す地図表現を、円カルトグラムと言う。

　1990年代には感染の大部分は東京に集中していたが、次第にその周辺地域での流行が大きくなっている。流行が既にみられる地域からその周辺地域へと連続的に拡大していく、いわゆる「近接的拡散」である。他方で、大阪・福岡など地方の大都市での流行も目立って大きくなり、その周辺地域へも流行が拡大している。流行が、規模の大きな都市・地域へ飛び火し、順次規模の小さな都市・地域へと広がる「階層的拡散」である。円カルトグラムを用いると、地域の人口規模とも関連した疾病の空間的拡散過程をよく理解できる。

　日本のHIV感染率は未だ先進諸国の中では低いものの、その増加率は近年とくに著しい。これら一連のHIVの日本地図を通して見えてくるものは、大都市を流行の中心としつつ、もはや「どこにでもある疾病へと広がったHIV流行の姿である。

1990年

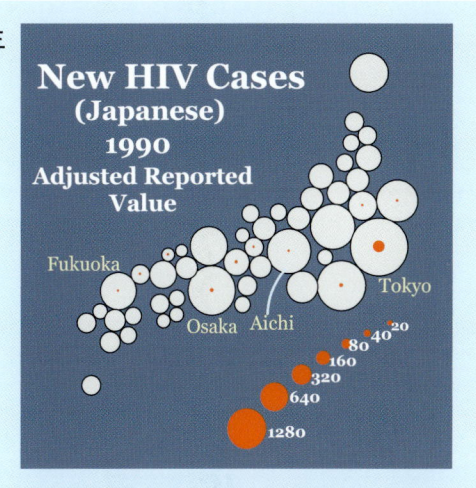

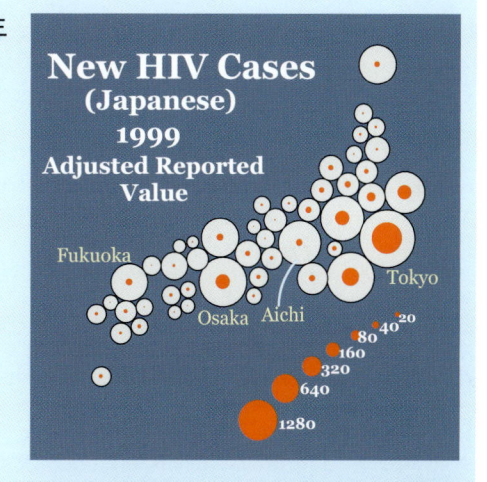

1993年

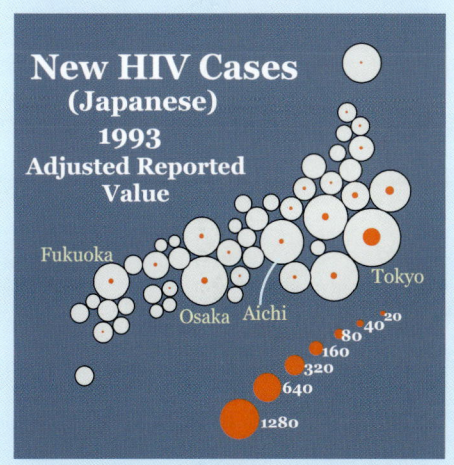

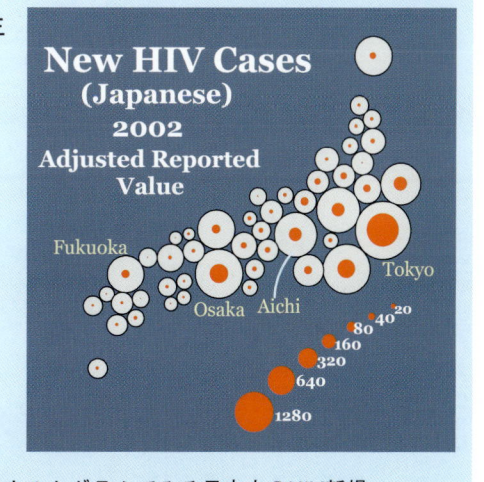

1996年

1999年

2002年

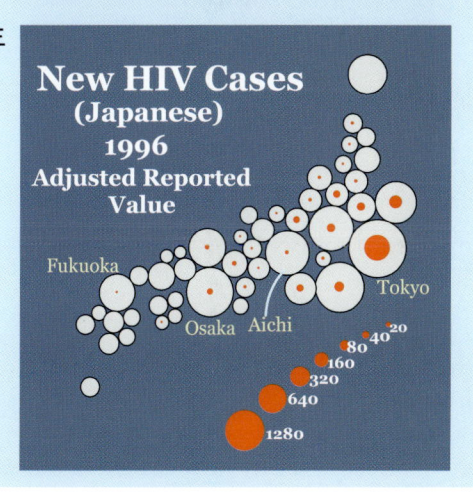

図2　円カルトグラムでみる日本人のHIV新規感染者分布の推移(1990年から2002年)
出典：Nakaya et al. (2005)

文献
中谷友樹・谷村晋・二瓶直子・堀越洋一(2004)：『保健医療のためのGIS』，古今書院
Nakaya, T., Nakase, K. and Osaka, K. (2005): Spatio-temporal modelling of the HIV epidemic in Japan based on the national HIV/AIDS surveillance. Journal of Geographical Systems 7, 313-336

信濃川とテムズ川を比べたら何が見える？

飯塚隆藤

　日本の河川では、江戸時代から昭和初期頃まで河川舟運が盛んに行われ、年貢米や商品作物などの輸送に貢献していた。しかしながら、その後は鉄道やトラックなど陸上交通の発達により衰退していった。現在では、河川舟運といえば近世や近代のことと認識している人も少なくない。

　私は大学2年時から河川舟運に興味を抱いていた。欧米や東南アジアの河川舟運の映像や写真はよく見かけるのに、日本ではいまなぜ河川舟運が盛んではないのか。こうした疑問を持って、私は日本の河川舟運を研究テーマに決めた。

　現在、日本では、東京・大阪・新潟・広島・三重などで河川舟運が行われている。そのほとんどが水上バスである。

　新潟市を流れる信濃川では、信濃川ウォーターシャトルと名付けられた水上バスが、10時頃から18時頃まで運航されている（図1）。市ではこの水上バスを通勤通学など"市民の足"として公共交通の一つにしようと計画・推進しているものの、運航本数は1日8本（そのうち毎日運航は4本のみ）とバスと比べて少なく、通勤通学の交通手段としてはほとんど利用されていない。現在、信濃川では水上バス利用者の増大や通勤通学輸送の実現に向けて、乗船場を増やすなど社会実験やイベントなどが行われている。

写真　万代橋を通る信濃川ウォーターシャトル

運航の有無	ふるさと村	県庁前	万代橋西詰	朱鷺メッセ	みなとぴあ
▲	10:00	10:20	10:40	10:48	10:52
○	11:00	11:20	11:40	11:48	11:52
■	12:00	12:20	12:40	12:48	12:52
○	13:00	13:20	13:40	13:48	13:52
■	14:00	14:20	14:40	14:48	14:52
○	15:00	15:20	15:40	15:52	15:56
■				16:55	16:59
○	17:15	17:35	17:55	18:03	18:07

▲ 土休日及び平日予約のみ運航
○ 毎日運航
■ 月曜日運休
　（但し、団体予約については応相談）

図1　信濃川における河川舟運

2004年2月、私はロンドンを流れるテムズ川の調査を行った。テムズ川は舟運で有名だが、日本の河川とどのようなちがいがあるのだろうか。

　テムズ川では5つの会社が水上バスを運航しており、"通勤輸送サービス"として、朝6時台から夜20時台まで1日24本の通勤輸送が行われている。

　ここで、両者を比較しやすくするために、図2では信濃川の地図と同縮尺にし、かつ両河川の流れる向きをあわせるために45度回転させてみた。その結果、2つの河川は川幅がほとんど同じであること、テムズ川のほうが水上バスの乗船場が多く、乗船場間の距離も短いことが読み取れた。

　さらに、両河川の水上バスの時刻表をみてみると、信濃川では「ふるさと村」から「みなとぴあ」までの約10kmの間を52分かけて走るのに対し、テムズ川では乗り場番号4から9までの約7kmを24～26分で結んでいる。このように地図と時刻表をあわせみることで、水上バスの運航速度を比較することができた。

　以上のように、これまでの河川舟運研究ではあまり行われてこなかった同縮尺の地図による比較を通して、乗船場の立地や運航速度などのちがいが見えてきた。どちらの地図にも、河川と水上バスの乗船場、鉄道駅、主要道路など最小限の地域情報しか記載していない。この地図の上に、人口分布や商業地域、学校、工場、社会施設などさまざまな要素を載せていくことで、新たな発見が期待できる。今後も河川舟運に着目し、各河川の地図化を試みるとともに、日本における河川舟運の役割等について考えていきたい。

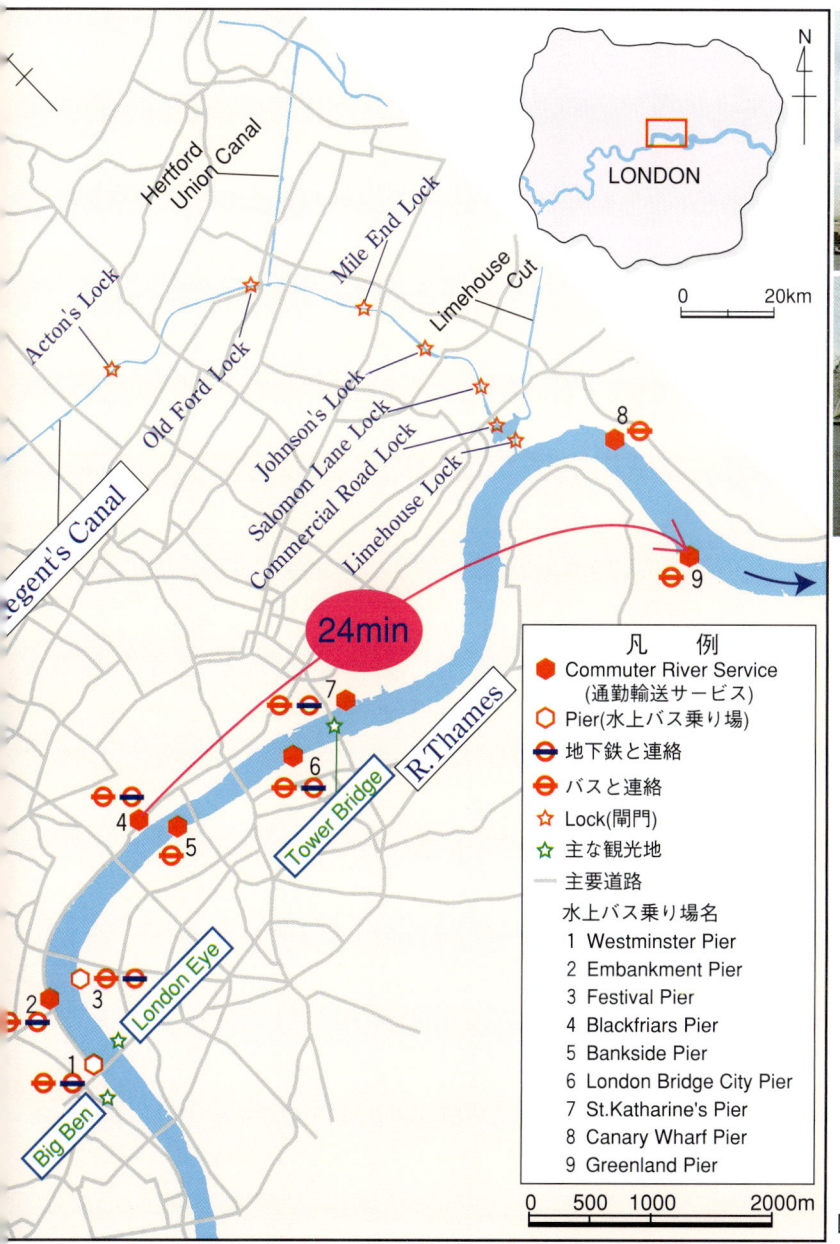

写真　London Eyeを通る水上バス

図2　テムズ川における河川舟運

地図って何か、考えてごらん

中本和彦

　地図の学習というと、地形図の読図や理解、図法や投影法の理解、土地利用図などの主題図作りやそのための技法の習得などが一般的にあげられるだろう。

　ところで、若林幹夫は地図について次のように述べている。「地図を製作し、それを利用する時、人はテクストとして織り成された世界を、自己と他者にとっての共通の経験の台座である世界として受容し、その中で様々な行為や関係を紡ぎ出してゆくのである。」
（若林幹夫『地図の想像力』講談社，2001，p.56）

　このことがどのくらい地図の学習で語られているだろうか。「地図とはいったい何か？」がどのくらい問われているだろうか。

　地図の学習の導入単元として「地図っていったい何？」と問う。地図とはいったい何かを探求することによって、地図を作成・利用するときに、他者を、自分自身を、あるいは自分たちを取り巻く社会や世界を意識させたい。

　その場合、授業の柱を次のようにしてみたい。

◎**地図はテクストである。**
①地図は、社会や世界を模写することはできないので、製作者によって現実の社会や世界の一部を切り取って表現されたもの。
　a　地図は、すべてを描くことはできない。
　b　地図は、切り取られたものである。
②地図は、コミュニケーションのための媒体である。
　c　地図は、製作者の意図・目的を反映したものである。
　d　地図は、見る人（他者）を意識して作られる。
　e　地図は、製作者と見る人で共有される一定の社会観・世界観をもとに、作成・利用される。
　f　地図によって、見たことのない社会や世界が構成される。
　g　地図によって、社会や世界の中に自分が位置づけられる。

　そして、これらの柱に対する問いは、次のようなものになろうか。

◎**「地図って何だろう？」**
①「地図って正しいの？」
　a「地図って現実の姿を表しているかな？」
　b「地図って何が描いてあって、何が描いてないの？」
②「地図って何のためにあるの？」
　c「地図って何を表したもの？」
　d「地図って何に気を付けてつくっているの？」

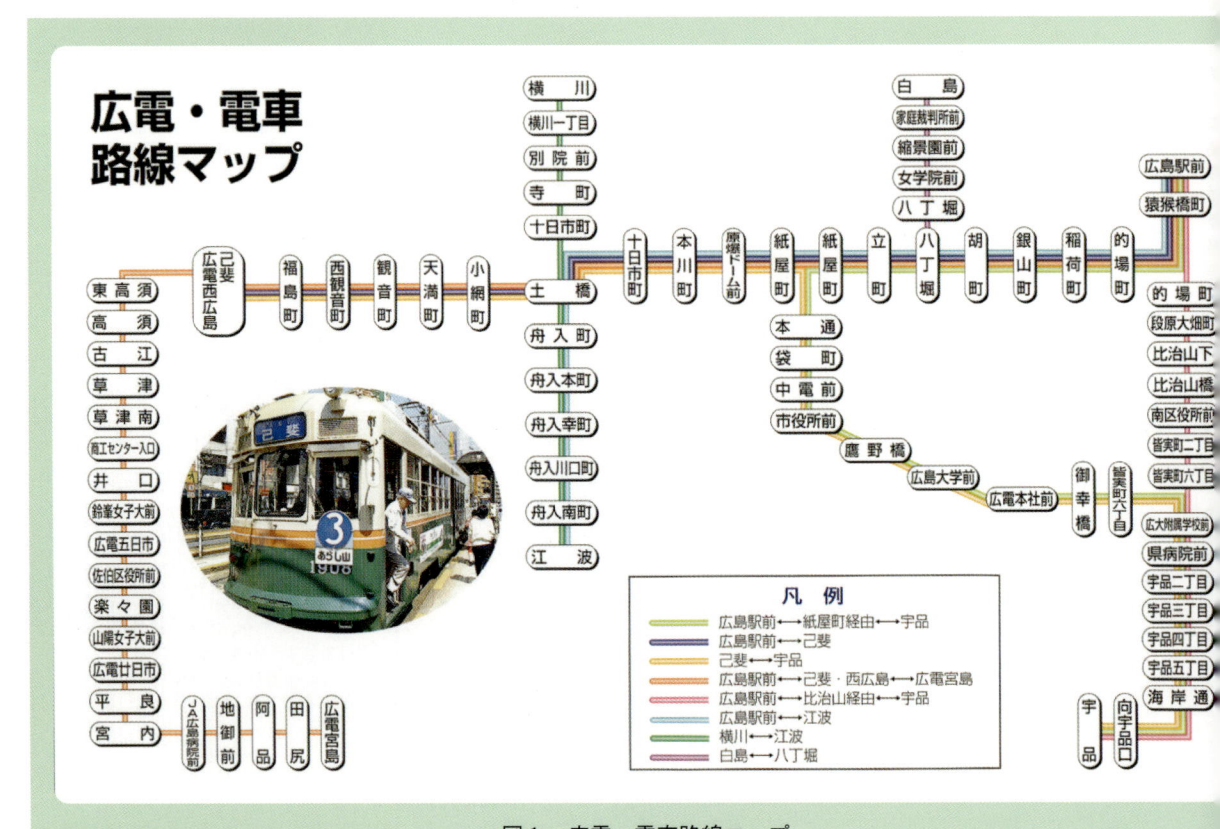

図1　広電・電車路線マップ

e 「地図って何がつくる人と見る人をつないでいるの？」
f 「地図って見た人の中に何をつくる(残す)の？」
g 「地図ってわたしたちをどこへ誘うの？」

それでは、以上のようなことを踏まえて、具体的に図1・2を活用したら、どのような問いを生徒に投げ掛けることができるだろうか。

「図1って、正しい地図かな？」（a，b）
「なぜ、図1は停留所と色分けされた線だけで描かれているの？」（c）
「図1がよく分かる人ってどんな人だろう？」（d）
「なぜ、広島に住んでいる人は、図1がよく分かるのだろう？」（e）
「なぜ、図2は絵で表現されているのだろう？」（d）
「広島をよく知らない人が図2を見たら、平和公園っていったいどんなところだと思うだろう？」（f）
「図2を見て歩くことによって、私たちはどこに誘われるのだろう？」（g）

私たちの身の回りにはいろいろな地図がたくさんある。近所のお店を紹介した看板風の地図、パンフレットの裏にある簡略されたアクセスマップ、観覧車やジェットコースターが描かれたアミューズメントパークの地図…私たちが日常目にするそれらの地図には、直接目で見ることができない社会や世界が、それぞれに描かれている。生徒たちに、地図を通して、自分を取り巻く社会や世界に目を向けさせたい。そんな思いによって授業の中でも地図が利用され、また新たな世界が構成されていく…

図2 平和記念公園・周辺ガイドマップ

他者理解と対話のための社会地図

伊藤勝久

　地図とは、地図製作者により恣意的に創作される小世界ともいえる。それはあたかも動物園のようだ。実世界のものごとは、コーディネート（経緯線）で構築された檻に選択的に閉じ込められ、デフォルメされる。ライオンはライオンらしく、ペンギンはペンギンらしく、造物主である地図製作者の「神の眼」をもって、それらしく演出され、展示される。大きな動物は大きな檻に、小さな動物は小さな檻に、とるに足らないもの達は檻に入れる価値すらない。地図とは実世界のイメージを権威的に取捨選択しあらわしたもの。地図上に明記されないものとは、すなわち地図製作者によってこの世から抹殺されてしまったものである。それでは、大きなものも小さなものも、小さき小さきものまでも、誰もが均しく共存できるような地図、地図製作者の恣意性を超越した空間は作れないものか。

　その一つの解答がポールストン（1996）の主唱する「社会地図学」である。客観性へのこだわりは捨ててしまい、地図を作図者の個人的世界をあらわす道具とみるのである。他者から常に挑戦され、描きかえられるために描かれるはかない存在とみるのである。客観性という権威らしきものを持たぬ私的な地図を各々が描き、交換し、また描きかえることによって、異なったもの達が共存に向かう対話の道が開かれるかもしれない。

　例をあげて考えてみよう。図1はボルボのSUV（スポーツ・ユーティリティ・ヴィークル）XC90のカタログ上に掲載された宣伝用の図である。自社製品であるXC90を中心に、BMWやメルセデスベンツといったライバル車達が図中に配され比較されている。ここでは図上に存在するライバル車達は「こえ」を持つことは許されず、唯一XC90のみが、用意された

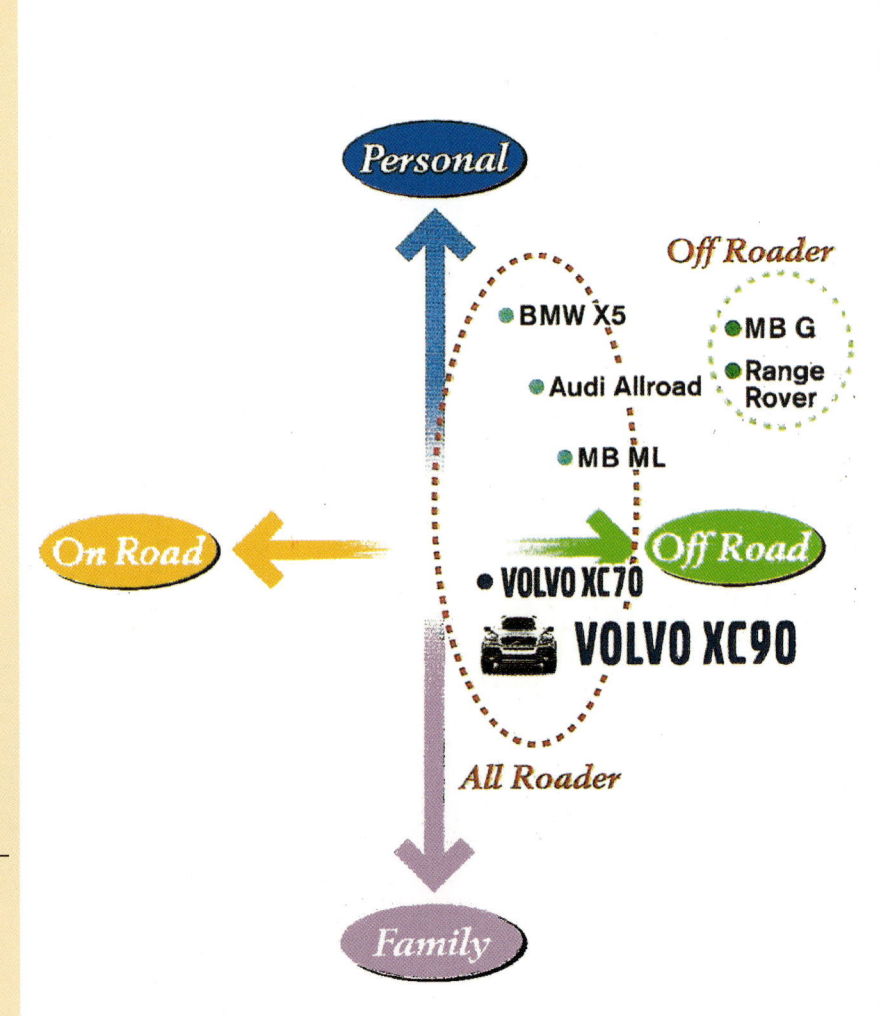

図1　プレミアム・インポートSUVポジショニング
(Volvo Cars Japan PR Department, 2003, p.46)

特製の檻（コーディネート）の中で明確な顔を持ち自己主張することができる。この図はボルボが発する潜在的顧客に対する宣言であるにすぎないのだが、図中にコーディネートが導入されることによって、あたかも科学的で客観的な根拠と権威があるような錯覚を起こさせる。

さらに我々は、図上にはあらわされないものの、ＸＣ９０に関わる多様なもの達が潜在していることに注意すべきだろう。ボルボユーザー、ライバル車の製造元、ディーラーやその顧客達、カーマニア、車には興味はないけれど毎日使用している人達など、図１上では「こえ」も姿も持たぬこのもの達にも、押し付けではない自分達のＸＣ９０の見方や世界があるに違いない。それならば、その各々が図１のコーディネートを作り変え、あるいは打ち破り、独自に「プレミアム・インポートＳＵＶ・ポジショニング」を描き、主張し、交換し、比較し、描きかえるのはいかがだろう。このような過程は人々に、各々の立場に対する相互理解をうながすであろうし、共通の関心であるボルボＸＣ９０を既存の概念にとらわれぬ魅力的な方向にディスコースしていくかもしれない。

図３は著者が図１上に占めるであろう位置（著者の私的な車の嗜好；図２参照）に立ち、ＸＣ９０を遥かに眺め図１を描き変えたイメージである。読者の皆様は、図１、あるいは図３を更に描き変え「わたしのＸＣ９０ワールド」を交換・比較・作図し直しつつ「わたし達のＸＣ９０ワールド」を構成することが可能だとお思いになりますか。また、他の主題ではいかがでしょうか。

<文献>
Liebman, M. W. (1996) Envisioning spatial metaphors from wherever we stand. In R. G. Paulston (Ed.), *Social cartography : Mapping ways of seeing social and educational change* (pp. 191-215). New York, NY : Garland.
Paulston, R. G. (Ed.) (1996) *Social cartography: Mapping ways of seeing social and educational change.* New York, NY : Garland.
Volvo Cars Japan PR Department (2003) *Next generation SUV.* Tokyo, Japan: Volvo Cars Japan.

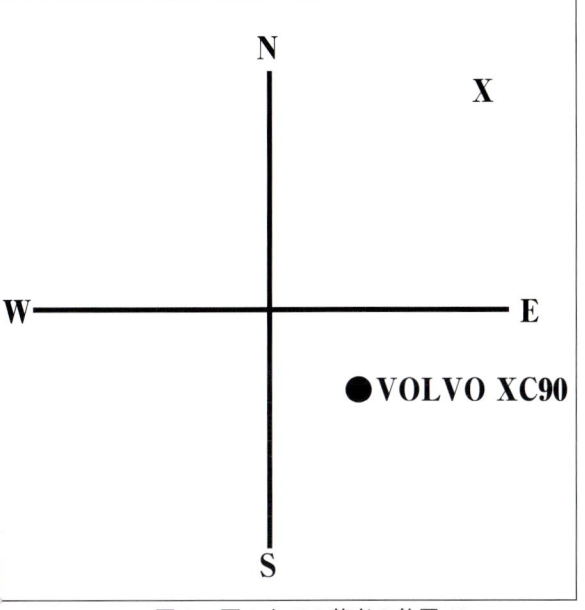

図２　図１上での著者の位置 X

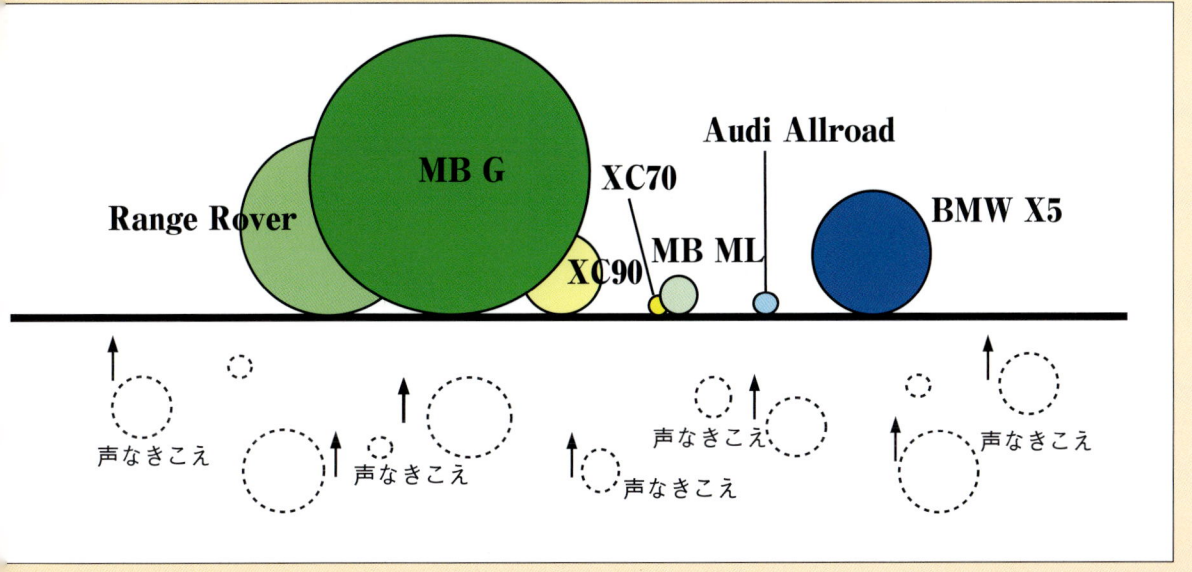

図３　著者が図２のＸから南西方向を見渡したときの、VOLVOプレミアム・インポートSUV世界の私的な眺望。
　　　なお、図中の円の大きさは、著者にとっての該当車の存在感の恣意的な大きさをあらわす。
　　　リーブマン(1996)による「浮き世ポップアップマップ」を参考に作成。

地図は宝島行きのパスポート

矢野智徳

　誰にとっても、昔から地図は人の生活に身近な所で利用されてきました。個々人にとって、様々な目的に応じた地図や、その組み合わせの利用が考えられてきたのだと思います。

　その生（なま）の現実に対してそれぞれ個々人のニーズに応じた目的地を宝島とするならば、個々人によってその地図やその利用は様々に異なってくるでしょう。私の場合、環境の全体が概観できるために地図を利用してきました。空間の中に盛り込まれた様々な環境情報（自然環境、人為環境の両面から）や、時間的な推移としての環境情報－歴史的な時間差としての地図等々。同じ場所、地域、地球といった縮尺の大小を問わず、１つの場所を対象にその環境を知ろうとした時、例えば、眼前に広がる風景において、地上から地下までの空間と時を経た時間差の時空間をたどりながら、その風景の変化の意味を解き明かせるのは、地図なくしてはありえないことだと考えます。生の現実が紙面に情報として絵のように落され、いくつかの目的にかなった情報の関連性を取りこぼさないように関連づけて試行錯誤してゆく、その結果として、今現実の眼の前に広がる風景が、これまで見えなかった様々な表情をしてせまってくることに気づかされるのです。不可能に見えた宝島への道がだんだんと観えてくるのです。様々な地図の存在で、ただ眼前の風景が地上から地下まで、そして、時間を越えてその推移した歴史までを一挙にイメージさせてくれることになるのです。

　地図を利用することによって環境が幾重にも重なり、今見えている情報を元に（きっかけに）全体が連動して観えてくるのです。これまで観えなかった新たな発見がくっきりと浮かび上がってきたり、見え隠れし始めたりするのです。人の五感だけではなし得ない現実把握が可能となってくるのです。

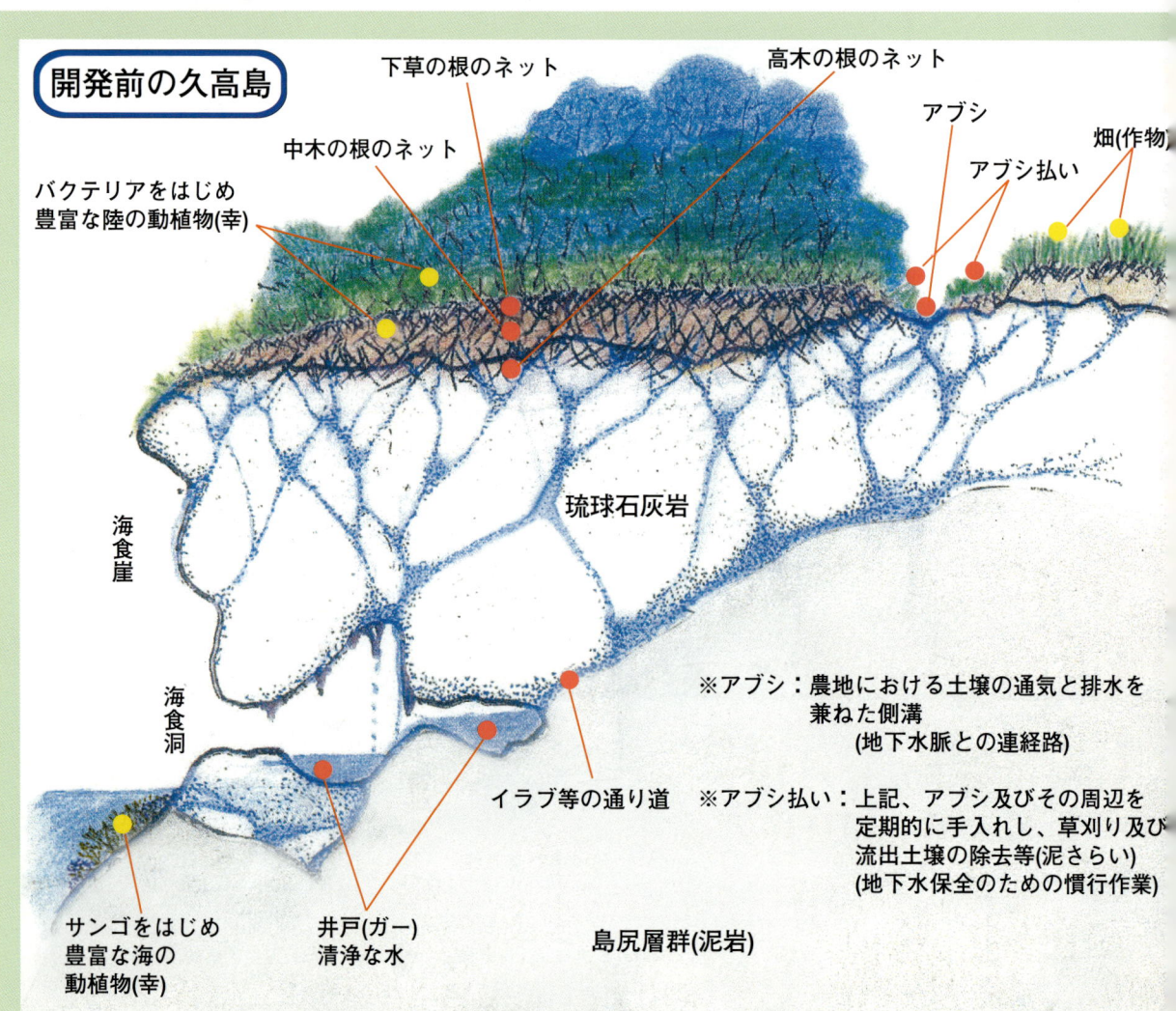

図1　久高島の水脈と農地におけるアブシとのイメージ図

下図は、沖縄県の特徴的な環境を把握するために、毎月1日を目処に3年間かよい続けた知念村久高島での環境変化とその問題点を、現地調査と様々な地図情報をもとに、イメージとして絵にまとめたものです。

　このつたない絵をなに気なく周囲の人に説明しようと描いてみた時、沖縄の広い海の干満の息づかいが、地下水脈の水と空気の循環を通して大地に伝わり、この地の太陽の日ざしの元に、人の生活も含め健全な動植物（生物環境）を育んできたことが、一体となって伝わってきたのです。

　かつての久高島は海と陸が健全な大地の水脈でつながり、大地の中を新鮮な水と空気が円滑に行き交っていました。さらに人によって耕された農地も、日常的な管理－アブシ払い－によってそこに溜まる水を飲んでいたといわれるくらい、泥水汚染のない、きれいな農地管理がなされていたそうです。しかし、機械化農業によりアブシの目詰まりをはじめ、車道整備、住宅整備等のコンクリート、重機械土木等によって、大地の脈は寸断され、締め付けられ、大地の至る所に水や空気の不循（停滞）が起き始めるようになったのです。大地の水と空気の循環と動植物と土壌の生態を、一体の姿として示してくれたのが様々な地図情報です。

　最後に、私の現場での経験の中から、皆さんにご報告できるささやかなことが一つあります。それは宝島への地図は、生の現実を常につぶさに観察し、針の穴を見落とさない思いで、その現実と対話し試行錯誤することが不可欠だということです。地図だけには頼れないのです。それを怠ると、宝島への道はなぜか瞬く間にボヤけてしまったり、途切れてしまったりするのです。

　大地の表面から地下、そして、海と様々な平面図・断面図を繋ぎ合わせ、重ね合わせてみることで、現実の目や数字では確認できない「イメージの地図（夢の地図）」―私にとっては「宝島へのパスポート」が見えてくるのを実感します。

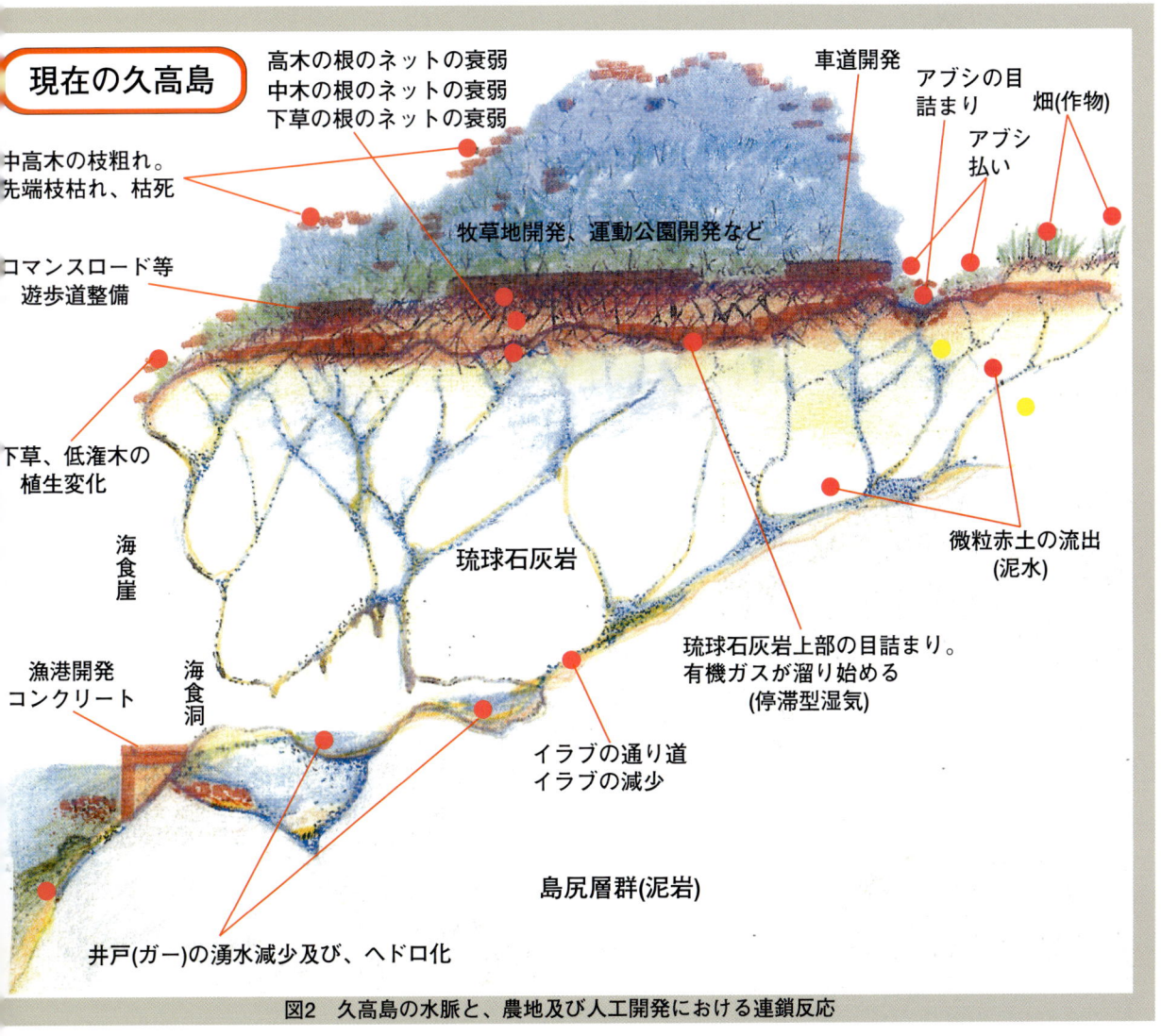

図2　久高島の水脈と、農地及び人工開発における連鎖反応

サンゴ礁の分布図　135年　　　　　　　　　堀　信行

　海洋測量船ビーグル号で22歳から27歳までの5年かけて世界一周をした若きダーウィン（Charles Darwin; 1809－1882年）は、出航の前年に出版されたライエルの『地質学原理』（1830）の第一巻を南米沖の船中で読み、「サンゴ礁」の説明に疑問を抱いた。「サンゴ礁」とはこの場合環礁のことで、その形成は火山の火口の外縁に沿って礁が発達した結果とされていた。ダーウィンは島の海岸に沿って発達したサンゴ礁が、その後島の沈降で裾礁から堡礁、環礁へと順次変化することで一般的説明ができるという仮説を得た。ダーウィンの進化論の論証と違って、礁形成論だけは仮説検証的な演繹法によっている。仮説を抱いたダーウィンがサンゴ礁の調査を実施できたのは、帰国する半年前の4月、インド洋中のココスキーリング島であった。沈降の証拠をつかまんと島民に聞き取りをする一方、フィッツロイ艦長が海岸から1マイル少々の沖合いで7200フィートの測鉛線を下ろしても海底に達しなかったことから、この島が高く聳え立つ山の頂上にあたり、急深に落ち込む礁斜面から厚い礁石灰岩が予想され、仮説の妥当性を確信した。

　帰国後すぐ航海記（1839）を執筆。この間、種の起源に関する覚書を書きつつ、次に取り組んだのがサンゴ礁の「沈降説」を検証する仕事で、その成果は33歳の1842年に『サンゴ礁の構造と分布』として出版された。ダーウィンは、まずサンゴ礁を裾礁、堡礁、環礁に大別し、当時、世界で最も詳細なイギリス海図を吟味し、礁の世界分布図を初めて作成した。その労作が図1である。ダーウィンはこの図を前にしみじみと納得するのであった。深い海洋島に環礁が分布し、大きな陸地の縁辺に裾礁が分布するのは、海洋の起源が陸地の沈降による証なのだと。

　サンゴ礁の沈降説はダーウィンの死後、W.M. デイヴィス(Davis, 1928)らに支持される一方、R.A.デイリー(Daly, 1934)は環礁の礁湖底の水深の類似性から、大陸氷床の形成と融解による海水準の昇降が礁形成に直接関わったとする氷河制約説が提唱された(堀, 1980b)。しかし、この説では、海水準の変化量に対応する礁石灰岩の層厚は説明できても、礁地形の形状は説明できない。筆者はデイリーの考えをさらに展開して礁地形の分布と形成モデルを提示した(Hori, 1977)。低海水準期の氷期の礁形成海域である「核心域」には環礁や堡礁が分布し、海水準の上昇で拡大した間氷期の礁形成海域の「周辺域」には裾礁やエプロン礁・卓礁が分布することを示した（図2）。ダーウィンの図から135年

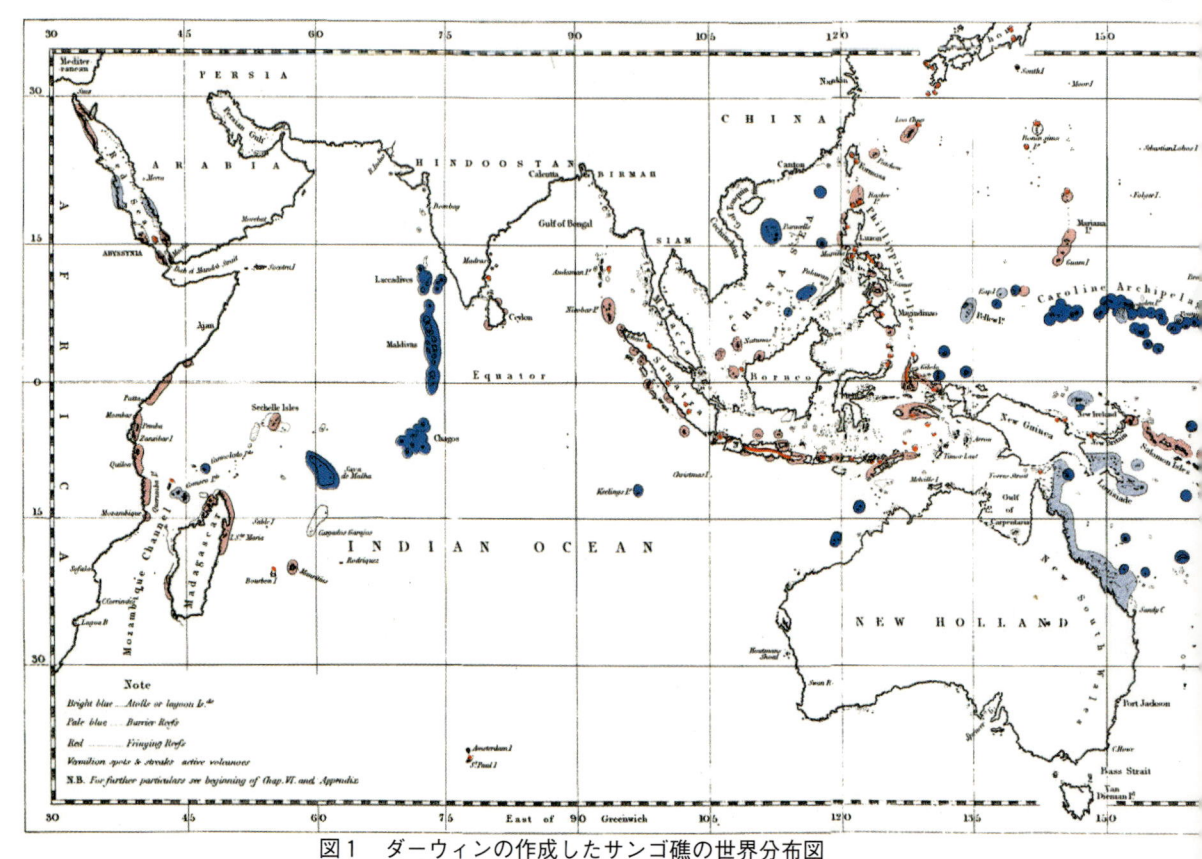

図1　ダーウィンの作成したサンゴ礁の世界分布図
(Darwin, C.R.(1842) *The structure and distribution of coral reefs* (reprinted by University

経過してのことである。「サンゴ礁の長い旅」は、海洋底の移動説で再評価されたダーウィンの沈降説を下敷きに、海水準変化と海水温の空間的分布を繰り込んだ筆者のモデルを融合することで説明されよう（堀、1974、1980a）。

<文献>
堀 信行(1974)サンゴ礁の長い旅（特集 地球はドラマ）．あるくみるきく,(88):4-35.
堀 信行(1980a)日本のサンゴ礁．科学, 50(2):111-122.
堀 信行(1980b)サンゴ礁と第四紀の環境変遷：デイヴィスの縁辺帯説をめぐって．地理, 25(8):11-20.
堀 信行(1990)世界のサンゴ礁からみた日本のサンゴ礁．サンゴ礁地域研究グループ編『熱い自然：サンゴ礁の環境誌』古今書院, 3-22.
Daly, R.A. (1934) *The changing world of the ice age.* Yale Univ. Press, 271p. Reprinted in 1973 by Hafner Press, New York.
Davis, W.M. (1928) *Coral reef problem.* American Geographical Society, Special Publication No.9, 596p.
Hori, N. (1977) A morphometrical study on the geographical distribution of coral reefs. *Geographical Report of Tokyo Metropolitan University.*, (12):1-75.

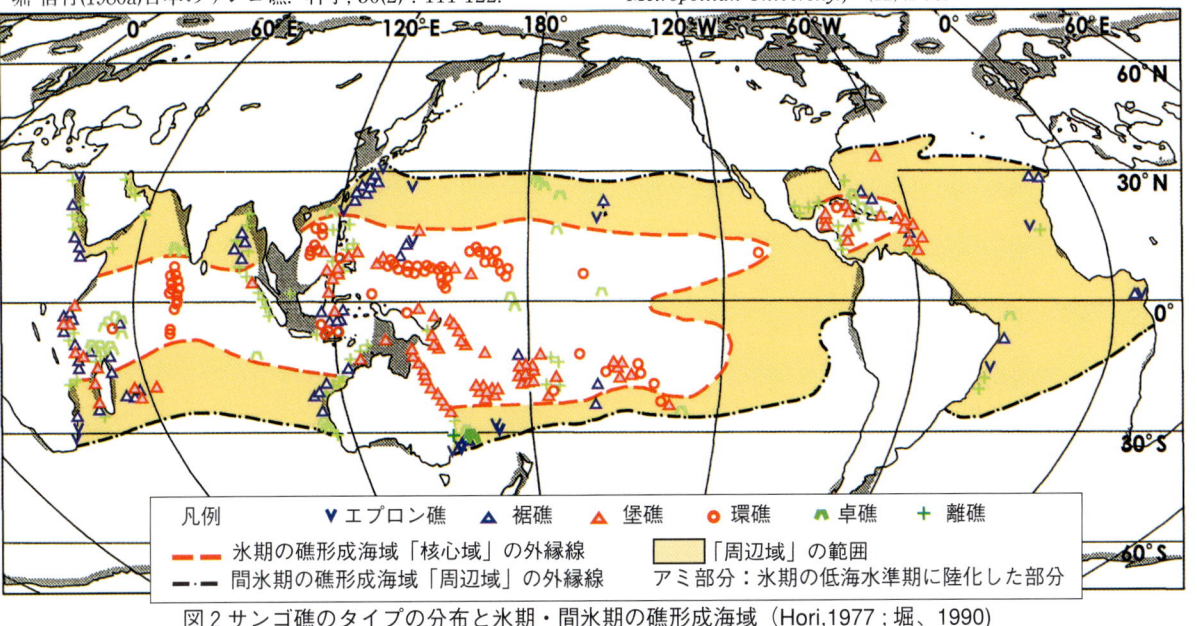

図2 サンゴ礁のタイプの分布と氷期・間氷期の礁形成海域（Hori,1977；堀、1990）

凡例：濃紺は環礁、薄青は堡礁、薄赤色は裾礁、赤点は活火山

もうひとつの案内図

地図は地理学の言語であり、道具である
地図は何がどこにあるかを示す（ものや現象の分布を記述する）
地図はそこがどんなところかを示す（位置の属性を記述する）

地図は記号（色を含む）と注記で作られる
測量によって地図を作る
- 戦場における日本軍の地図作製　32
- 外邦図「トロキナ附近要圖」を読む　34

等高線を描く
- 立山カルデラの地図を描いて　82
- 地形図の生命線：等高線　84

現地を歩いて地図を作る
- 住民とつくるハザードマップ　90
- 口コミ探訪 より道マップ　94

文学作品を地図にする
- 紫式部の見た京都　70
- 小説を読んで、地図を描く　76

わかりやすい表現法を工夫する
- 地図を楽しく見せる工夫　92

歪みの少ない投影法を工夫する
- 世界地図の歪みを小さくするための工夫　86

地図を見ると疑問が湧いてくる
場所による違いに疑問をもつ
- 北陸の冬の風向分布　7
- この境界は何の境界？　100
- 標高150mで高山帯の植生　102

他の現象との関係に疑問をもつ
- 山古志村のコイの地形図　58

変化に疑問をもつ
時期の異なる地図を比較する（変化を記述する）
- 三島周辺の水質変化　17
- 三島周辺の水田分布　18
- 佐渡は「朱鷺の島」？　26
- 鉄道路線図の悩み　28
- さとうきびの島？ いえ、天水田の島！　50
- 明治期地方都市の商店街を探る　66
- 100年前は散在していた日本の人口　78
- 地図に現れた「台風街道」　88
- 写真と地図にたどる山村の変化　96

過去の景観を復原する
- 紫式部の見た京都　70
- 変化した平安京の北西部のかたち　72

拡散過程を示す地図
- 小笠原諸島父島の松枯れ拡大図　108
- 地図が語る疾病の流行　112

地図を使って疑問を解く（考える・説明する）
位置（立地・分布）によって考える（説明する）
- 三島市の水が豊富なわけ　14
- ジェンダーを地図からながめる　44
- 富士山はなぜ美しいか　80
- この境界は何の境界？　100
- 津軽平野の冬の風　104

空間構造に注目して考える（説明する）
- 亜熱帯高気圧と大気大循環　8
- 空港建設地をかえた地図　110
- サンゴ礁の分布図135年　122

他の現象（の分布）との関係によって考える（説明する）
- ロンドンのコレラと共同ポンプ　10
- イングランドの肺ガン死亡率と人口密度　11
- 三島の地質と湧水地点　15
- 国際電話料金の不思議を地図で解く　42
- 授業実践「アメリカ合衆国の開拓と先住民」　48
- 山古志村のコイの地形図　58
- 川のほとりに立地した高松の農村の墓地　64
- 地下鉄で吹いている風はどんな風？　106

他の地域と比較して考える（説明する）
- 信濃川とテムズ川を比べたら何が見える？　114

形の整合性によって説明する
- 房総半島沖、地図を切ってずらすと谷がつながる！　62

形成過程を説明する
- 三番瀬の生い立ちを考える　60

学習に使われる地図
- 多摩川環境学習マップ　38
- 地図帳は見ればわかる？ いや、こんな生徒もいます！　46
- ハザードマップで地形を学ぼう　52
- 地理教育者・釜瀬新平の地図からの発想　98

現地を歩くときに持っていく地図
- 冒険心をくすぐる旅に出たくなる地図　22
- 絵図で歩く青梅宿　30
- 学校周辺を歩いてみる　56
- 口コミ探訪 より道マップ　94

夢を与える地図
- 冒険心をくすぐる旅に出たくなる地図　22
- 地図は宝島行きのパスポート　120

意思決定に関わる地図
植民地経営
シンガポール植民地経営は「都市計画」から　68
都市計画・空港建設
大文字山の眺望：四条大橋からの送り火鑑賞　74
空港建設地をかえた地図　110
災害予測
水害地形分類図は予見した　40
自然保護
野生動物の歩道橋　36
地図は宝島行きのパスポート　120
旅行計画
地図で始めるエチオピアぶらり旅　24
修学旅行「ヒロシマ」あるく・みる・かんがえる　54

新しい学説を提示する地図
サンゴ礁の分布図135年　122

地図は地表の現実の縮小したものとは限らない
モデルとしての地図
亜熱帯高気圧と大気大循環　8
駿河湾から富士山北麓まで　20
「アンデスの自然像」（フンボルト）　21
地図は宝島行きのパスポート　120
意思の伝達のための地図
地図って何か、考えてごらん　116
他者理解と対話のための社会地図　118
異なる分野・文化の人々を結びつける
地理学と地図　21

キーワード索引

河川・地下水など
湧水　13
水系図　83
河川舟運　114, 115
水道給水域　10
水質　17
環境図　38, 39
断面図　20, 21, 120, 121

気候
風　7, 105, 106, 107
気象衛星画像　7
雲　7, 35
降水量　49
大気循環　89
台風　88, 89
天気図　104

GIS　74, 75, 112, 113

景観
景観シミュレーション　74, 75
景観復原図　72, 73

人文・社会
官営工場　78
官立高等学校　78
観光客数　43
交通網（舟運）　28, 29, 39, 114, 115, 116
ジェンダー　44, 45
疾病　10, 11, 112, 113

商店街　66, 67, 92, 93
植民地経営　68, 69
人口　11, 78
電話料金　42
都市計画図　69
農業区分　47
墓地　64, 65
民族別居住区　48, 49, 68, 69
養鯉池　58, 59
歴史　30, 31, 48, 49, 66, 67, 68, 69, 70, 71, 72, 73, 78, 79

生物
植生　102, 103
森林　48, 49
松枯れ　109
モグラ　100, 101
野生動物の歩道橋　36, 37

地域（空間）構造　8, 9, 111, 123

地形・地質
海底地形　60, 61, 62, 63
サンゴ礁　122, 123
水害地形分類図　40, 41
地形断面図　107
地形分類図　61, 110, 111
地すべり地形　58

地図
頭の中の地図　70, 71, 76, 77
絵地図（絵図、古地図）　30, 52

ガイドマップ　36, 37, 117
観光案内図　22, 23, 27, 94, 95
旧版地形図　16, 18, 19, 50, 54, 55, 56, 59
社会地図　118, 119
地域区分図　100, 101
地形図　16, 19, 51, 52, 57, 59, 64, 65, 82, 83, 84, 85, 107
地図帳一般図　28, 46
地図とは　116
地図模型　98
地勢図　14, 99
鳥瞰図　22, 81
手描き地図　46, 47, 90, 94
投影法　86, 87
都市計画図　69
白地図　100
ハザードマップ　41, 53, 90, 91

土地利用
耕地　18, 19, 50, 51
工場　16
ゴルフ場　16
山村　96, 97

リモートセンシング
衛星画像　15
気象衛星画像　7
空中写真　32, 34, 84, 102, 110
写真　25, 39, 57, 96, 97, 108

『地図からの発想』を創る
―あとがきにかえて―

　『地図からの発想』は、地図の上で考えたり、地図にまとめて説明したり、地図で考えることの大切さや楽しさを、1冊の本に編んだものである。それと同時に、この本は、東京都立大学と駒澤大学で46年間にわたって、研究と教育にあたってこられた中村和郎先生がご退職されるのを記念して編んだ本でもある。

　先生がご退職される前年の春に、私は、駒澤大学で先生から教えを受けた麻田さんと飯塚さんから、何か記念になる事業をという相談を受けた。私はすぐに賛成して、どのような記念事業にするか思いを巡らせ始めたが、東京都立大の院生だったころに、先生が学部生に地形図の読図を熱心に指導されていた光景や、駒澤大学の卒論ゼミのお手伝いをしたときに、論文には必ず地図をつけて説明するように指導されていた光景など、地図で考えることの大切さについて語ってこられた光景ばかりが思い出された。その後、麻田さん、飯塚さん、それに、地理学サロンのメンバーで、地図を創ることを仕事にされている水谷さん、本を創ることを仕事にされている原さんと話し合ったが、やはり先生と地図を結ぶ思いが強く、先生がよく話しておられた「地図を中心に据えた本」をみんなで形にするという企画案をまとめて先生にお話した。先生は快諾され、この本づくりが始まった。

　「地理学サロン」というのは、先生と東京都立大学の堀信行先生が主宰される、地理学研究者や地理を教える教師だけでなく、国文学者、独文学者、出版の世界で働く人、測量の世界で働く人、造園の世界で働く人、さらには外国の研究者など実に多彩な方々が、研究成果や考えていることを話題として提供し議論する集まりで、1994年に始まり現在までに64回を数えている。私は、このサロンの幹事を務めさせていただき、毎回多彩な話題に刺激を受け、広がる人の輪を楽しんでいる。このサロンの雰囲気が、この本づくりの重要な基盤となり大きな原動力になった。

　この本の製作・編集が本格的に動き出したのは、昨年の夏だった。中村先生を中心に編集委員会を作り、基本的な枠組みを議論し、準備を進めた。そして、ひとり見開き2ページで、地図を中心に据えた本を製作・編集することになった。先生の夢を形にするだけでなく、地図について新しい見方や考え方を提案するという、未来につながる記念事業が始まった。

　本の構成は、中村先生の『地図からの発想―三島の水はなぜ涸れた？―』を基調に、51の多彩な分野、多様な視点から地図を読んだり作ったりした話題を集めて編んでいる。先生の原稿は、2005年2月に行われた、駒澤大学文学部地理学科創立75周年記念祝賀会で講演されたものをもとにされたもので、先生の最終講義でもあった。これに続く51の話題は、東京都立大学と駒澤大学の関係者と地理学サロンのメンバーが中心になって、様々な地域、多彩な話

題を、地図を中心にすえた2ページの中にまとめたものである。

　編集委員会は、はじめ先生と5名の編集委員ではじめたが、執筆者が様々な分野にわたり、50名を越えることになったので、秋以降、中井さん、中村剛さん、矢延さんに加わっていただいて編集委員会は8名で運営した。

　編集会議は20回をこえたが、その多くは、ひとつひとつの話題についてどのように構成したら、私たちが考えている『地図からの発想』になるのかということに費やされた。話し合いは、毎回数時間以上に及んだが、それでも終わらず、会議の後も延々と続くことが多かった。また、それぞれの話題の地図の完成稿は、水谷さんの手ほどきを受けつつ飯塚さんと中井さんが膨大な時間を費やして作成したものである。その甲斐あって、出来上がった本は、50をこえる話題が、よく合えたサラダのように、『地図からの発想』というドレッシングが効いた、色鮮やかで味わい深い一品の料理に仕上がったと思っている。

　私達は、読者に、まず、地理学や地図学のむずかしい知識や体系は気にせず、地図を読むことや地図を作ることの楽しさを味わっていただきたいと思っている。そこで、この本は、私たちが地図と触れ合う場面を想定して、「地図をよむ」、「地図をつくる」、「地図をおもう」に大別し、「よむ」と「つくる」はさらに「地図で楽しむ」、「地図で伝える」、「地図で教える」、「地図で考える」に分けて配列した。どこからでも味わっていただきたい。

　つぎに、地図の上で考えたり、地図を使って説明したりすることについて、深く味わっていただきたい。1枚の地図には膨大な情報がある。細分化し複雑化した現代社会や世界の全体像を見渡すことができる。ある出来事や事象の位置や規模、互いの関係を明確にすることもできる。それだけではない、地図を切ったり重ねたりすることで、問題を解きほぐす重要な鍵を見つけ出すこともできる。このように、地図や地図からの発想は、私たちが生きている複雑な世界を読み解くための有意な方法として、その重要性は高まり、その応用範囲や方法は格段に広がっていくと考えている。

　最後に、この本の編集にあたっては、執筆者でも編集委員でもある平凡社の水谷一彦さんと古今書院の原光一さんからは、技術的な指導を受けるとともに強力な推進役を務めていただいた。また、駒澤大学の貫江博之さんには、原稿整理や編集委員会の円滑な運営など縁の下から支えていただいた。ここに心からの謝意を表したい。

　　2005年8月　　　　　　　　　『地図からの発想』編集委員会　生田清人

編者略歴

中村 和郎 （なかむら かずお） 駒澤大学名誉教授

1934年岩手県生まれ．長野県育ち．東京大学理学部地理学科卒業，ウィスコンシン大学修士課程地理学専攻修了．東京都立大学理学部地理学科助手，同助教授を経て，1984年より駒澤大学文学部地理学科教授（〜2005年）．この間，駒澤大学文学部長，日本地理学会会長を歴任．2005年より日本国際地図学会会長．

主な著編書：『生と死の地理学』（スタンプ著，別技篤彦と共訳），古今書院，1967年
　　　　　　『衛星でみる日本の気象』（高橋浩一郎ほかと共著），岩波書店，1982年
　　　　　　『地理学講座1　地理学への招待』（高橋伸夫と共編），古今書院，1988年
　　　　　　『雲と風を読む』（著），岩波書店，1991年
　　　　　　『日本の気候』（木村竜治ほかと共著），岩波書店，1996年
　　　　　　『地理学「知」の冒険』（編），古今書院，1997年

執筆者紹介　（執筆順）　＊編集委員

伊藤 建介　（ジャーナリスト）	片平 博文　（立命館大学）
大久保 正明（都立拝島高等学校）	矢野 桂司　（立命館大学）
志村 喬　（上越教育大学）	角田 清美　（都立北多摩高等学校）
福田 行高　（東京書籍）	＊水谷 一彦　（平凡社地図出版）
深谷 元　（駒澤大学高等学校）	藤田 香　（日経エコロジー）
小林 茂　（大阪大学）	原田 康介　（平凡社地図出版）
渡辺 理絵　（大阪大学）	鈴木 喜雄　（三和航測）
鳴海 邦匡　（大阪大学）	大山 洋一　（nijix）
大槻 涼　（東京大学研究生）	平井 史生　（気象予報士）
野島 利彰　（駒澤大学）	安藤 清　（銚子市教育委員会）
荒木 稔　（レック研究所）	増田 宏之　（昭文社）
関田 伸雄　（古今書院）	矢部 順子　（岩手朝日テレビ）
小熊 早千香（帝国書院）	石井 實　（イシイフォトライブラリー）
野上 正至　（教育出版）	長野 覺　（日本山岳修験学会顧問）
＊中村 剛　（日本大学第三中学・高等学校）	阿部 晃子　（芝浦工業大学中学・高等学校）
中村 洋介　（公文国際学園中等部・高等部）	藤田 陽子　（日比谷花壇）
近藤 一憲　（桐朋中学・高等学校）	宮本 航大　（専修大学大学院修了）
中村 美和子（新潟県立新津高等学校）	＊麻田 典生　（那須高原海城中学校・高等学校）
＊生田 清人　（開成中学・高等学校）	清水 善和　（駒澤大学）
原 裕子　（都立練馬工業高等学校）	＊中井 達郎　（国士舘大学）
原 光一　（古今書院）	中谷 友樹　（立命館大学）
清水 長正　（駒澤大学）	＊飯塚 隆藤　（立命館大学）
谷口 英嗣　（駒澤大学高等学校）	中本 和彦　（広島県教育センター）
稲田 道彦　（香川大学）	伊藤 勝久　（苫小牧駒澤大学）
中島 義一　（駒澤大学名誉教授）	矢野 智徳　（環境NPO「杜の会」）
＊矢延 洋泰　（立教大学）	堀 信行　（東京都立大学）
高橋 文二　（駒澤大学）	

書　名	地図からの発想
コード	ISBN4-7722-5102-2
発行日	2005年9月25日　初版第1刷発行
	2005年12月8日　初版第2刷発行
編　者	中村和郎
	ⓒ2005　NAKAMURA Kazuo
発行者	株式会社　古今書院　橋本寿資
発行所	株式会社　古今書院
	〒101-0062　東京都千代田区神田駿河台2-10
電　話	03-3291-2757
FAX	03-3233-0303
URL	http://www.kokon.co.jp/
印刷社	凸版印刷

検印省略・Printed in Japan